教育部高职高专规划教材

交直流调速系统

（第三版）

史国生　主编
赵家璧　主审

化学工业出版社
·北京·

本书是根据教育部高职高专电类专业规划教材而编写的。本书分三篇。第一篇为直流调速系统和数字控制系统。第二篇为交流调速系统。第三篇为交直流调速系统实验与课程设计。书中详细叙述了各种交直流电力拖动控制系统的工作原理、控制方法实现、机械特性、运行特点及应用场合。所涉及的内容包括单闭环及多环直流调速系统、可逆直流调速系统、PWM直流调速系统、数字控制系统、交流调压调速系统和串级调速系统、笼式异步电动机变频调速和矢量控制调速系统、无换向器电机调速系统、开关磁阻电机调速系统。

本书根据高职高专的教学要求、特点和本课程新技术的发展，注重结合工业应用选材和新技术介绍；尽量简化理论推导，注重物理概念的阐述与分析；书中配有相关的实例分析，做到学以致用；本书增加了数字控制系统和开关磁阻电动机调速系统等新的调速技术内容，还增加了各章典型控制系统的计算机 MATLAB 仿真实验内容；并安排了实验及课程设计指导书，将实训内容与理论教学内容紧密结合。

本书可作为高职高专电类专业教材，也可作为职业技术学院、电大、中等职业学校电类及相关专业的教材或参考书。

图书在版编目（CIP）数据

交直流调速系统/史国生主编 . —3 版 . —北京：
化学工业出版社，2015.6（2024.6 重印）
教育部高职高专规划教材
ISBN 978-7-122-23958-7

Ⅰ.①交…　Ⅱ.①史…　Ⅲ.①交流调速-高等职业教
育-教材②直流调速-高等职业教育-教材　Ⅳ.①TM921.5

中国版本图书馆 CIP 数据核字（2015）第 099990 号

责任编辑：张建茹　潘新文　　　　　　　文字编辑：云　雷
责任校对：边　涛　　　　　　　　　　　装帧设计：张　辉

出版发行：化学工业出版社（北京市东城区青年湖南街 13 号　邮政编码 100011）
印　　装：涿州市般润文化传播有限公司
787mm×1092mm　1/16　印张 15¾　字数 412 千字　2024 年 6 月北京第 3 版第 5 次印刷

购书咨询：010-64518888　　　　　　　售后服务：010-64518899
网　　址：http://www.cip.com.cn
凡购买本书，如有缺损质量问题，本社销售中心负责调换。

定　　价：45.00 元

前　言

本书第二版于 2006 年 6 月出版以来，连续发行了 12 次，得到了全国许多高职高专学校师生和广大读者的关心和支持，并提出了许多宝贵意见和建议，在此表示深深的感谢！

为了适应高职高专教育电气控制技术人才培养的要求，《交直流调速系统》第三版的编排仍与第二版相同，第一、二篇的教学内容仍然保持了先直流后交流的调速控制系统介绍，仅对各章的内容进行了修订与调整，使之内容完整，编排合理，概念阐述简明扼要，突出重点，弱化公式推导（部分公式安排在附录中加以推导），强调公式的意义和应用，保留了工业上常用的，能反映现代交直流调速技术的调速系统，对不常用的，控制性能差的或太深的控制系统进行了删减。

由于《交直流调速系统》是一门实践性很强的专业课程，为了使教学内容易于理解，加强对学生实践能力、分析问题和解决问题能力的培养，本书第三篇的第九章中除了保留原有的实验内容，考虑到电类专业学生学习本课程之前有的学习了 MATLAB 程序设计课程，增加了各章典型控制系统的计算机 MATLAB 仿真实验内容，以进一步提高对控制系统的动态和稳态的分析与理解。

全书第一、二篇为理论教学内容，按 60 学时编写（书中有些章节带"﹡"号，可以根据需要和学时安排选学），第九章实验建议安排 20 学时（学生有 MATLAB 基础的可适当选做一些 MATLAB 仿真实验），课程设计时间以 2 周为宜。

本书由史国生主编，并编写第七、八章；耿淑琴编写第一、二章；魏连荣编写第三、四章；周渊深编写第五、六、九章。全书由史国生统稿。

本书由东南大学赵家璧教授主审。本书在编写中参阅了部分兄弟院校的教材及国内外文献资料，对原作者表示感谢。

由于编者水平有限，修订时间比较仓促，书中难免存在不妥之处，敬请读者批评指正。

编　者
2015 年 1 月

目　　录

第一篇　直流调速系统和数字控制系统

第二篇　交流调速系统

第三篇　交直流调速系统实验与课程设计

第一篇

直流调速系统和数字控制系统

第一章　单闭环直流调速系统

【内容提要】

本章概述了单闭环直流调速系统的基本概念；介绍了转速负反馈有静差、无静差直流调速系统的组成、工作原理、稳态参数计算和系统的动静态特性，并叙述了限流保护-电流截止负反馈的工作原理；同时也阐述了其他反馈形式在调速系统中的应用。

第一节　直流调速系统的基本概念

一、直流电动机的调速方法

直流电动机具有良好的启、制动性能，适宜于在宽调速范围内平滑调速，在轧钢机、矿井卷扬机、挖掘机、海洋钻机、大型起重机、金属切削机床、造纸机等电力拖动领域中得到了广泛的应用。近年来，交流调速系统发展很快，而直流调速系统在理论和实践上都比较成熟，并且从反馈闭环控制的角度来看，它又是交流调速系统的基础。所以首先应该掌握好直流调速系统。

直流他励电动机转速方程为：

$$n = \frac{E}{K_e\Phi} = \frac{U-IR}{K_e\Phi} \tag{1-1}$$

式中　U——电枢电压；

I——电枢电流；

E——电枢电动势；

R——电枢回路总电阻；

n——转速，r/min；

Φ——励磁磁通；

K_e——电动机结构决定的电动势系数。

由直流他励电动机转速方程可见，有三种人为改变参量的调速方式，即调节电枢供电电压 U；减弱励磁磁通 Φ；改变电枢回路总电阻 R。

（一）调节电枢电压调速

从式（1-1）可知，当磁通 Φ 和电阻 R 一定时，改变电枢电压 U，可以平滑地调节转速 n，机械特性将上下平移。参见图 1-1。由于受电动机绝缘性能的影响，电枢电压的变

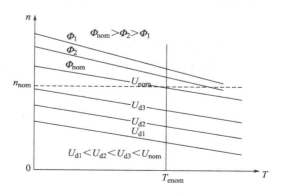

图 1-1　直流他励电动机调压调速和调磁调速时的机械特性

化只能向小于额定电压的方向变化，所以这种调速方式只能在电动机额定转速以下调速，其转速调节的下限受低速时运转不稳定性的限制。因此，对于要求在一定范围内无级平滑调速的系统来说，以调节电枢电压方式为最好，调压调速是调速系统的主要调速方式。

（二）减弱励磁磁通调速

由式(1-1)可知，当 U 和 R 不变时，减小励磁磁通 Φ（即改变直流他励电动机的励磁电流，考虑到直流电动机额定运行下磁路系统已接近饱和，励磁电流只能向小于额定磁通的方向变化），电动机转速将高于额定转速，其机械特性向上移动，参见图1-1。

减弱磁通调速，电动机最高转速受换向器和机械强度的限制，弱磁调速范围不大。在实际生产中，往往只是配合调压方案，在额定转速以上作小范围的升速。这样，调压与调磁相结合，可以扩大调速范围。

（三）改变电枢回路电阻调速

改变电枢回路电阻调速，一般是在电枢回路中串接附加电阻，且只能进行有级调速。由于串接附加电阻调速损耗较大，电动机的机械特性较软，一般应用于少数小功率的调速场合。工程上常用的主要是前两种调速方法。

二、直流调速系统的性能指标

不同的生产机械其工艺对电气控制系统具有不同的调速性能指标，概括为静态和动态调速指标。

（一）静态调速指标

1. 调速范围

电动机在额定负载下，运行的最高转速 $n_{\max}$ 与最低转速 $n_{\min}$ 之比称为调速范围，用 D 表示，即

$$D = \frac{n_{\max}}{n_{\min}} \tag{1-2}$$

注意：对非弱磁调速系统，电动机的最高转速 $n_{\max}$ 就是额定转速 n_N。

2. 静差率

静差率是指电动机稳定运行时，当负载由理想空载增加至额定负载时，对应的转速降落 Δn_N 与理想空载转速 n_0 之比，用 s 表示，一般为百分数，即

$$s = \frac{\Delta n_N}{n_0} \times 100\% = \frac{n_0 - n_N}{n_0} \times 100\% \tag{1-3}$$

静差率反映了电动机转速受负载变化的影响程度，与机械特性有关，静差率越小，机械特性越硬，转速的稳定性越好。

3. 调速范围与静差率的关系

在调压调速系统中，额定转速为最高转速，静差率为最低转速时的静差率，则最低转速为

$$n_{\min} = n_{0\min} - \Delta n_N = \frac{(1-s)\Delta n_N}{s} \tag{1-4}$$

则调速范围与静差率关系

$$D = \frac{s n_N}{(1-s)\Delta n_N} \tag{1-5}$$

可以看出，当一个系统的机械特性硬度一定时，对静差率要求越高，即静差率越小，允许的调速范围也越小。

（二）动态调速指标

动态调速性能指标包括跟随性能指标和抗扰性能指标。

1. 跟随性能指标

在给定信号（或称参考输入信号）$r(t)$ 作用下，系统输出量 $c(t)$ 的变化情况可用跟随性能指标来描述。通常以输出量的初始值为零、给定信号阶跃变化下的过渡过程作为典型的跟随过程，这时的动态响应又称为阶跃响应。一般希望在阶跃响应中，输出量 $c(t)$ 与其稳态值 c_∞ 的偏差越小越好，达到稳态值的速度越快越好。典型阶跃响应曲线和跟随性能指标关系如图 1-2(a) 所示，其跟随性能指标有如下几种。

（1）上升时间 t_r 在典型的阶跃响应跟随过程中，输出量从零开始到第一次上升到稳态值 c_∞ 所经过的时间称为上升时间。它表示动态响应的快速性。

（2）超调量 $\sigma\%$ 在典型的阶跃响应跟随过程中，输出量超出稳态值的最大偏离量与稳态值之比，用百分数表示，称为超调量。即

$$\sigma\% = \frac{c_{\max} - c_\infty}{c_\infty} \times 100\% \tag{1-6}$$

超调量反应系统的相对稳定性，超调量越小，则相对稳定性越好，即动态响应比较平稳。

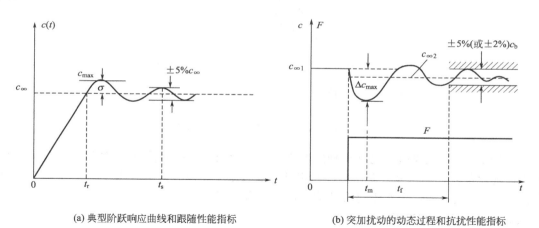

(a) 典型阶跃响应曲线和跟随性能指标 (b) 突加扰动的动态过程和抗扰性能指标

图 1-2 跟随性能指标和抗扰性能指标

（3）调节时间 t_s 一般在阶跃响曲线的稳态值附近，取 $\pm 5\%$（当精度要求高时取 $\pm 2\%$）的范围作为允许误差带，以响应曲线达到并不再超出该误差带所需的最短时间，定义为调节时间，又称为过渡过程时间。它是衡量系统整个调节过程快慢的指标。

2. 动态抗扰性能指标

一般是在系统稳定运行中，突加负载的阶跃扰动后的动态过程作为典型的抗扰过程，与动态抗扰性能指标关系如图 1-2(b) 所示。

（1）动态降落 $\Delta c_{\max}\%$ 系统稳定运行时，突加一定数值的扰动后引起转速的最大降落值称为动态降落 $\Delta c_{\max}\%$。一般用 $\Delta c_{\max}$ 占输出量原稳态值 $c_{\infty 1}$ 的百分数表示，即 $\Delta c_{\max}/c_{\infty 1} \times 100\%$。输出量的动态降落后逐渐恢复，达到新的稳态值 $c_{\infty 2}$，它与原稳态值之差（$c_{\infty 1} - c_{\infty 2}$）就是系统在扰动下的稳态降落。动态降落一般都大于稳态降落（即静差）。调速系统突加额定负载扰动时的动态降落称为动态速降 $\Delta n_{\max}\%$。

（2）恢复时间 t_f 从阶跃扰动作用开始，到被调量进入离稳态值的 $\pm 5\%$ 或 $\pm 2\%$ 的区域

内为止所需要的时间，定义为恢复时间，如图 1-2(b)。图中 c_b 称作抗扰指标中输出量的基准值，视具体情况选定。

（3）振荡次数 N　在恢复时间内被调量在稳态值上下摆动的次数，它代表系统稳定性和抗扰能力的强弱。

三、直流调速系统的供电方式

直流调速系统若采用调压调速，必须有一个平滑可调的直流电枢电源。常用的可控直流电枢电源有以下三种：旋转变流机组、静止可控整流器和直流斩波器。

（一）旋转变流机组

20 世纪 50 年代前，工业生产中的直流调速系统，几乎全都采用旋转式变流机组供电。参见图 1-3。由交流电动机 M（异步电动机或同步电动机）拖动直流发电机 G 实现变流，发电机给需要调速的直流电动机 M 供电。调节发电机的励磁电流 i_f 可改变其输出电压 U，从而调节直流电动机的转速 n。这样的调速系统简称为 G-M 系统。如果改变 i_f 的方向，则 U 的极性和 n 的转向都跟着改变，所以 G-M 系统的可逆运行是很容易实现的。

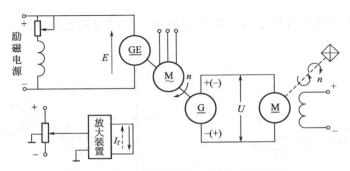

图 1-3　旋转变流机组供电的直流调速系统

为了供给直流发电机和电动机励磁电流，通常专门设置一台直流励磁发电机 GE。因此 G-M 系统设备多、体积大、费用高、效率低、安装维护不便、运行有噪声。20 世纪 50 年代开始出现水银整流器，但水银污染环境，危害人身健康。

（二）静止可控整流器

从 20 世纪 60 年代起，出现了晶闸管整流装置，它具有效率高、体积小、成本低、无噪声等优点。在控制快速性方面，变流机组是秒级，而晶闸管整流器是毫秒级，这将会大大提高系统的动态性能。晶闸管-直流调速系统，简称 V-M 系统。图 1-4 是最简单的 V-M 系统。电动机 M 是被控对象，转速 n 是被调量，即输出量。晶闸管可控整流器可以是单相、三相或更多相数，半波、全波、半控、全控等类型，通过调节触发电路的移相电压，便可改变整流电压 U_d，实现平滑调速。

晶闸管整流器也有其缺点，如晶闸管的单向导电性，给系统的可逆运行造成困难。晶闸

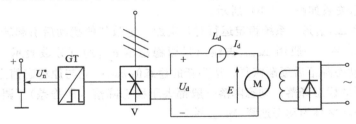

图 1-4　晶闸管-直流调速系统

管元件对过电压、过电流以及过高的 $\mathrm{d}_u/\mathrm{d}_t$ 和 $\mathrm{d}_i/\mathrm{d}_t$ 都很敏感，因此晶闸管整流电路设有许多保护环节。当系统处在深调速状态时，晶闸管的导通角很小，使得系统的功率因数很低，并产生较大的谐波电流，引起电网电压畸变，殃及附近的用电设备。若其设备容量在电网中所占比重较大，必须增设无功补偿和谐波滤波装置。

应该说明，晶闸管元件的额定电流是用最大通态平均电流来度量的，电动机的转矩是和整流电流的平均值成正比的。而晶闸管元件和电动机的发热，却和整流电流的平方成正比，亦即与整流电流有效值的平方成正比。因此，当电流断续时，导通角小，同样的平均电流与它对应的有效值要大得多，发热也严重得多。这个特点是在选择晶闸管元件、电机容量、整流电路形式和电抗器必须注意的。

（三）直流斩波器

在铁路电力机车、城市电车和地铁电机等电力牵引设备上，常采用直流串励或复励电动机，由恒压直流电源供电。晶闸管也可用来控制直流电压，即所谓的直流斩波器，也称直流调压器。参见图 1-5(a)。

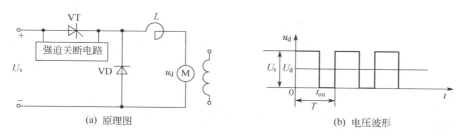

(a) 原理图　　　　　　　　　　　(b) 电压波形

图 1-5　斩波器-电动机系统的原理图和电压波形

在直流斩波器中，晶闸管 VT 工作于开关状态。当 VT 被触发导通时，直流电源电压 U_s 加到电动机上，当 VT 强迫关断时，直流电源与电动机断开，电动机经二极管 VD 续流，两端电压接近于零。如此反复，得电枢端电压 u_d 波形如图 1-5(b)。直流斩波器的平均电压 U_d 可以通过改变晶闸管的导通和关断时间来调节，从而实现转速的调节。若要关断普通晶闸管，必须在阴、阳极间施加反向电压，这就需要附加一种强迫关断电路。受晶闸管的关断时间限制，由普通晶闸管构成的斩波器的开关频率只有 $100\sim200\,\mathrm{Hz}$，因此其输出电流脉动较大，调速范围有限。

20 世纪 70 年代以来，随着可关断晶闸管（GTO）、电力晶体管（GTR）、电力场效应管（P-MOSFET）、绝缘栅极双极型晶体管（IGBT）等全控式电力电子器件的迅速发展，由它们构成的斩波器工作频率不断提高。采用全控型器件实行开关控制时，大多采用脉宽调制（PWM）变换器供电的直流调速系统。与晶闸管可控装置相比，PWM 系统具有开关频率高、低速运行稳定、动静态性能优良、效率高等一系列优点。但受到器件容量的限制，直流 PWM 系统目前只限于中、小容量系统。

四、开环 V-M 系统的机械特性

由"电力电子技术"课程知道，当电流连续时 V-M 开环系统机械特性方程式为

$$n=\frac{1}{C_e}(U_{do}-I_dR)=\frac{1}{C_e}\left(\frac{m}{\pi}E_m\sin\frac{\pi}{m}\cos\alpha-I_dR\right)=n_0-\Delta n \tag{1-7}$$

式中，$C_e=K_e\Phi$ 为电机在额定磁通下的电动势转速比；n_0 和 Δn 分别为开环调速系统的理想空载转速和稳态速降。

由式(1-7)和图 1-4 可以看出，调节转速给定电压 U_n^*，即改变了晶闸管触发电路的移

相角 α，从而调节了晶闸管装置的空载整流电压 U_{d0}，也就调节了理想空载转速 n_0。若给定电压 U_n^* 与 U_{d0} 是线性关系，就可以根据工艺要求预先给定出所需的 U_n^* 值。其机械特性如图 1-6 实线部分。由式（1-7）可知，当电动机轴上加机械负载时，电枢回路就产生相应的电流 I_d，此时即产生 $\Delta n = I_d R / C_e$ 的转速降。Δn 的大小反映了机械特性的硬度，Δn 越小，硬度越大。显然，由于系统开环运行，Δn 的大小完全取决于电枢回路电阻 R 及所加的负载大小。

另外，由于晶闸管整流装置的输出电压是脉动的，相应的负载电流也是脉动的。当电动机负载较轻或主回路电感量不足的情况下，就造成了电流断续。这时，随着负载电流的减小，反电势急剧升高。使理想空载转速比图 1-6 中的 n_0 高得多，如图 1-6 中虚线所示。由图可见，当电流连续时，特性较硬而且呈线性；电流断续时，特性较软而且呈显著的非线性。一般当主回路电感量足够大时，电机又有一定的空载电流时，近似认为电动机工作在电流连续段内，并把特性曲线与纵轴的直线交点 n_0 作为理想空载转速。对于断续特性比较显著的情况，可以改用另一段较陡的直线来逼近断续段特性。这相当于把总电阻 R 换成

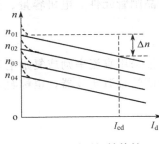

图 1-6　开环机械特性

一个更大的等效电阻 R'，其数值可以从实测特性上计算出来。严重时 R' 可达实际电阻 R 的几十倍。

这样从总体看来，开环 V-M 系统的机械特性仍然是很软的，一般满足不了对调速系统的要求，因此通常都需要设置反馈环节，以改善系统的机械特性。

第二节　转速负反馈有静差直流调速系统

一、系统的组成及静特性

在自动调速系统中，无论怎样调节，Δn 都无法消除的系统，称为有静差系统。凡是通过适当调节可以使 $\Delta n = 0$ 的系统，称为无静差系统。研究 Δn 的大小对生产机械具有十分重要的意义，因此在调速系统设计中，首先要设法减小 Δn，甚至为零。根据反馈控制原理，要维持某一物理量基本不变，就应该引入该物理量的负反馈。因此可以引入被控量转速的负反馈，构成转速闭环控制系统。由于系统只有一个转速反馈环，故称为单闭环调速系统。

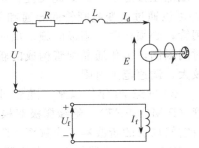

图 1-7　直流电动机电路图

（一）系统的组成

为了分析的方便，对系统中的电压、电动势、电流均使用大写字母，在动态分析时，就认为是瞬时值；在稳态分析时，就认为是平均值。由图 1-7 可见，直流电动机有两个独立的电路：一个是电枢回路，另一个是励磁回路。直流电动机各物理量间的基本关系式如下：

$$U = I_d R + L \frac{dI_d}{dt} + E \tag{1-8}$$

$$T_e = K_m \Phi I_d = C_m I_d \tag{1-9}$$

$$T_e - T_L = J_G \frac{dn}{dt} \left(I_d - I_{dL} = \frac{J_G}{C_m} \frac{dn}{dt} \right) \tag{1-10}$$

$$E = K_e \Phi n = C_e n \tag{1-11}$$

式中　U，I_d——电动机电枢瞬时电压、电流；

I_{dL}——负载电流；

R——电枢电阻；

L——电枢电感；

T_e——电磁转矩；

K_m——转矩常量；

T_L——负载转矩；

C_m——电动机额定励磁下的转矩电流比，N·m/A，$C_m=\frac{30}{\pi}C_e$；

C_e——电动机额定励磁下的电动势转速比，V·min/r；

$J_G=GD^2/375$ 称为转速惯量；

GD^2——电力拖动运动部分折算到电动机轴上的飞轮惯量，N·m²。

由以上公式可知，在平衡状态，电动机的电磁转矩 T_e的大小主要取决于负载转矩 T_L，即电枢电流 I_d的大小，即取决于负载。可见直流调速系统实质上是控制电动机的转矩来完成的。当电动机负载转矩 T_L发生变化时，直流电动机内部将会有一个转速自动调节过程以达到新的平衡。若以 T_L增大为例说明其调节过程，如图 1-8 所示。

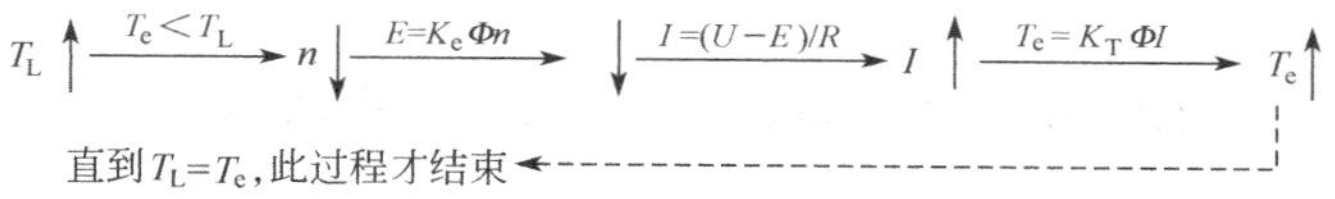

$T_L\uparrow$ $\xrightarrow{T_e<T_L}$ $n\downarrow$ $\xrightarrow{E=K_e\Phi n}$ $\downarrow$ $\xrightarrow{I=(U-E)/R}$ $I\uparrow$ $\xrightarrow{T_e=K_T\Phi I}$ $T_e\uparrow$
直到 $T_L=T_e$，此过程才结束

图 1-8　当负载转矩增加时，电动机内部转速调节过程

由于系统的被调量是转速，在电动机轴上安装一台测速发电机 TG，从而引出与转速成正比的负反馈电压 U_n，U_n与转速给定电压 U_n^* 比较后，得到偏差电压 ΔU_n，经放大器 A 放大后产生触发器 GT 的控制电压 U_{ct}，用以控制电动机的转速。这就组成了转速反馈控制的调速系统，其原理框图参见图 1-9。

RP_1
U_n^*
ΔU_n
A
U_{ct}
GT
V
L
I_d
U_d
M
U_n
RP_2
U_{tg}
TG

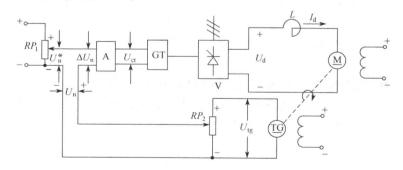

图 1-9　采用转速负反馈的闭环调速系统

（二）系统的静特性

系统中各环节的稳态输入输出关系如下：

电压比较环节　$\Delta U_n=U_n^*-U_n$

放大器输出　$U_{ct}=K_P\Delta U_n$

晶闸管整流器及触发装置　$U_{d0}=K_sU_{ct}$

V-M 系统开环机械特性　$n=\frac{E}{C_e}=\frac{U_{d0}-I_dR}{C_e}$

转速检测环节 $U_n = \alpha_2 U_{tg} = \alpha_2 C_{etg} n = \alpha n$

式中 K_p——放大器的电压放大系数；

    K_s——晶闸管整流器及触发装置的电压放大系数；

    α_2——反馈电位器分压比；

    C_{etg}——测速发电机额定磁通下的电动势速比；

$\alpha = \alpha_2 C_{etg}$——转速反馈系数，V·min/r。

其余各量参见图 1-9。

根据以上各环节的稳态输入输出关系，可画出转速负反馈单闭环调速系统的稳态结构图，参见图 1-10。图中各方块内的符号代表该环节的放大系数，也称传递函数。

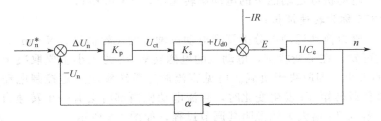

图 1-10 转速负反馈单闭环调速系统稳态结构图

由以上各关系式中消去中间变量，或由系统稳态结构图运算，均可得到系统的静特性方程式

$$n = \frac{K_p K_s U_n^* - I_d R}{C_e (1 + K_p K_S \alpha / C_e)} = \frac{K_p K_s U_n^*}{C_e (1+K)} - \frac{R I_d}{C_e (1+K)} = n_{0cl} - \Delta n_{cl} \tag{1-12}$$

式中 K——闭环系统的开环放大系数，$K = K_P K_S \alpha / C_e$，它是系统中各环节放大系数的乘积；

    n_{0cl}——闭环系统的理想空载转速；

    Δn_{cl}——闭环系统的稳态速降。

闭环调速系统的静特性表示闭环系统电动机转速与负载电流（或转矩）的稳态关系，在形式上它与开环机械特性相似，但在本质上二者有很大不同，故定名为闭环系统的"静特性"，以示区别。

二、闭环系统的静特性与开环系统机械特性的比较

将闭环系统的静特性与开环系统的机械特性进行比较，就能清楚地看出闭环控制的优越性。如果断开转速反馈回路（令 $\alpha = 0$，则 $K = 0$），则上述系统的开环机械特性为：

$$n = \frac{U_{d0} - I_d R}{C_e} = \frac{K_p K_s U_n^*}{C_e} - \frac{I_d R}{C_e} = n_{0op} - \Delta n_{op} \tag{1-13}$$

式中，n_{0op} 和 Δn_{op} 分别为开环系统的理想空载转速和稳态速降。比较式（1-12）和式（1-13）可以得出如下结论。

（1）闭环系统静特性比开环系统机械特性硬得多。

在同样的负载下，两者的稳态速降分别为：

$$\Delta n_{op} = \frac{R I_d}{C_e}$$

$$\Delta n_{cl} = \frac{R I_d}{C_e (1+K)}$$

它们的关系是
$$\Delta n_{cl} = \frac{\Delta n_{op}}{1+K} \tag{1-14}$$

显然，当 K 值较大时，Δn_{cl} 比 Δn_{op} 要小得多，也就是说闭环系统的静特性比开环系统的机械特性硬得多。

（2）闭环系统的静差率比开环系统的静差率小得多。

闭环系统和开环系统的静差率分别为

$$s_{cl} = \frac{\Delta n_{cl}}{n_{0cl}} \quad \text{和} \quad s_{op} = \frac{\Delta n_{op}}{n_{0op}}$$

当 $n_{0cl} = n_{0op}$ 时，则有

$$s_{cl} = s_{op}/(1+K) \tag{1-15}$$

（3）当要求的静差率一定时，闭环系统的调速范围可以大大提高。

如果电动机的最高转速都是 n_{nom}，且对最低转速的静差率要求相同，则

开环时
$$D_{op} = \frac{n_{nom} s}{\Delta n_{op}(1-s)}$$

闭环时
$$D_{cl} = \frac{n_{nom} s}{\Delta n_{cl}(1-s)}$$

所以
$$D_{cl} = (1+K)D_{op} \tag{1-16}$$

（4）要获得上述三条的优点，闭环系统必须设置放大器。

由以上分析可以看出，上述三条优越性是建立在 K 值足够大的基础上的。由系统的开环放大系数 $K = K_p K_s \alpha/C_e$ 表达式可看出，若要增大 K 值，只能增大 K_p 和 α 值，因此必须设置放大器。在开环系统中，U_n^* 是直接作为 U_{ct} 来控制的，因而不用设置放大器；参见图 1-4。而在闭环系统中，引入转速负反馈电压 U_n 后，若要减小 Δn_{cl}，$\Delta U_n = U_n^* - U_n$，就必须压得很低，所以必须设置放大器，才能获得足够的控制电压 U_{ct}。参见图 1-9。

综上所述，可得出这样的结论：闭环系统可以获得比开环系统硬得多的静特性，且闭环系统的开环放大系数越大，静特性就越硬，在保证一定静差率要求下其调速范围越大，但必须增设转速检测与反馈环节和放大器。

然而，在开环 V-M 系统中，Δn 的大小完全取决于电枢回路电阻 R 及所加的负载大小。闭环系统能减少稳态速降，但不能减小电阻。那么降低稳态速降的实质是什么呢？

在闭环系统中，当电动机的转速 n 由于某种原因（如机械负载转矩的增加）而下降时，系统将同时存在两个调节过程：一个是电动机内部的自动调节过程；另一个则是由于转速负反馈环节作用而使控制电路产生相应变化的自动调节过程。参见图 1-11。

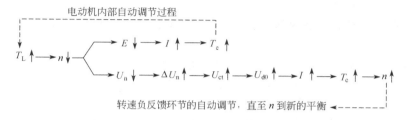

图 1-11 具有转速负反馈的直流调速系统的自动调节过程

由上述调节过程可以看出，电动机内部的调节，主要是通过电动机反电动势 E 下降，使电流增加；而转速负反馈环节，则主要通过反馈闭环控制系统被调量的偏差进行控制的。通过转速负反馈电压 U_n 下降，使偏差电压 ΔU_n 增加，经过放大后 U_{ct} 增大，整流装置输出

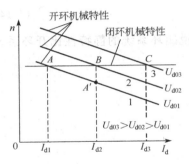

图 1-12 闭环系统静特性与开环系统机械特性的关系

的电压 U_{d0} 上升，电枢电流增加。从而电磁转矩增加，转速回升。直至 $T_L=T_e$ 调节过程才结束。可以看出，闭环调速系统可以大大减少转速降落。

从机械特性上看，参见图 1-12。当负载电流由 I_{d1} 增大到 I_{d2} 时，若为开环系统，仅依靠电动机内部的调节作用，转速将由 n_A 降落到 n'_A（设此时整流输出的电压平均值为 U_{d01}）。当设置了转速负反馈环节，它将使整流输出电压由 U_{d01} 上升到 U_{d02}，电动机由机械特性曲线 1 的 A 点过渡到曲线 2 的 B 点上稳定运行。这样，每增加（或减少）一点负载，整流电压就相应的提高（或降低）一点，因而就过渡到另一条机械特性曲线上。闭环系统的静特性就是在许多开环机械特性上各取一个相应的工作点（如图中的 A、B、C 点），再由这些点集合而成的，因此，闭环系统的静特性比较硬。可见，闭环系统能随负载的变化而自动调节整流电压，从而调节转速。

【**例 1-1**】 龙门刨床工作台采用 Z_2-93 型直流电动机：$P_{nom}=60kW$、$U_{nom}=220V$、$I_{nom}=305A$、$n_{nom}=1000r/min$、$R_a=0.05\Omega$、$K_s=30$，晶闸管整流器的内阻 $R_{rec}=0.13\Omega$，要求 $D=20$，$s\leqslant5\%$，问若采用开环 V-M 系统能否满足要求？若采用 $\alpha=0.015V\cdot min/r$ 转速负反馈闭环系统，问放大器的放大系数为多大时才能满足要求？

解：开环系统在额定负载下的转速降落为 $\Delta n_{nom}=\dfrac{I_{nom}R}{C_e}$

C_e 可由电动机铭牌额定数据求出

$$C_e=\frac{U_{nom}-I_{nom}R_a}{n_{nom}}=\frac{220-305\times0.05}{1000}=0.2V\cdot min/r$$

所以

$$\Delta n_{nom}=\frac{I_{nom}R}{C_e}=\frac{305\times(0.05+0.13)}{0.2}=275r/min$$

高速时静差率

$$s_1=\frac{\Delta n_{nom}}{n_{nom}+\Delta n_{nom}}=\frac{275}{1000+275}=0.216=21.6\%$$

最低速为

$$n_{min}=\frac{n_{nom}}{D}=\frac{1000}{20}=50$$

此时的静差率

$$s_2=\frac{\Delta n_{nom}}{n_{min}+\Delta n_{nom}}=\frac{275}{50+275}=0.85=85\%$$

由以上计算可以看出，低速时的 s_2 远大于高速时的 s_1，并且二者均不能满足小于 5% 的要求，而开环系统本身的稳态速降 $\Delta n_{nom}=I_{nom}R/C_e$ 又不能变化，所以开环系统不能满足要求。

如果要满足 $D=20$，$s\leqslant5\%$ 的要求，Δn_{nom} 应该是多少呢？

$$\Delta n_{nom}=\frac{n_{nom}s}{D(1-s)}=\frac{1000\times0.05}{20(1-0.05)}r/min=2.63r/min$$

很明显，只有把额定稳态速降从开环系统的 $\Delta n_{op}=275r/min$ 降低到 $\Delta n_{cl}=2.63r/min$ 以下，才能满足要求。若采用 $\alpha=0.015V\cdot min/r$ 转速负反馈闭环系统，放大器的放大系数由式（1-14）可得

$$K=\frac{\Delta n_{op}}{\Delta n_{cl}}-1=\frac{275}{2.63}-1=103.6$$

$$K_p = \frac{K}{K_s \alpha / C_e} = \frac{103.6}{30 \times 0.015 / 0.2} = 46$$

可见只要放大器的放大系数大于或等于46，转速负反馈闭环系统就能满足要求。

三、反馈控制规律

转速闭环调速系统是一种基本的反馈控制系统，它具有以下四个基本特征，也就是反馈控制的基本规律。

（一）有静差

采用比例放大器的反馈控制系统是有静差的。从前面对静特性的分析中可以看出，闭环系统的稳态速降为

$$\Delta n_{cl} = \frac{R I_d}{C_e (1 + K)} \tag{1-17}$$

只有当 $K = \infty$ 时才能使 $\Delta n_{cl} = 0$，即实现无静差。实际上是不可能获得无穷大的 K 值的，况且过大的 K 值将导致系统不稳定。

从控制作用上看，放大器输出的控制电压 U_{ct} 与转速偏差电压 ΔU_n 成正比，如果实现无静差，$\Delta n_{cl} = 0$，则转速偏差电压 $\Delta U_n = 0$，$U_{ct} = 0$，控制系统就不能产生控制作用，系统将停止工作。所以这种系统是以偏差存在为前提的，反馈环节只是检测偏差，减小偏差，而不能消除偏差，这样的系统叫做有静差系统。

（二）被调量紧紧跟随给定量变化

在转速负反馈调速系统中，改变给定电压 U_n^*，转速就随之跟着变化。因此，对于反馈控制系统，被调量总是紧紧跟随着给定信号变化的。

（三）闭环系统对包围在环内的一切主通道上的扰动作用都能有效抑制

当给定电压 U_n^* 不变时，把引起被调量转速发生变化的所有因素称为扰动。上面只讨论了负载变化引起稳态速降。实际上，引起转速变化的因素还有很多，如交流电源电压波动，电动机励磁电流的变化，放大器放大系数的飘移，由温度变化引起的主电路电阻的变化等。图 1-13 画出了各种扰动作用，其中代表电流 I_d 的箭头表示负载扰动，其他指向各方框的箭头分别表示会引起该环节放大系数变化的扰动作用。此图清楚地表明：反馈环内且作用在控制系统主通道上的各种扰动，最终都要影响被调量转速的变化，而且都会被检测环节检测出来，通过反馈控制作用减小它们对转速的影响。

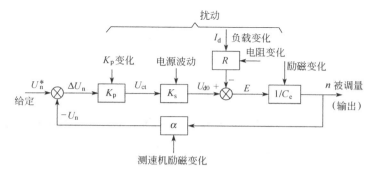

图 1-13　反馈控制系统给定作用和扰动作用

抗扰性能是反馈闭环控制系统最突出的特征。根据这一特征，在设计系统时，一般只考虑其中最主要的扰动，如在调速系统中只考虑负载扰动，按照抑制负载扰动的要求进行设计，则其他扰动的影响也就必然会受到抑制。

（四）反馈控制系统对于给定电源和检测装置中的扰动是无法抑制的

由于被调量转速紧紧跟随给定电压的变化，当给定电源发生不应有的波动，转速也随之变化。反馈控制系统无法鉴别是正常的调节还是不应有的波动，因此高精度的调速系统需要更高精度的稳压电源。

另外，反馈控制系统也无法抑制由于反馈检测环节本身的误差引起被调量的偏差。如图1-13 中测速发电机的励磁发生变化，则转速反馈电压 U_n 必然改变，通过系统的反馈调节，反而使转速离开了原应保持的数值。此外，测速发电机输出电压中的纹波，由于制造和安装不良造成转子和定子间的偏心等，都会给系统带来周期性的干扰。为此，高精度的系统还必须有高精度的反馈检测元件作保证。

四、系统的稳态参数计算

设计有静差调速系统，首先必须进行系统静特性参数计算，以确定系统的构成，即围绕着如何满足稳态指标——调速范围 D 和静差率 s 进行，并通过动态校正使系统满足要求。下面以一个具体的直流调速系统说明系统稳态参数计算。

【例1-2】 如图1-14 所示的直流调速系统，根据下面给定的技术数据，对系统进行静态参数计算。已知数据如下：

① 电动机：额定数据为 $P_{nom}=10kW$、$U_{nom}=220V$、$I_{nom}=55A$、$n_{nom}=1000r/min$，电枢电阻 $R_a=0.5\Omega$。

② 晶闸管装置：三相全控桥式整流电路，整流变压器 Y/Y 接法，二次线电压 $U_{2l}=230V$，触发整流环节的放大系数 $K_s=44$。

③ KZ-D 系统：主回路总电阻 $R=1.0\Omega$。

测速发电机 ZYS231/110 型永磁式直流测速发电机，额定数据 $P_{nom}=23.1W$、$U_{nom}=110V$、$I_{nom}=0.21A$、$n_{nom}=1900r/min$。生产机械要求调速范围 $D=10$ 静差率 $s\leqslant5\%$。

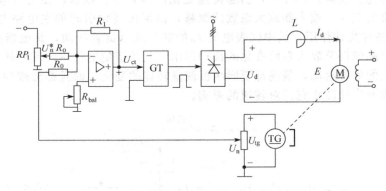

图 1-14　反馈控制有静差调速系统原理图

解　① 为了满足 $D=10$，$s\leqslant5\%$，额定负载时调速系统的稳态速降应为

$$\Delta n_{cl}\leqslant\frac{n_{nom}s}{D(1-s)}=\frac{1000\times0.05}{10(1-0.05)}=5.26r/min$$

② 根据 Δn_{cl}，确定系统的开环放大系数 K

$$K\geqslant\frac{I_{nom}R}{C_e\Delta n_{cl}}-1=\frac{55\times1.0}{0.1925\times5.26}-1=53.3$$

式中

$$C_e=\frac{U_{nom}-I_{nom}R_a}{n_{nom}}=\frac{220-55\times0.5}{1000}=0.1925V\cdot min/r$$

③ 计算测速反馈环节的参数

测速反馈系数 α 包含测速发电机的电动势转速比 C_{etg} 和电位器 RP_2 的分压系数 α_2，即

$$\alpha = \alpha_2 C_{etg}$$

根据测速发电机的数据，$C_{etg} = \dfrac{110}{1900} \approx 0.0579 \, \text{V} \cdot \text{min/r}$

本系统直流稳压电源为 15V，最大转速给定为 12V 时，对应电动机的额定转速，即 $U_n^* = 12\text{V}$ 时，$n = 1000\text{r/min}$。测速发电机与电动机直接硬轴连接。

当系统处于稳态时，近似认为 $U_n^* \approx U_n$，则

$$\alpha \approx \frac{U_n^*}{n_{nom}} = \frac{12}{1000} = 0.012 \, \text{V} \cdot \text{min/r}$$

$$\alpha_2 = \frac{\alpha}{C_{etg}} = \frac{0.012}{0.0579} \approx 0.2$$

电位器 RP_2 的选择方法如下：当测速发电机输出最高电压时，其电流约为额定值的 20%，这样，测速发电机电枢压降对检测信号的线性度影响较小，则

$$R_{RP_2} \approx \frac{C_{etg} n_{nom}}{0.2 I_{nom}} = \frac{0.0579 \times 1000}{0.2 \times 0.21} \approx 1379 \, \Omega$$

此时 RP_2 所消耗的功率为

$$P_{RP_2} = C_{etg} n_{nom} \times 0.2 I_{nom} = 0.0579 \times 1000 \times 0.2 \times 0.21 \text{W} \approx 2.43 \text{W}$$

为了使电位器不过热，实选功率应为消耗功率的一倍以上，故选 RP_2 为 10W，1.5kΩ 的可调电位器。

④ 计算放大器的电压放大系数

$$K_P = \frac{K C_e}{\alpha K_s} = \frac{53.3 \times 0.1925}{0.012 \times 44} \approx 19.43$$

实取 $K_P = 20$。

如果取放大器输入电阻 $R_0 = 20\text{k}\Omega$，则 $R_1 = K_P R_0 = 20 \times 20\text{k}\Omega = 400\text{k}\Omega$。

五、限流保护—电流截止负反馈

（一）问题的提出

从上面的转速负反馈闭环调速系统讨论中可以看出，闭环控制已解决了转速调节问题，但是这样的系统还不能付诸实用，为什么呢？

众所周知，直流电动机全压起动时会产生很大的冲击电流，这不仅对电机换向不利，对过载能力低的晶闸管来说也是不允许的。对转速负反馈的闭环调速系统突加给定电压时，由于机械惯性，转速不可能立即建立起来，反馈电压仍为零，加在调节器上的输入偏差电压 $\Delta U_n = U_n^*$，几乎是其稳态工作值的 $(1 + K)$ 倍。由于调节器和触发装置的惯性都很小，整流电压 U_d 立即达到最高值。电枢电流远远超过允许值。因此，必须采取措施限制系统启动时的冲击电流。

另外，有些生产机械的电动机可能会遇到堵转情况，例如，由于故障，机械轴被卡住，或挖土机工作时遇到坚硬的石头等。在这些情况下，由于闭环系统的静特性很硬，若无限流环节，电枢电流将远远超过允许值。

（二）电流截止负反馈环节

为了解决上述问题，系统中必须设有自动限制电枢电流的环节。根据反馈控制原理，应该引入电流负反馈。但是这种限流反馈作用只能在启动和堵转时存在，在电动机正常运行时

应自动取消，以使电流随负载变化而变化。这种当电流达到一定程度时才出现的电流负反馈叫做电流截止负反馈。其电路如图 1-15 所示。图中电流反馈信号取自串联在电枢回路的小电阻 R_s 两端，$I_d R_s$ 正比于电枢电流。设 I_{dcr} 为临界截止电流，为了实现电流截止负反馈，引入比较电压 U_{com} 并等于 $I_{dcr} R_s$，并将其与 $I_d R_s$ 反向串联。参见图 1-15(a)。

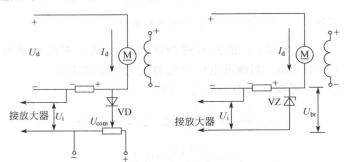

(a) 利用独立直流电源作比较电压　　　　(b) 利用稳态管产生比较电压

图 1-15　电流截止负反馈环节

若忽略二极管 VD 正向压降的影响时，有

当 $I_d R_s \leqslant U_{com}$ 时，即 $I_d \leqslant I_{dcr}$，二极管 VD 截止，电流反馈被切断，此时系统就是一般的闭环调速系统，其静特性很硬；

当 $I_d R_s > U_{com}$ 时，即 $I_d > I_{dcr}$，二极管 VD 导通，电流反馈信号 $U_i = I_d R_s - U_{com}$ 加至电压放大器的输入端，此时偏差电压 $\Delta U = U_n^* - U_n - U_i$，$U_i$ 随 I_d 的增大而增大，使 ΔU 下降，从而 U_{d0} 下降，抑制 I_d 上升。此时系统静特性较软。当电流负反馈环节起主导作用时的自动调节过程如图 1-16 所示。

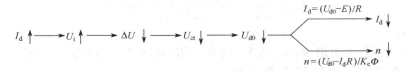

图 1-16　当电枢电流大于截止电流时，电流截止负反馈环节的调节过程

调节比较电压 U_{com} 的大小，即可改变临界截止电流 I_{dcr} 的大小。从而实现了系统对电流截止负反馈的控制要求。图 1-15(b) 是利用稳压管 VZ 的击穿电压 U_{br} 作为比较电压，线路简单，但不能平滑调节临界截止电流值，且调节不便。

应用电流截止负反馈环节后，虽然限制了最大电流，但在主回路中，为防止短路还必须接入快速熔断器。为防止在截止环节出故障时把晶闸管烧坏，在要求较高的场合，还应增设过电流继电器。

（三）带电流截止负反馈环节的单闭环调速系统

在转速闭环调速系统的基础上，增加电流截止负反馈环节，就可构成带有电流截止负反馈环节的转速闭环调速系统。参见原理图 1-17。

根据系统中各环节的输入-输出关系，可以画出系统的静态结构图如图 1-18。由此来分析系统的静特性。根据电流截止负反馈的特性和结构图可推出系统的静特性方程式。

当 $I_d R_s \leqslant U_{com}$ 时，即电流截止负反馈不起作用。系统的闭环静特性方程式为：

$$n = \frac{K_p K_s U_n^*}{C_e(1+K)} - \frac{R}{C_e(1+K)} I_d = n_0 - \Delta n \tag{1-18}$$

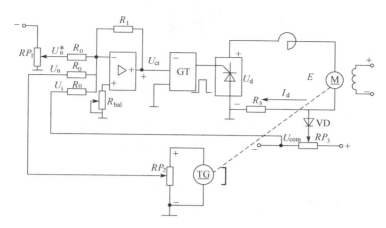

图 1-17　带电流截止负反馈的转速闭环调速系统

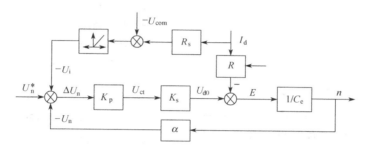

图 1-18　带电流截止负反馈转速闭环调速系统的稳态结构图

当 $I_d R_s > U_{com}$ 时，即电流截止负反馈起作用，其静特性方程为

$$n = \frac{K_p K_s U_n^*}{C_e(1+K)} - \frac{K_p K_s}{C_e(1+K)}(R_s I_d - U_{com}) - \frac{R I_d}{C_e(1+K)}$$

$$= \frac{K_p K_s(U_n^* + U_{com})}{C_e(1+K)} - \frac{(R + K_p K_s R_s) I_d}{C_e(1+K)} = n_0' - \Delta n' \tag{1-19}$$

由上述两式画出的静特性如图 1-19 所示，式(1-18) 对应于图中的 n_0-A 段，它就是静特性较硬的闭环调速系统。式(1-19) 对应于图中的 A-B 段，此时电流负反馈起作用，特性急剧下垂。两段相比有如下特性。

① $n_0' \gg n_0$，这是由于比较电压 U_{com} 与给定电压 U_n^* 的作用一致，因而提高了虚拟的理想空载转速 n_0'。实际上图中虚线 n_0'-A 段因电流负反馈被截止而不存在。

② $\Delta n_0' \gg \Delta n$，这说明电流负反馈起作用时，相当于在主电路中串入一个大电阻 $K_p K_s R_s$，因此随负载电流的增大，转速急剧下降，稳态速降极大，特性急剧下垂。

这样的两段式静特性通常称为"挖土机特性"。当挖土机遇到坚硬的石块而过载时，电动机停下，如图中的 B 点，此时的电流也不过等于堵转电流 I_{dbl}，A 点为临界截止电流 I_{dcr}。

当系统堵转时，$n = 0$，由式(1-19) 得

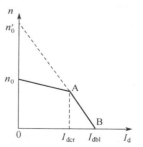

图 1-19　带电流截止负反馈的转速闭环调速系统的静特性

$$I_d = I_{dbl} = \frac{K_p K_s (U_n^* + U_{com})}{R + K_p K_s R_s} \tag{1-20}$$

一般 $K_p K_s R_s \gg R$，所以

$$I_{dbl} = \frac{U_n^* + U_{com}}{R_s} \leqslant \lambda I_{nom} \tag{1-21}$$

式中 λ 为电动机过载系数，一般取 $1.5 \sim 2$。

　　电动机运行于 n_0-A 段，希望有足够宽的运行范围。一般取 $I_{dcr} \geqslant 1.2 I_{nom}$，即

$$I_{dcr} \approx U_{com}/R_s \geqslant 1.2 I_{nom} \tag{1-22}$$

由式(1-21) 和式(1-22) 可得

$$U_n^*/R_s = I_{dbl} - I_{dcr} \leqslant (\lambda - 1.2) I_{nom}$$

上述关系可作为设计电流截止负反馈环节参数的依据。

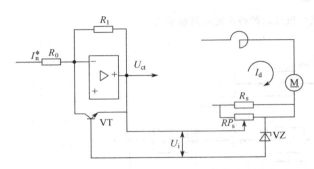

图 1-20　封锁运算放大器的电流截止环节

　　在实际系统中，也可以采用电流互感器来检测主回路的电流，从而将主回路与控制回路实行电气隔离，以保证人身和设备的安全。实现电流截止还可以采用如图 1-20 所示的电路。图中在运算放大器的输入输出端跨接开关管 VT，用上述的 U_i 信号控制 VT 去封锁运算放大器。U_i 一旦产生使 VT 导通，造成运算放大器的反馈电阻短路，放大系数接近于零，则控制电压 U_{ct} 近似为零。当负载电流减小时，从电位器上引出的正比于负载电流的电压不足以击穿稳压管 VZ，U_i 消失，开关管 VT 截止，运算放大器恢复正常工作。RP_s 是用来调节截止电流的。

六、系统的动态分析

　　上面讨论了单闭环调速系统的稳态性能，如果转速负反馈闭环调速系统的开环放大系数 K 足够大，系统的稳态速降就会大大降低，能满足系统的稳态要求。但是 K 过大时，可能引起系统的不稳定，需要采取动态校正，才能正常运行。为此，应进一步讨论系统的动态性能。

　　为定量分析有静差系统的动态性能，必须先建立系统的动态数学模型。一般步骤是：

　　① 根据系统中各环节的物理规律，列出该环节动态过程的微分方程。

　　② 将微分方程经过拉氏变换转换为对应的传递函数。

　　③ 组成系统的传递函数和动态结构图。

（一）直流电动机的数学模型

　　由式(1-8)可知电枢回路的电压平衡方程式

$$U_{d0} - E = I_d R + L \frac{dI_d}{dt} = R \left(i_d + \frac{L}{R} \frac{dI_d}{dt} \right)$$

　　在零初始条件下，对上式两边取拉氏变换可得电压与电流间的传递函数为

$$\frac{I_d(s)}{U_{d0}(s) - E(s)} = \frac{1/R}{1 + T_1 s}$$

式中　T_1——电枢回路电磁时间常数，$T_1 = L/R$。

　　又由式(1-10)可得 　　　　$I_d - I_{dL} = \frac{J_G}{C_m} \frac{dn}{dt} = \frac{T_m}{R} \frac{dE}{dt}$

式中　I_{d}——电枢电流；

I_{dL}——负载电流；

T_{m}——电动机的机电时间常数 $T_{\mathrm{m}} = \dfrac{J_{\mathrm{G}}R}{C_{\mathrm{e}}C_{\mathrm{m}}}$。

同理，对上式两侧进行拉氏变换得（推导过程见附录）

$$\frac{E(s)}{I_{\mathrm{d}}(s) - I_{\mathrm{dL}}(s)} = \frac{R}{T_{\mathrm{m}}s}$$

电动机各个环节的微分方程→拉氏变换式→传递函数见附录表 1-1 所示。直流电动机的动态结构图如图 1-21。

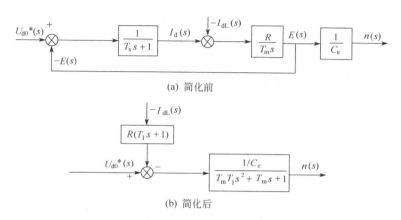

(a) 简化前

(b) 简化后

图 1-21　直流电动机的动态结构图

（二）晶闸管触发和整流装置的传递函数

在晶闸管整流电路中，设在 t_1 时刻控制角 α_1 使某一对晶闸管导通，如果 t_2 时刻 U_{ct1} 变化为 U_{ct2}，由于晶闸管业已导通，U_{ct} 的变化对它不起作用，晶闸管整流电路的输出电压 U_{d0} 也不会立即改变，只有等到 t_3 时刻导通的器件关断以后，U_{ct2} 产生的 α_2 的脉冲，才可能使另一对晶闸管在 t_4 时刻导通，晶闸管整流电路的输出电压 U_{d0} 才会改变，这样就较控制电压的改变延迟了一段时间 t_{s}，称为失控时间。由于它的大小随 U_{ct} 发生变化的时刻而改变，故 t_{s} 是随机的，参见图 1-22。

最大可能的失控时间是两个自然换相点之间的时间，与交流电源的频率和晶闸管整流器的形式有关，由下式确定

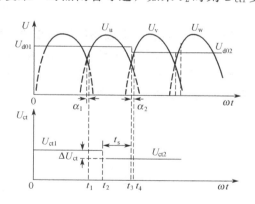

图 1-22　晶闸管整流装置的失控时间

$$T_{\mathrm{smax}} = \frac{1}{mf}$$

式中　f——交流电源频率；

m——一周内整流电压的波头。

相对于整个系统的响应时间来说，T_{smax} 并不大，一般情况下，可取其统计平均值 $T_{\mathrm{s}} = T_{\mathrm{smax}}/2$，并认为是常数，表 1-1 列出了不同整流器电路的平均失控时间。

表 1-1　各种整流电路的失控时间（$f = 50\,\text{Hz}$）

整流电路形式	平均失控时间 T_s/ms
单相半波	10
单相桥式（全波）	5
三相半波	3.33
三相桥式,六相半波	1.67

用单位阶跃函数表示滞后，则晶闸管触发和整流装置的输入输出关系为

$$U_{\text{d}0}(t) = K_s U_{\text{ct}} 1(t - T_s) \tag{1-23}$$

式（1-23）清楚地表明了 $t > T_s$ 时，U_{ct} 才起作用，经拉氏变换和简化近似后得

$$\frac{U_{\text{do}}(s)}{U_{\text{ct}}(s)} \approx \frac{K_s}{1 + T_s s} \tag{1-24}$$

晶闸管变流器近似动态结构图如图 1-23。

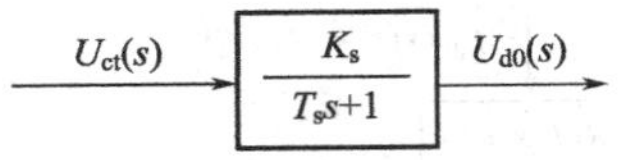

$$U_{\text{ct}}(s) \longrightarrow \boxed{\dfrac{K_s}{T_s s + 1}} \longrightarrow U_{\text{d}0}(s)$$

图 1-23　晶闸管变流器近似动态结构图

按照自动控制原理，将式中的 s 换成 $j\omega$，经推导并结合工程实际可知

$$\omega \leqslant \sqrt{\frac{1}{5} \frac{1}{T_s}} = \frac{1}{2.24 T_s}$$

这意味着闭环系统的频带 ω_b 应小于 $1/2.24 T_s$。作为近似条件，可粗略地取开环频率特性的截止频率

$$\omega_c \leqslant \frac{1}{3 T_s} \tag{1-25}$$

（三）单闭环直流调速系统的动态数学模型

根据前面推导的各个环节的传递函数以及相互间的关系，依次连接起来（比例放大器放大系数 K_p 和转速反馈系数 α 分别为它们的传递函数，其响应认为是瞬时的）便得到转速闭环系统的动态结构图，如图 1-24。

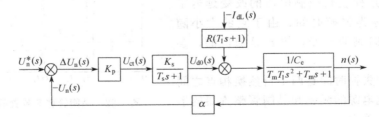

图 1-24　转速单闭环调速系统的动态结构图

由图 1-24 可得单闭环调速系统的闭环传递函数（设 $I_{\text{dL}} = 0$）为

$$W_{\text{cl}}(s) = \frac{n(s)}{U_n^*(s)} = \frac{\dfrac{K_p K_s / C_e}{(T_s s + 1)(T_m T_1 s^2 + T_m s + 1)}}{1 + \dfrac{K_p K_s \alpha / C_e}{(T_s s + 1)(T_m T_1 s^2 + T_m s + 1)}}$$

$$= \frac{\dfrac{K_p K_s / C_e}{1+K}}{\dfrac{T_m T_1 T_s}{1+K} s^3 + \dfrac{T_m (T_1 + T_s)}{1+K} s^2 + \dfrac{T_m + T_s}{1+K} s + 1} \tag{1-26}$$

式（1-26）表明，将晶闸管装置按一阶惯性环节近似处理后，带比例放大器的单闭环调速系统可以看作是一个三阶线性系统。T_s 虽小，但却影响系统的动态性能。

（四）单闭环调速系统的稳定条件

由式（1-26）可知，闭环调速系统的特征方程为

$$\frac{T_m T_1 T_s}{1+K} s^3 + \frac{T_m (T_1 + T_s)}{1+K} s^2 + \frac{T_m + T_s}{1+K} s + 1 = 0$$

其一般表达式为

$$a_0 s^3 + a_1 s^2 + a_2 s + a_3 = 0$$

根据三阶系统的劳斯-古尔维茨判据，系统稳定的充要条件是

$$a_0 > 0, \ a_1 > 0, \ a_2 > 0, \ a_3 > 0 \ 且 \ a_1 a_2 > a_0 a_3$$

依据稳定条件

$$\frac{T_m (T_1 + T_s)(T_m + T_s)}{(1+K)^2} > \frac{T_m T_1 T_s}{1+K}$$

化简整理得

$$K < \frac{T_m (T_1 + T_s) + T_s^2}{T_1 T_s} = K_{cr}$$

式中 K_{cr} 为临界放大系数，K 值超出此值系统将不稳定。这与前面讨论静特性 K 越大越好相矛盾。对于自动控制系统，稳定性是首要条件。因此必须增设动态校正装置或引入双闭环系统以满足稳定要求。

第三节　转速负反馈无静差直流调速系统

如何实现直流调速系统的无静差控制呢？解决的办法是将单闭环有静差系统的比例调节器替代为比例积分调节器，由于比例积分调节器的输出包含了输入偏差的全部历史，只要输入有历史的偏差，即使当前输入偏差为零，但其积分输出仍会有一定的控制电压，可以确保系统在无静差情况下保持恒速稳定运行，实现无静差调速。

一、积分调节器和积分控制规律

图 1-25（a）是由线性集成运算放大器构成的积分调节器（简称 I 调节器），根据虚地点的概念，可得

$$U_{ex} = \frac{1}{C} \int i \, dt = \frac{1}{R_0 C} \int U_{in} \, dt = \frac{1}{\tau} \int U_{in} \, dt \tag{1-27}$$

式中，τ 为积分时间常数 $\tau = R_0 C$。

积分调节器的传递函数为

$$W_i(s) = \frac{U_{ex}(s)}{U_{in}(s)} = \frac{1}{\tau s} \tag{1-28}$$

设 U_{ex} 初始值为零，U_{in} 为阶跃输入时，由式（1-27）得

$$U_{ex} = \frac{U_{in}}{\tau} t \tag{1-29}$$

可以看出，当输入量 U_{in} 为恒值时，输出量 U_{ex} 随时间线性增长。只要 U_{in} 不为零，积分调节器的输出量就不断积累，如图 1-25（b）所示，输出信号的响应具有滞后性。当输入量

变为零时，输出量并不变为零而是保持输入信号为零前的输出值。在电路中，这个电压就是充了电的电容器的电压。若要实现积分调节器的输出量下降，只有使输入量与原输出量的极性相反。

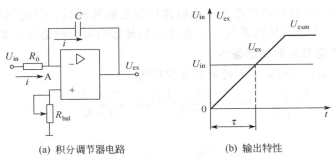

(a) 积分调节器电路　　　　　　(b) 输出特性

图 1-25　积分调节器及其输出特性

在转速负反馈调速系统中若采用积分环节可以实现无静差调节，这是因为若以稳态速降 Δn 作为输入量，当稳态速降不为零时，其积分积累过程不止，系统输出量 n 不断增长，使稳态速降减小，直至为零。但因为控制的滞后性，满足不了系统的快速性要求，常采用比例积分调节器。

二、比例积分调节器 (PI) 和比例积分控制规律

比例积分调节器（简称 PI 调节器），如图 1-26 所示。由 A 点虚地，可得

$$U_{in} = i_0 R_0$$

$$U_{ex} = i_1 R_1 + \frac{1}{C_1}\int i_1 \, dt$$

$$i_0 = i_1$$

整理后得

$$U_{ex} = \frac{R_1}{R_0}U_{in} + \frac{1}{R_0 C_1}\int U_{in} \, dt = K_{pi}U_{in} + \frac{1}{\tau}\int U_{in} \, dt \tag{1-30}$$

式中，K_{pi} 为 PI 调节器比例部分放大系数 $K_{pi} = R_1/R_0$；$\tau = R_0 C_1$ 为 PI 调节器的积分时间常数。

由上述可见，PI 调节器的输出电压是由比例和积分两个部分组成。比例部分 $K_{pi}U_{in}$ 能立即响应输入量的变化，加快响应过程；积分部分 $\frac{1}{\tau}\int U_{in} \, dt$ 是输入量对时间的积累过程，最后消除误差。在零初始状态和阶跃输入下，PI 调节器的输出特性参见图 1-27。比例积分调节器兼有二者的优点，在自动控制系统中获得广泛应用。

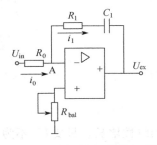

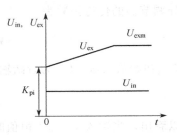

图 1-26　比例积分调节器电路图　　　　图 1-27　阶跃输入时 PI 调节器的输出特性

设初始条件为零时，对式(1-30)拉氏变换得 PI 调节器传递函数为

$$W_{pi}(s)=\frac{U_{ex}(s)}{U_{in}(s)}=\frac{K_{pi}\tau s+1}{\tau s}=K_{pi}\frac{\tau_1 s+1}{\tau_1 s} \tag{1-31}$$

式中，τ_1 为 PI 调节器的超前时间常数，$\tau_1=K_{pi}\tau=R_1C_1$。

PI 调节器控制的物理过程实质是，当突加输入信号时（动态时），由于电容两端电压不能突变，电容相当于短路，调节器相当于一个放大系数为 $K_{pi}=R_1/R_0$ 的比例调节器，其输出端立即响应为 $K_{pi}U_{in}$，实现快速控制；此时放大系数数值不大，有利于系统的稳定。随着电容充电，输出电压 U_{ex} 开始积分的积累过程，其数值不断增长，实现无静差控制。实际上，输出量不会无限制地增长，因为运算放大器会饱和，如 FC54 最大输出为 $\pm7\sim\pm12/V$。通常调节器都设有输出限幅电路，当输出电压达到运算放大器的限幅值 U_{exm} 时，就不再增长。稳态时，电容相当于开路，同积分调节器，其放大系数为运放器开环放大倍数，数值很大（在 10^5 以上），这使系统的稳态误差大大减小。这样不仅很好地实现了快速性与无静差控制，同时又解决了系统的动、静态对放大系数要求的矛盾。

由运算放大器构成的调节器的基本要求之一是"零输入时，零输出"。若由于温度变化或其他原因而造成零输入时，输出不为零，则可调节调零电位器，使输出为零。稳态时，积分电容器相当于开路，放大系数很大，这样运算放大器零点漂移的影响便很大，可在运算放大器的电阻和积分电容串联构成的反馈电路两端并联一个几兆欧的反馈电阻 R_1'，可使零漂引起的输出电压的波动得到负反馈的抑制，这种调节器也叫"准比例积分器"，如图 1-28 所示。

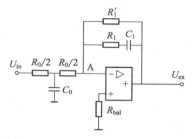

图 1-28　带 T 形滤波的准比例积分器电路

为滤去输入信号中的谐波成分，在运算放大器的反向输入端外接 T 形滤波电路，并起延缓作用，如图 1-28 所示。在稳态，滤波电容相当于开路，其输入回路电阻 $R_0=R_{01}+R_{02}$（一般 $R_{01}=R_{02}=10\sim20/k\Omega$。在动态，T 形滤波器相当于一个"惯性环节"）。

三、带 PI 调节器的无静差直流调速系统

图 1-29 为采用比例积分调节器的无静差直流调速系统。

由图可以看出，此系统采用转速负反馈和电流截止负反馈环节，速度调节器（ASR）采用 PI 调节器。当系统负载突增时的动态过程曲线如图 1-30 所示。

1. 无静差的实现

稳态时，PI 调节器输入偏差电压 $\Delta U_n=0$。当负载由 T_{L1} 增至 T_{L2} 时，转速下降，U_n 下降使偏差电压 $\Delta U_n=U_n^*-U_n$ 不为零，PI 调节器进入调节过程。

由图 1-30 可知，PI 调节器的输出电压的增量 ΔU_{ct} 分为两部分，在调节过程的初始阶段，比例部分立即输出 $\Delta U_{ct1}=K_p\Delta U_n$，波形与 ΔU_n 相似，见虚曲线 1；积分部分 ΔU_{ct2} 波形为 ΔU_n 对时间的积分见虚曲线 2；比例积分为曲线 1 和曲线 2 相加，如曲线 3。图 1-30 系统负载突增时的动态过程曲线

在初始阶段，由于 Δn（ΔU_n）较小，积分曲线上升较慢。比例部分正比于 ΔU_n，虚曲线 1 上升较快。

Δn（ΔU_n）达到最大值时，比例部分输出 ΔU_{ct1} 达到最大值，积分部分的输出电压 ΔU_{ct2} 增长速度最大。此后，转速开始回升，ΔU_n 开始减小，比例部分 ΔU_{ct1} 曲线转为下降，

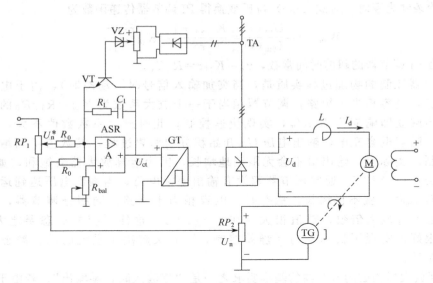

图 1-29　比例积分调节器的无静差直流调速系统

积分部分 ΔU_{ct2} 继续上升，直至 ΔU_n 为零。此时积分部分起主要作用。可以看出，在调节过程的初、中期，比例部分起主要作用，保证了系统的快速响应；在调节过程的后期，积分部分起主要作用，最后消除偏差。

　　2. 电流检测电路

　　图 1-29 的电流截止反馈信号 U_i 也可以由交流侧的电流互感器测得，再经桥式整流后输出直流信号。见图 1-31。整流装置的交流侧电流与直流侧电流成正比。当电流大于截止电流时，则稳压管被击穿导通，负反馈电压 U_i 便使晶体管 VT 导通，而使电流降低下来。

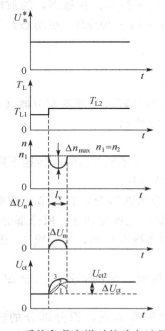

图 1-30　系统负载突增时的动态过程曲线

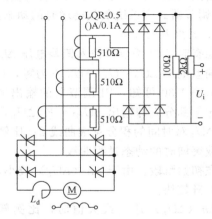

图 1-31　电流检测电路

第四节 其他反馈形式在调速系统中的应用

一、电压负反馈调速系统

对于前面所述的调速系统，可以获得较满意的动、静态性能。但要实现转速负反馈必须要有测速发电机。这不仅成本高而且给系统的安装与维护带来了困难。对调速指标要求不高的系统，工程上往往也采用电压负反馈和电流补偿控制来近似替代转速负反馈。

由公式(1-1)可知，如果忽略电枢压降，则直流电动机的转速 n 近似正比于电枢两端电压 U。所以采用电动机电枢电压负反馈代替转速负反馈，可以维持其端电压的基本不变。如图 1-32。由图可以看出，反馈检测元件是起分压作用的电位器 RP_2。电压反馈信号 $U_u = \gamma U_d$，γ 为电压反馈系数。

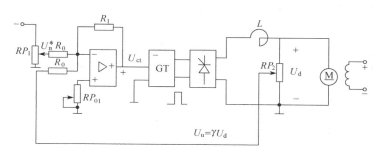

图 1-32 电压负反馈调速系统原理图

为了分析方便，把电枢总电阻分成两部分，即 $R = R_{rec} + R_a$，R_{rec} 为晶闸管整流装置的内阻（含平波电抗器电阻），R_a 为电枢电阻。由此可得

$$U_{d0} - I_d R_{rec} = U_d$$
$$U_d - I_d R_a = E$$

其稳态结构图如图 1-33 所示，利用结构图运算规则，可将图 1-33（a）分解为（b）、（c）、（d）三个部分，先分别求出每部分的输入输出关系，再叠加起来，即得电压负反馈调

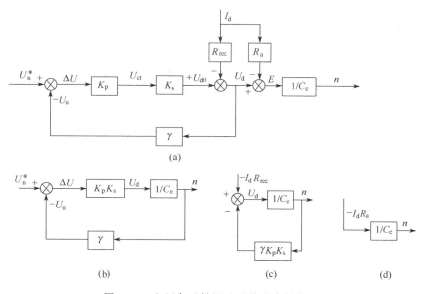

图 1-33 电压负反馈调速系统稳态结构图

速系统的静特性方程式

$$n = \frac{K_p K_s U_n^*}{C_e(1+K)} - \frac{R_{rec} I_d}{C_e(1+K)} - \frac{R_a I_d}{C_e} \tag{1-32}$$

式中 $K = \gamma K_p K_s$。

由方程式(1-32)可知，电压负反馈把反馈环包围的整流装置内阻引起的稳态压降减小到 $1/(1+K)$。当负载电流增加时，$I_d R_{rec}$ 增大，电枢电压 U_d 降低，电压负反馈信号 U_u 随之降低。运放器输入偏差电压 $\Delta U_n = U_n^* - U_u$ 增大，使整流装置输出的电压增加，从而补偿了转速降落。由此可知，电压负反馈系统实际上是一个自动调压系统，扰动量 $I_d R_a$ 不包围在反馈环内，由它引起的稳态速降便得不到抑制，系统的稳定性较差。所以在此基础上再引入电流正反馈，可以补偿电枢电阻引起的稳态压降。

二、电压负反馈带电流补偿的调速系统

图 1-34 为电压负反馈带电流补偿控制的调速系统。在电枢回路中串入电流取样电阻 R_s，由 $I_d R_s$ 取得的电流正反馈信号，其极性应与转速给定信号要一致，而与电压负反馈信号 U_u 的极性相反。设电流反馈系数为 β，电流正反馈信号为 $U_i = \beta I_d$。

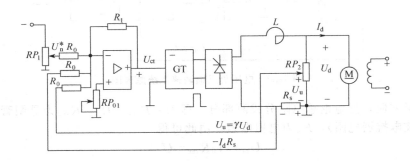

图 1-34 带电流正反馈的电压负反馈调速系统原理图

当负载增大使稳态速降增加时，电压负反馈信号 U_u 随之降低，电流正反馈信号却增大，输入运算放大器的偏差电压 $\Delta U_n = U_n^* - U_u + U_i$ 增大，使整流装置输出的电压增加，从而补偿了两部分电阻引起的转速降落。系统的稳态结构图如图 1-35。

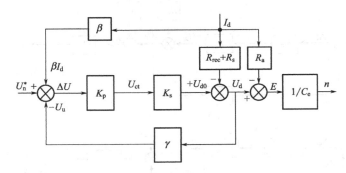

图 1-35 带电流正反馈的电压负反馈调速系统稳态结构图

利用结构图的运算法则，可以直接写出系统的静特性方程式为

$$n = \frac{K_p K_s U_n^*}{C_e(1+K)} - \frac{(R_{rec}+R_s) I_d}{C_e(1+K)} + \frac{K_p K_s \beta I_d}{C_e(1+K)} - \frac{R_a I_d}{C_e} \tag{1-33}$$

式中 $K = \gamma K_p K_s$。其中的 $K_p K_s \beta I_d / [C_e(1+K)]$ 项是由电流正反馈作用产生的，它能补偿另两项稳态速降，从而减小静差。系统总的调节过程如图 1-36 所示。

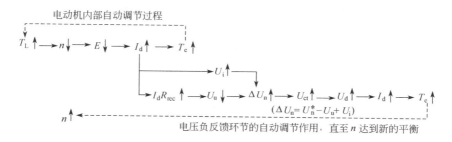

图 1-36 电压负反馈和电流正反馈对调速系统的补偿作用

如果补偿控制参数配合得恰到好处，可使静差为零，这种补偿叫全补偿。但如果参数受温度等因数的影响而发生变化，变为过补偿，静特性上翘，系统将会不稳定。所以在工程实际中，常选择欠补偿。将 $R = R_{rec} + R_s + R_a$ 代入式 (1-33)，整理后得

$$n = \frac{K_p K_s U_n^*}{C_e(1+K)} - (R + KR_a - K_p K_s \beta)\frac{I_d}{C_e(1+K)} \tag{1-34}$$

欠补偿时，使电流正反馈系统的作用恰好抵消掉电枢电阻产生的一部分速降，$K_p K_s \beta = KR_a$，则式 (1-34) 变为

$$n = \frac{K_p K_s U_n^*}{C_e(1+K)} - \frac{RI_d}{C_e(1+K)} \tag{1-35}$$

上式与转速负反馈有静差调速系统的静特性方程式 (1-12) 相同，也即引入电压负反馈加电流正反馈与转速负反馈完全相当。通常把这样的电压负反馈加电流正反馈叫做电动势负反馈。

应当指出，这样的"电动势负反馈"并不是真正的转速负反馈。这是因为电流正反馈与电压负反馈（或转速负反馈）是性质完全不同的两种控制作用。首先，电压（转速）负反馈属于被调量的负反馈，具有反馈控制规律。放大系数 K 值越大，则静差越小，无论环境怎么变化都能可靠的减小静差。而电流正反馈是用一个正项去抵消原系统中的速降项。它完全依赖于参数的配合，当环境温度等因素使参数发生变化时，补偿作用便不可靠。从这个特点上看，电流正反馈不属于"反馈控制"，只能称作"补偿控制"。由于电流的大小反映了负载扰动，所以又叫做负载扰动量的补偿控制。其次，反馈控制对一切包围在反馈环内的前向通道上的扰动都有抑制作用，而补偿控制只是针对一种扰动而言的，电流正反馈补偿控制只能补偿负载扰动，对于电网电压波动那样的扰动，反而会起坏作用。因此全面地看，补偿控制不是反馈控制。上述的电压负反馈电流补偿控制调速系统的性能不如转速负反馈调速系统，一般只适用于 $D \leqslant 20$、$s \geqslant 10\%$ 的调速系统。

三、小容量有静差直流调速系统实例

（一）系统的结构特点和技术数据

图 1-37 为典型线路 KZD-II 型小功率直流调速系统线路图。适用于 4kW 以下直流电动机无级调速。系统的主回路采用单相桥式半控整流线路。具有电流截止负反馈环节、电压负反馈和电流正反馈（电动势负反馈）。具体技术数据如下：

交流电源电压	单相 220/V	励磁电压、电流	180/V、1/A
整流输出电压	直流 180/V	调速范围	$D = 10$
最大输出电流	直流 30/A	静差率	$s \leqslant 10\%$

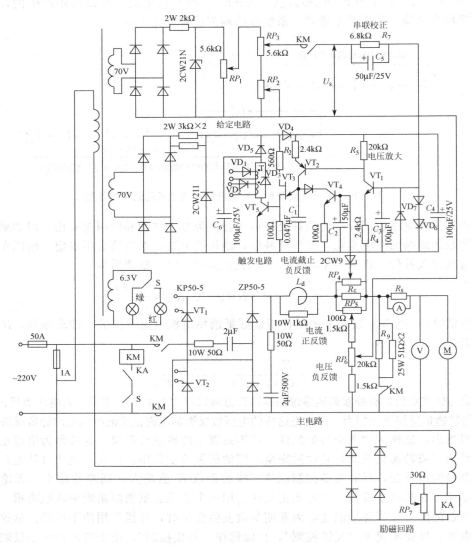

图 1-37　KZD-Ⅱ型小功率直流调速系统线路

（二）定性分析

分析实际系统，一般先定性分析，后定量分析。先分析各环节和各元件的作用，搞清楚系统的工作原理，再建立系统的数学模型，进一步定量分析。本系统仅进行定性分析。

主电路由单相交流 220V 电源供电，经单相半控桥整流，通过平波电抗器 L 给直流电动机供电。考虑到允许电网电压波动±5%，整流电路输出的最大直流电压为

$$U_{dmax}=0.9\times220\times0.95/V=188/V$$

式中，0.9 为全波整流系数（平均值与有效值之比）；0.95 为电压降低 5% 引入的系数。

根据计算结果，最好选配额定电压为 180V 的电动机。但由于单相晶闸管整流装置的等效内阻较大（几欧到几十欧），为了使输出电压有较多的调节裕量，可以采用额定电压为 160/V 的电动机。若采用额定电压为 220/V 的电动机，则要相应地降低额定转速。

桥臂上的晶闸管和二极管分接在两边，这样可以使二极管兼有续流的作用。但两个晶闸

管阴极间将没有公共端，脉冲变压器的两个二次绕组间将会有$\sqrt{2} \times 220/$V 的峰值电压。因此对两个二次绕组间的绝缘要求也要提高。平波电抗器 L 可以限制脉动电流，但会延迟晶闸管的掣住电流的建立，而单结晶体管张弛振荡器的脉冲宽度较窄。为保证可靠导通，在电抗器两端并联一电阻，既可以减少晶闸管控制电流建立的时间。也可以在主电路突然断电时，为电抗器提供放电回路。

主电路的交直流侧均设有阻容吸收电路，以吸收浪涌电压。由于晶闸管的单向导电性，电动机不能回馈制动。为加快制动和停车，采用 R_9 和接触器 KM 的常闭触点组成能耗制动回路。主电路中的 RS 为电流表的分流器。

电动机励磁由单独的单相不可控整流桥供电，为了防止失磁而引起"飞车"事故，在励磁电路中串入欠电流继电器 KA，只有励磁电流大于某数值时，KA 才动作，KA 的常开触点闭合，在主电路的接触器 KM 的控制回路中，KM 才能吸合。KA 的动作电流可由 RP_7 调整。

主电路中的 S 为手动开关，S 断开时，绿灯亮，表示已有电源，但系统尚未启动；S 闭合后，红灯亮，同时 KM 线圈得电，使主电路和控制电路均接通电源，系统启动。

（1）转速给定电压　由单相桥式整流器和稳压管构成的稳压电源，作为给定电源。RP_1 整定最高给定电压。RP_2 整定最低电压，RP_3 是速度给定电位器。

（2）触发电路　触发电路采用单结晶体管，以放大管 VT_2 控制电容 C_1 的充电电流，和单结晶体管 VT_3 组成弛张振荡器，VT_3 上方 $R_2 = 560/$Ω 电阻为温度补偿电阻，VT_3 下方的 100Ω 电阻为输出电阻，经功放管 VT_5 和脉冲变压器 T 的两路输出分别触发主电路晶闸管 VT_1 和 VT_2。VD_5 为隔离二极管，它使电容 C_6 两端电压能保持在整流电压的峰值。当 VT_5 突然导通时，C_6 放电，可增加触发脉冲的功率和前沿陡度。VD_5 的另一个作用是阻挡 C_6 上的电压对单结晶体管同步电压的影响。VD_1 和 VD_2 保证只能通过正向脉冲，保护晶闸管门极不受反向电压。

当晶体管 VT_2 基极电位降低时，VT_2 基极电流增加，其集电极电流也随着增加，于是电容 C_1 电压上升加快。使 VT_3 提早导通，触发脉冲前移，晶闸管整流器输出电压增加。

（3）放大电路　电压放大电路由晶体管 VT_1 和电阻 R_5 构成。在放大器的输入端综合转速给定信号和电压、电流反馈信号，经放大后输出信号供给 VT_2，来控制单结管触发电路的移相。两只串联的二极管 VD_6 为正向输入限幅器，VD_7 为反向输入限幅器。

为使放大器电路供电电压平稳，通常并联一电容 C_4。但 C_4 使电压过零点消失，又因为弛张振荡器和放大器共用一个电源，此电源电压兼起同步电压作用，若电压过零点消失，将无法使触发脉冲与主电路电压同步。为此，采用二极管 VD_4 来隔离电容 C_4 对同步电压的影响。

（4）电压负反馈和电流正反馈　本系统采用具有电流补偿控制的电压负反馈，如图 1-38(a)。电压反馈信号 U_u 取自分压电位器 RP_6，1.5kΩ 电阻、15kΩ 电阻分别限制 U_u 的上限和下限，调节 RP_6 即可调节电压反馈量大小。电流反馈信号 U_i 取自电位器 RP_5，R_c 为取样电阻，阻值很小，功率很大，以减小电枢回路总电阻，由 RP_5 取出的 U_i 与 $I_d R_c$ 成正比。这样，转速给定 U_n^*、电压负反馈 U_u 和电流正反馈 U_i 三个信号按图示极性进行叠加，得到偏差电压 ΔU，加在放大器 VT_1 的输入端。参见图 1-38(b)。

（5）电流截止负反馈　电流截止负反馈信号取自电位器 RP_4，利用稳压管 2CW9 产生比较电压，当电枢电流 I_d 超过截止电流 I_{dcr} 时，稳压管被 U_i' 击穿，VT_4 导通，将触发电路中的电容 C_1 旁路，充电电流减小，C_1 充电时间加长，触发脉冲后移，整流输出电压降低，使主电路电流下降（当电流反馈信号增强到一定程度时，C_1 充电电流太弱，不能维持弛张

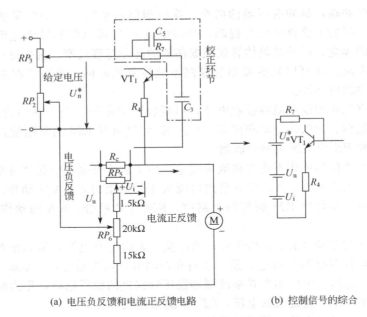

(a) 电压负反馈和电流正反馈电路　　　　(b) 控制信号的综合

图 1-38　给定电压、电压负反馈和电流正反馈控制信号的综合

振荡，因而停发触发脉冲，电动机堵转）。当电枢电流减小以后，稳压管又恢复阻断状态，VT_4 也回复到截止状态，系统又自动恢复正常工作。由于电流是脉动的，当瞬时电流很小，甚至为零时，VT_4 不能导通，失去电流截止作用。在 VT_4 基极并联电容 C_2，对电流截止负

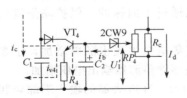

图 1-39　电流截止保护电路

反馈信号进行滤波，保证主电路平均电流大于截止电流时，系统能可靠地实现电流截止负反馈。VT_4 集电极串入的二极管是为了防止电枢冲击电流过大时，电压 U_1' 将 VT_4 的 bc 结击穿，使 VT_3 导通误发信号。参见图 1-39。

（6）抗干扰、消振荡环节　由于晶闸管整流电压和电流中含有较多的高次谐波分量，这会影响系统的稳定。由电阻 R_7、电容 C_3、C_5 构成的串联滞后校正电路，在保证系统稳态精度的同时，提高了系统的动态稳定性。

本系统与前面介绍的有静差调速系统一样，转速降的补偿也是依靠偏差电压 ΔU 的变化来进行调节的，因此也是有静差调速系统。

本 章 小 结

① 直流电动机有三种调速方案，调节电枢电压，减弱励磁磁通，改变电枢回路电阻 R。其中调节电枢电压是直流调速系统的主要调速方案。开环 V-M 系统电流连续段的机械特性较硬，电流断续段特性很软。只要主电路电感量足够大，可以近似地只考虑连续段。对于断续特性明显的情况，可以用一段很陡的直线来代替，相当于把总电阻 R 换成一个更大的等效电阻。

② 转速负反馈有静差系统的机械特性较开环系统硬的多，负载扰动引起的稳态速降减小为原开环系统的 $1/(1+K)$。K 值越大，稳态速降就越小。

③ 在对静差率和调速范围要求不高，系统扰动量可以补偿或影响不大的情况下，可采用开环调速系统；在对静差率和调速范围要求较高，开环系统满足不了要求时，可采用转速负反馈的闭环调速系统；在要求不太高的场合，为了省去安装测速发电机的麻烦，可采用能反映负载变化的电压负反馈、电流补偿控制的调速系统。

④ 在有静差调速系统中，就是靠偏差信号的变化进行自动调节补偿的。它只能减小偏差而不能消除偏差。在无静差系统中，由于含有积分环节，则主要靠偏差信号对时间的积累来进行自动调节补偿的，依靠积分环节，最后消除静差，所以稳态时偏差为零，依靠积分环节的记忆作用使输出量维持在一定的数值上。比例积分调节器兼顾了系统的无静差和快速性。系统在调节过程的初、中期，其比例环节起主要作用，使转速快速回复；在调节过程的后期，其积分环节起主要作用，使转速回复并最后消除静差。

⑤ 电流截止负反馈是在电动机起动或堵转时才起作用。当系统正常运行时是不起作用的。含有电流截止负反馈的调速系统具有"挖土机特性"，可起限流保护作用。

习题与思考题

1-1　直流电动机有哪几种调速方法？各有哪些特点？

1-2　在电压负反馈单闭环有静差调速系统中，当下列参数变化时系统是否有调节作用？为什么？①放大器的放大系数 K_p。②供电电网电压。③电枢电阻 R_a。④电动机励磁电流。⑤电压反馈系数 γ。（1、2 参数变化时，系统有调节作用，3、4、5 参数变化时，系统无调节作用。）

1-3　试回答下列问题：

① 在转速负反馈单闭环有静差调速系统中，突减负载后又进入稳定运行状态，此时晶闸管整流装置的输出电压 U_d 较之负载变化前是增加、减少还是不变？

② 在无静差调速系统中，突加负载后进入稳态时转速 n 和整流装置的输出电压 U_d 是增加、减少还是不变？

③ 在采用 PI 调节器的单闭环自动调速系统中，调节对象包含有积分环节，突加给定电压后 PI 调节器没有饱和，系统到达稳态前被调量会出现超调吗？（①U_d 减少；②n 不变，U_d 增加；③一定超调。）

1-4　当闭环系统的开环放大倍数为 10 时，额定负载下的转速降为 15r/min，如果开环放大系数提高为 20，系统的转速降为多少？在同样的静差率要求下，调速范围可以扩大多少倍？

1-5　某调速系统的调速范围是 150～1500，要求 $s=2\%$，系统允许的稳态速降是多少？如果开环系统的稳态速降为 100r/min，则闭环系统的开环放大系数应有多大？（系统允许稳态降落 $\Delta n_{nom}=3.06r/min$，开环放大系数 $K=31.7$。）

1-6　有一晶闸管稳压电源，其稳态结构图如图 1-40 所示，已知给定电压 $U_u^*=8.8V$、$K_A=K_1K_2=30$（K_1 为放大器放大系数，K_2 为晶闸管装置的放大系数），反馈系数 $\gamma=0.7$。求：输出电压 U_d；若把反馈线断开，U_d 为何值？开环时的输出电压是闭环时的多少倍？若把反馈系数减小 1/2，当保持同样的输出电压时，给定电压 U_u^* 应为多少？（①$U_d=12V$。②开环时 $U_d=264V$，是闭环时的 22 倍。③$\gamma=0.35$ 时，$U_u^*=4.6V$。）

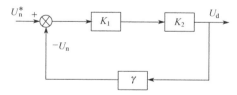

图 1-40　晶闸管稳压电源稳态结构图

1-7　某 V-M 系统为转速负反馈有静差调速系统，电动机额定转速 $n_{nom}=1000r/min$，系统开环转速降落为 $\Delta n_{op}=100r/min$，调速范围为 $D=10$，如果要求系统的静差率由 15% 降到 5%，则系统的开环放大系数将如何变化？（系统开环放大系数从 4.7 变为 18。）

1-8　有一 V-M 系统，已知：$P_{nom}=2.8kW$，$U_{nom}=220V$，$I_{nom}=15.6A$，$n_{nom}=1500r/min$，$R_a=1.5\Omega$，$R_{rec}=1\Omega$，$K_s=37$。

① 开环工作时，试计算 $D=30$ 时 s 的值。

② 当 $D=30$、$s=10\%$ 时，计算系统允许的稳态速降。

③ 如为转速负反馈有静差调速系统，要求 $D=30$，$s=10\%$，在 $U_n^*=10V$ 时使电机在额定点工作，计算放大器放大系数 K_p 和转速反馈系数 α。

（①$s=0.86$；②$\Delta n_{cl}=5.56\text{r/min}$；③$K_p=28.4$，$\alpha=0.0067\text{V}\cdot\text{min/r}$。）

1-9　为什么用积分控制的调速系统是无静差的？在转速单闭环调速系统中，当积分调节器的输入偏差为零时，输出电压是多少？决定于哪些因素？

1-10　转速负反馈调速系统中为了解决动静态之间的矛盾，可以采用比例积分调节器，为什么？

1-11　在图 1-37 KZD-Ⅱ型小功率直流调速系统中，试判断下列情况下，对系统性能将产生怎样的变化？①二极管 VD_4 极性接反。②稳压管 2CW9 损坏（短路或断路）。③电位器 RP_1 下移。④电位器 RP_3 下移。⑤电位器 RP_4 左移。⑥电位器 RP_7 下移。

1-12　PI 调节器与 I 调节器在电路中有何差异？它们的输出特性有何不同？为什么用 PI 调节器或 I 调节器构成的系统是无静差系统？

第二章　多环调速系统

【内容提要】

本章概括地叙述了直流调速系统的控制特点、控制规律和设计方法。介绍了转速、电流双闭环调速系统的组成、工作原理、动静态特性及稳态参数计算；叙述了转速微分负反馈对转速超调的抑制；介绍了直流调速系统的工程设计方法，并通过双闭环调速系统的具体设计，加深对工程设计方法的理解和应用。

第一节　转速、电流双闭环调速系统

一、问题的提出

采用比例积分的转速负反馈、电流截止负反馈环节的调速系统，在保证系统的稳定运行下实现了无静差调速，又限制了启动时的最大电流。这对一般要求不太高的调速系统，基本上已满足了要求。但是由于电流截止负反馈限制了最大电流，加上电动机反电动势随转速的上升而增加，使电流到达最大值时又迅速降下来，电磁转矩也随之减小，必然影响了启动的快速性（即启动时间 t_s 较长）。参见图 2-1(a)。

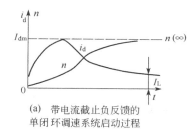
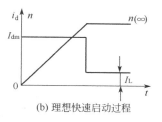

图 2-1　调速系统启动过程的电流和转速波形

实际生产中，有些调速系统，如龙门刨床、轧钢机等经常处于正反转状态，为提高生产效率和加工质量，要求尽量缩短正反转过渡过程时间。为了充分利用晶闸管元件和电动机所允许的过载能力，使启动电流保持在最大允许值上，以最大启动转矩启动，可以使转速迅速直线上升，减少启动时间。理想的启动过程的波形如图 2-1(b)。为了实现理想的启动过程，工程上常采用转速、电流双闭环调速系统，启动时转速外环饱和，让电流负反馈内环起主要作用，调节启动电流保持最大值，使转速迅速达到给定值；稳态运行时，转速负反馈外环起主要作用，让电机转速跟随转速给定电压变化，电流内环跟随转速环调节电机电枢电流平衡负载电流。

二、转速、电流双闭环直流调速系统的组成及工作原理

图 2-2 为转速、电流双闭环直流调速系统原理图。为了实现转速负反馈和电流负反馈分别起作用，系统中设置了电流调节器 ACR 和转速调节器 ASR。由图可见，电流调节器 ACR 和电流检测-反馈回路构成了电流环；转速调节器 ASR 和转速检测-反馈环节构成了转速环。故称为双闭环调速系统。内环为电流环（又称副环），外环为转速环（又称主环）。在电路中，ASR 和 ACR 为串级连接，即把 ASR 的输出当作 ACR 的输入，再由 ACR 的输出去控制晶闸管整流器的触发装置 GT。图中，ASR 和 ACR 均为比例积分调节器，其输入输

出均设有限幅电路。ACR 输出限幅值为 U_{ctm}，它限制了晶闸管整流器输出电压 U_{dm} 的最大值。ASR 输出限幅值为 U_{im}^*，它决定了主回路中的最大允许电流 I_{dm}。

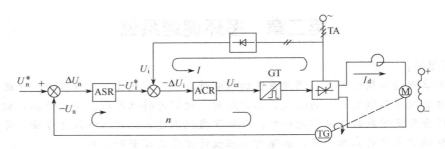

图 2-2　转速、电流双闭环直流调速系统原理图

ASR—转速调节器；ACR—电流调节器；TG—测速发电机；TA—电流互感器；GT—触发装置；

U_n^*—转速给定电压；U_n—转速反馈电压；U_i^*—电流给定电压；U_i—电流反馈电压

图 2-3 为双闭环调速系统的稳态结构图。图中标出的 ACR 和 ASR 的输入、输出量的极性，是视触发电路对控制电压的要求而定的。若触发器要求 ACR 的输出 U_{ct} 为正极性，由于调节器均为反向输入，所以，ASR 输入的转速给定电压 U_n^* 要求为正极性，它的输出 U_i^* 应为负极性。图中还标出了两个调节器都是带限幅作用的，ASR 的输出限幅电压 U_i^* 决定了电流给定电压的最大值，ACR 的输出限幅电压 U_{ctm} 限制了晶闸管整流装置的最大输出电压 U_{dm}。

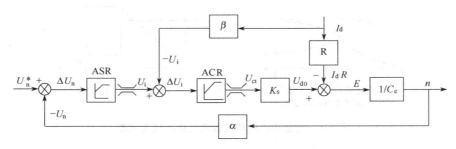

图 2-3　双闭环调速系统稳态结构图

由于 ACR 为 PI 调节器，稳态时，其输入偏差电压 $\Delta U_i = -U_i^* + U_i = -U_i^* + \beta I_d = 0$，即 $I_d = U_i^* / \beta$。当 U_i^* 一定时，由于电流负反馈的调节作用，使整流装置的输出电流保持在 U_i^* / β 数值上。当 $I_d > U_i^* / \beta$ 时，自动调节过程如图 2-4。

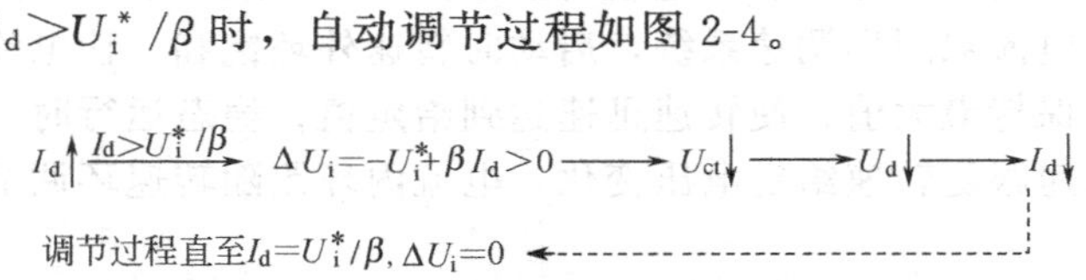

$$I_d \uparrow \xrightarrow{I_d > U_i^*/\beta} \Delta U_i = -U_i^* + \beta I_d > 0 \longrightarrow U_{ct} \downarrow \longrightarrow U_d \downarrow \longrightarrow I_d \downarrow$$

$$\text{调节过程直至} I_d = U_i^*/\beta, \Delta U_i = 0 \longleftarrow$$

图 2-4　电流环的自动调节过程

同理，ASR 也为 PI 调节器，稳态时输入偏差电压 $\Delta U_n = U_n^* - \alpha n = 0$，即 $n = U_n^* / \alpha$。当 U_n^* 一定时，转速 n 将稳定在 U_n^* / α 数值上。当 $n < U_n^* / \alpha$ 时，其自动调节过程如图 2-5。

三、双闭环调速系统的静特性及稳态参数的计算

分析双闭环调速系统静特性的关键是掌握转速调节器 PI 的稳态特征，它一般存在两种状况：饱和——输出达到限幅值，输入量的变化不再影响输出，除非有反向的输入信号使转

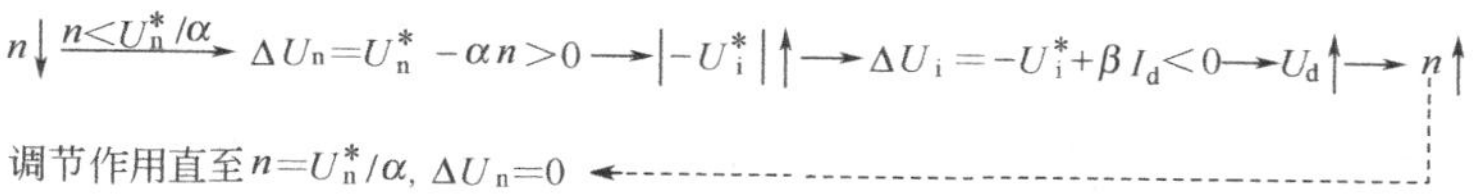

$$n\downarrow \xrightarrow{n<U_\mathrm{n}^*/\alpha} \Delta U_\mathrm{n}=U_\mathrm{n}^*-\alpha n>0 \longrightarrow |-U_\mathrm{i}^*|\uparrow \longrightarrow \Delta U_\mathrm{i}=-U_\mathrm{i}^*+\beta I_\mathrm{d}<0 \longrightarrow U_\mathrm{d}\longrightarrow n\uparrow$$

调节作用直至 $n=U_\mathrm{n}^*/\alpha$，$\Delta U_\mathrm{n}=0$ ◄- -

图 2-5　转速环的自动调节过程

速调节器退饱和，这时转速环相当于开环；不饱和——输出未达到限幅值，转速调节器使输入偏差电压 ΔU_n 在稳态时总是零。

当转速 PI 调节器线性调节输出未达到限幅值，则 $U_\mathrm{i}^*<U_\mathrm{im}^*$，$I_\mathrm{d}<I_\mathrm{dm}$，同前面讨论的相同，由于积累作用使 $\Delta U_\mathrm{n}=0$，即 $n=U_\mathrm{n}^*/\alpha$ 保持不变，直到 $I_\mathrm{d}=I_\mathrm{dm}$。如图 2-6 中 n_0-A 段。

当转速 PI 调节器饱和输出为限幅值 U_im^*，转速外环的输入量极性不改变，转速的变化对系统不再产生影响，转速 PI 调节器相当于开环运行，这样双闭环变为单闭环电流负反馈系统，系统由恒转速调节变为恒电流调节，从而获得极好的下垂特性（如图 2-6 中的 AB 段）。

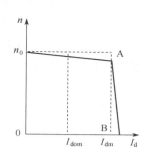

图 2-6　双闭环系统的静特性

由上面分析可见，转速环要求电流迅速响应转速 n 的变化，而电流环则要求维持电流不变。这不利于电流对转速变化的响应，会使静特性变软的趋势。但由于转速环是外环，电流环的作用只相当转速环内部的一种扰动作用而已，不起主导作用。实际上运算放大器的开环放大系数不是无穷大，尤其是为了避免零飘采用的"准 PI 调节器"时，系统会有很小的静差。因此，双闭环系统的静特性具有"挖土机特性"（图中虚线）。

当两个调节器都不饱和且系统处于稳态工作时，由前面讨论可知，$n=U_\mathrm{n}^*/\alpha$ 和 $I_\mathrm{d}=U_\mathrm{i}^*/\beta$。由于稳态时两个 PI 调节器输入偏差电压 $\Delta U=0$，给定电压与反馈电压相等，可得参数为：

控制电压
$$U_\mathrm{ct}=\frac{U_\mathrm{d0}}{K_\mathrm{s}}=\frac{C_\mathrm{e}n+I_\mathrm{d}R}{K_\mathrm{s}}=\frac{C_\mathrm{e}U_\mathrm{n}^*/\alpha+I_\mathrm{d}R}{K_\mathrm{s}} \tag{2-1}$$

转速反馈系数
$$\alpha=\frac{U_\mathrm{nm}^*}{n_\mathrm{max}} \tag{2-2}$$

电流反馈系数
$$\beta=\frac{U_\mathrm{im}^*}{I_\mathrm{d}} \tag{2-3}$$

其中，U_nm^* 和 U_im^* 是受运算放大器的允许输入限幅电路电压限制的。

四、双闭环调速系统的动态特性

（一）双闭环调速系统动态数学模型

双闭环调速系统的转速调节器和电流调节器的传递函数就是 PI 调节器的传递函数。ASR 和 ACR 的传递函数为

$$W_\mathrm{ASR}(s)=K_\mathrm{n}\frac{(\tau_\mathrm{n}s+1)}{\tau_\mathrm{n}s} \tag{2-4}$$

$$W_\mathrm{ACR}(s)=K_\mathrm{i}\frac{(\tau_\mathrm{i}s+1)}{\tau_\mathrm{i}s} \tag{2-5}$$

双闭环调速系统的动态结构图见图 2-7。

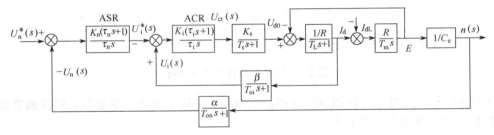

图 2-7　双闭环调速系统的动态结构图

T_{on}—转速反馈滤波时间常数；T_{oi}—电流反馈滤波时间常数

（二）双闭环调速系统的启动特性

双闭环调速系统的启动特性如图 2-8 所示。在突加转速给定电压 U_n^* 阶跃信号作用下，由于启动瞬间电机转速为零，ASR 的输入偏差电压 $\Delta U_{nm}=U_n^*$ 而饱和，输出限幅值为 U_{im}^*，电动机电枢电流 I_d 和转速 n 的动态响应过程可分为三个阶段，如表 2-1。

表 2-1　双闭环调速系统电动机启动过程

阶段 项目	阶段 Ⅰ（$0\sim t_1$） （电流上升）	阶段 Ⅱ（$t_1\sim t_2$） （恒流升速）	阶段 Ⅲ（t_2 以后） （转速趋于稳定）
原因	启动初 n 为零，则 $\Delta U_n=U_n^*-\alpha n$ 为最大，它使速度调节器 ASR 的输出电压 $\lvert -U_i^* \rvert$ 迅速增大，很快达到限幅值 U_{im}^*。见图 2-8（a）和（b）。此时，U_{im}^* 为电流调节器的给定电压，其输出电流迅猛上升，当 $I_d=I_L$ 时，n 才开始上升，由于电流调节器的调节作用，很快使 $I_d\approx I_{dm}$。标志电流上升过程结束。见图 2-8（c）	由于电流调节器的调节作用，使 $I_d\approx I_{dm}$，电流接近恒量，随着转速的上升，电机的反电势 E 也跟着上升（$E\propto n$），由公式（1-1）可知，电流将从 I_{dm} 有所回落。由 $\Delta U_i<0$，电流调节器输出电压上升，使电枢电压 U_d 能适应 E 的上升而上升，并使电流接近保持最大值 I_{dm}。由于电流 PI 调节器的无静差调节，使 $I_{dm}\approx U_{im}^*/\beta$，充分发挥了晶闸管元件和电动机的过载能力，转速直线上升，接近理想的启动过程	由于转速 n 的不断上升，当转速 $n=n^*$ 时，$\Delta U_n=U_n^*-\alpha n=0$。又由于 ASR 的积分作用，转速调节器仍将保持在限幅值，则电流 I 保持在最大值，电动机继续上升，从而出现了转速超调现象。 当转速 n 大于 n^* 时，$\Delta U_n=U_n^*-\alpha n<0$，转速调节器的输入信号反向，输出值下降，ASR 退出饱和。经 ASR 的调节最终使 n 保持在 n^* 的数值上。而 ACR 调节 $I_d=I_{dL}$ 见图 2-8（d）
状态	ASR 迅速达到饱和状态，不再起调节作用。因 $T_L<T_M$，U_i 比 U_n 增长快，这使 ACR 的输出不饱和，起主要调节作用	ASR 保持饱和，ACR 保持线性工作状态，U_{ct} 有调整裕量	ASR 退出饱和，速度环开始调节，n 跟随 U_n^* 变化；ACR 保持在不饱和状态，I_d 紧密跟随 U_i^* 变化
特征关系	$U_{im}^*\approx\beta I_{dm}$ $\beta=U_i^*/I_{dm}$ 为电流闭环的整定依据	$\lvert U_{im}^* \rvert>U_i$ $\Delta U=-U_{im}^*+I_d<0$ U_{ct} 线性上升	稳态时，调节器输入/输出电压 $\Delta U_n=U_n^*-\alpha n=0$ $\Delta U_i=-U_i^*+U_i=0$ $U_{ct}=(C_e n^*+RI_{dL})/K_s$
关键位置	$A:I_d=I_{dL}$ 时 n 开始升速 $B:I_d=I_{dm}$ 最快速启动	$C:\begin{array}{l}n=n^*\\ U_n^*=U_n=\alpha n\end{array}$	$D:\dfrac{dn}{dt}=0$，n 为峰值 $E:n=n^*$，$I_d=I_{dL}$ 稳态

总之，分析图 2-8，要抓住这样几个关键：

$$I_d>I_{dL},\ \frac{dn}{dt}>0,\ n\ 升速；$$

$I_d < I_{dL}$，$\dfrac{dn}{dt} < 0$，n 降速；

$I_d = I_{dL}$，$\dfrac{dn}{dt} = 0$，$n =$ 常数。

可以看出，转速调节器在电动机启动过程的初期由不饱和到饱和、中期处于饱和状态。后期处于退饱和到线性调节状态；而电流调节器始终处于线性调节状态。

（三）双闭环调速系统的抗扰性能

1. 抗负载扰动

由调速系统的动态结构图中可以看出负载扰动作用（I_{dL}）在电流环之后，所以只能靠转速调节器来抑制。在突加（减）负载时，必然会引起动态速降（升）。为了减小动态速降（升），在设计 ASR 时，要求系统具有较好的抗扰性能指标。

2. 抗电网电压扰动

电网电压扰动和负载扰动作用在系统动态结构图中的位置不同，系统相应的动态抗扰性能也不同。由图

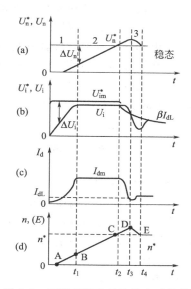

图 2-8　双闭环调速系统的启动特性

2-9可知，电网电压扰动被包围在电流环内，当电网电压波动时，可以通过电流反馈及时得到抑制。而在单闭环调速系统中，电网电压波动必须等到影响转速 n 后，才能通过转速负反馈来调节系统。所以在双闭环调速系统中，电网电压波动引起的动态速降比单闭环系统小得多，调节要快得多。

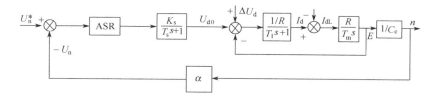

(a) 单闭环调速系统

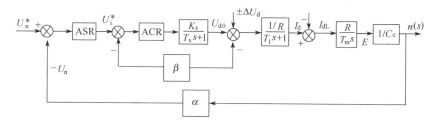

(b) 双闭环调速系统

图 2-9　调速系统的动态抗扰作用

ΔU_d—电网电压波动在整流电压上的反映

五、双闭环调速系统中两个调节器的作用

1. 转速调节器的作用

① 使转速 n 跟随给定电压 U_n^* 变化，稳态无静差。

② 对负载变化起抗扰作用。

③ 其输出限幅值决定允许的最大电流。

2. 电流调节器的作用

① 电动机启动时，保证获得最大电流，启动时间短，使系统具有较好的动态特性。

② 在转速调节过程中，使电流跟随其给定电压 U_i^* 变化。

③ 当电动机过载甚至堵转时，限制电枢电流的最大值，起到安全保护作用。故障消失后，系统能够自动恢复正常。

④ 对电网电压波动起快速抑制作用。

第二节　转速超调的抑制—转速微分负反馈

一、问题的提出

由于双闭环直流调速系统的动、静态特性均很好，所以它在冶金、机械、造纸、印刷及印染等许多部门得到日益广泛的应用。但是，其动态性能的不足之处就是转速超调，而且抗扰性能的提高也受到一定的限制。对于不允许转速超调，或对动态抗扰性能要求特别严格的地方，双闭环调速系统就不能满足要求。

实践证明，在转速调节器上引入转速微分负反馈，可以抑制转速超调并能显著降低动态速降。

二、转速微分负反馈双闭环调速系统的基本原理

带微分负反馈的转速调节器如图 2-10 所示。和普通转速调节器相比，增加了电容 C_{dn} 和电阻 R_{dn}，即在转速负反馈的基础上叠加上一个转速微分负反馈信号。在转速变化过程中，将比普通双环系统更快达到平衡。如图 2-11 所示。普通双环系统的退饱和点是 O' 滞后于带微分负反馈系统 T 点。T 点所对应的转速 n_t 小于 n^*，所以有可能在系统工作之后没有超调而趋于稳定。

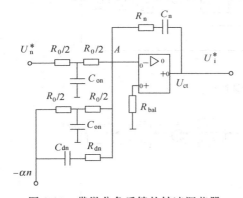

图 2-10　带微分负反馈的转速调节器

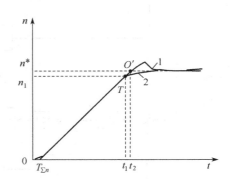

图 2-11　转速微分负反馈对启动过程的影响
1—普通双闭环系统；2—带微分负反馈的系统

带微分负反馈转速调节器 A 点为虚地。则节点 A 的电流平衡方程为：

$$\frac{U_n^*(s)}{R_0(T_{on}s+1)} - \frac{\alpha n(s)}{R_0(T_{on}s+1)} - \frac{\alpha n(s)}{R_{dn}+\dfrac{1}{C_{dn}s}} = \frac{-U_i^*(s)}{R_n+\dfrac{1}{C_n s}} \tag{2-6}$$

化简得

$$\frac{U_n^*(s)}{T_{on}s+1} - \frac{\alpha n(s)}{T_{on}s+1} - \frac{\alpha\tau_{dn}sn(s)}{T_{odn}s+1} = \frac{-U_i^*(s)}{K_n\dfrac{\tau_n s+1}{\tau_n s}} \tag{2-7}$$

式中 τ_{dn} 为转速微分时间常数 $\tau_{dn} = R_0 C_{dn}$；T_{odn} 为转速微分滤波时间常数 $T_{odn} = R_{dn} C_{dn}$；$\tau_n = R_n C_n$ 为 PI 调节器的超前时间常数；$K_n = \dfrac{R_n}{R_0}$ 为比例放大系数。C_{dn} 主要对转速信号进行微分，也称微分电容；R_{dn} 主要滤去微分后带来的高频噪声，也称滤波电阻。若 $T_{odn} = T_{on}$，按小惯性近似方法，令 $T_{\Sigma n} = T_{on} + 2T_{\Sigma i}$，经简化后得如图 2-12 所示的动态结构图。

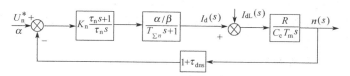

图 2-12 带转速微分反馈的转速环动态结构图

三、带转速微分负反馈双闭环调速系统的抗干扰性能

图 2-13 为带转速微分负反馈双闭环调速系统在负载扰动下的结构图。对于不同的 δ 值，带转速微分负反馈的双闭环调速系统的抗干扰性能指标可由表 2-2 查得。表中恢复时间 t_v 是指 $\Delta n / \Delta n_b$ 衰减到 $\pm 5\%$ 以内的时间。可以看出引入微分负反馈后，动态速降大大降低，τ_{dn} 越大，动态速降越低，但恢复时间延长了。

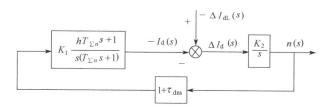

图 2-13 带转速微分负反馈双闭环调速系统在负载扰动下的结构图

表 2-2 带转速微分负反馈的双闭环调速系统的抗扰性能指标（$h = 5$）

$\delta = \tau_{dn}/T_{\Sigma n}$	0	0.5	1.0	2.0	3.0	4.0	5.0
$\Delta r_{max}/\Delta n_b$	81.2%	67.7%	58.3%	46.3%	39.1%	34.3%	30.7%
$t_m/T_{\Sigma n}$	2.85	2.95	3.00	3.45	4.00	4.45	4.90
$t_v/T_{\Sigma n}$	8.80	11.20	12.80	15.25	17.30	19.10	20.70

第三节 直流调速系统的工程设计方法

一、工程设计方法的基本思路

用第一章中针对单闭环系统采用的借助波特图设计串联校正的方法也适用于双闭环调速系统。问题是用经典的动态校正方法设计调节器，需要同时解决稳、快、准和抗干扰等各方面诸方面矛盾的性能要求，需要设计者具有扎实的理论基础和丰富的实践经验，而初学者则不易掌握，因此有必要建立简便实用的设计方法。现代电力拖动自动控制系统大都可以简化为近似的低阶系统。分析典型低阶系统的特性，系统参数与系统性能指标的关系，总结出简单的公式或制成简明的图表。在设计时只要把实际系统校正或简化成典型低阶系统再与图表对照，设计过程就简单多了。

直流调速系统动态参数的工程设计，包括确定预期典型系统，选择调节器型式，计算调节器参数。设计结果应满足生产机械工艺提出的静态与动态性能指标要求。任何系统的开环传递函数都可用下式来表示：

$$W(s)=\frac{K(\tau_1 s+1)(\tau_2 s+1)\cdots}{s^r(T_1 s+1)(T_2 s+1)\cdots} \tag{2-8}$$

其中分子和分母都可能含有复零点和复极点多项，分母中的 s^r 项表示整个系统含有 r 个积分环节。或者说系统在原点处有重极点，根据 $r=0，1，2，\cdots$ 不同数值，分别称为 0 型、Ⅰ型、Ⅱ型、……系统。型号越高，系统的准确度越高，而稳定性越差。一般 0 型系统的稳态精度不如Ⅰ型和Ⅱ型系统，Ⅲ型以上的系统很难稳定。因此，通常为了保证稳定性和一定的稳态精度，多采用Ⅰ型和Ⅱ型系统。只要掌握典型系统参数与性能指标之间的关系，根据设计要求，就可以设计系统参数。人们将工程实践确认的参数称为"工程最佳参数"，相应的性能确定为典型系统的性能指标，使工程设计更简便。

二、典型系统及其参数与性能指标的关系

1. 典型Ⅰ型系统

典型Ⅰ型系统的开环传递函数为

$$W(s)=\frac{K}{s(Ts+1)} \tag{2-9}$$

其闭环系统结构图和开环对数频率特性如图 2-14 所示。

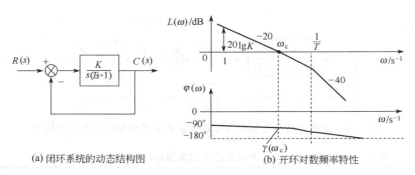

(a) 闭环系统的动态结构图　　　　(b) 开环对数频率特性

图 2-14　典型Ⅰ型系统

由图可见，典型Ⅰ型系统是由一个积分环节和一个惯性环节串联组成的单位反馈系统。在开环传递函数中，时间常数 T 往往是控制对象本身所固有的，唯一可变的参数只有开环放大系数 K。因此，可供设计选择的参数只有 K，一旦 K 值选定，系统的性能就被确定了。那么 K 值与系统的性能指标有什么关系呢？

（1）典型Ⅰ型系统稳态跟随性能的关系　典型Ⅰ型系统的稳态跟随性能是指在给定输入信号下的稳态误差。由控制理论误差分析可知，典型Ⅰ型系统对阶跃输入信号的稳态误差为零；对单位斜坡输入信号的稳态误差为

$$e(\infty)=\frac{1}{K} \tag{2-10}$$

可以看出，对单位斜坡输入信号有跟踪误差，开环放大倍数 K 增大，跟踪误差减小。

（2）典型Ⅰ型系统的频率特性　由图 2-14（b）开环对数频率特性上看出，中频段是以 -20dB/dec 斜率穿越零分贝线的，其截止频率 $\omega_c=K$，其相角裕度 γ 为

$$\gamma(\omega_c)=90°-\arctan\omega_c T>45° \tag{2-11}$$

选择参数 $\omega_c<1/T$ 满足相角稳定裕度，可以确保系统有足够的稳定性。

由此看出，K 越大、截止频率 ω_c 越高，系统的响应速度就越快，但却减小了系统的相

角裕量，稳定性变差。系统的稳定性和快速性是矛盾的，开环放大倍数 K 必须保证系统稳定的前提下满足生产工艺要求。

（3）典型 I 型系统动态跟随性能的关系

由图 2-14(a) 可得系统的闭环传递函数为

$$W_{cl}(s) = \frac{W(s)}{1+W(s)} = \frac{\dfrac{K}{T}}{s^2 + \dfrac{1}{T}s + \dfrac{K}{T}} = \frac{\omega_n^2}{s^2 + 2\xi\omega_n s + \omega_n^2} \tag{2-12}$$

式中，$\omega_n = \sqrt{K/T}$ 为自然振荡频率；$\xi = \dfrac{1}{2}\sqrt{\dfrac{1}{KT}}$ 为阻尼比。当 $0 < \xi < 1$ 时，在零初始条件下的阶跃响应动态性能指标计算公式为

超调量
$$\sigma\% = e^{\frac{-\xi\pi}{\sqrt{1-\xi^2}}} \times 100\% \tag{2-13}$$

调节时间
$$t_s \approx \frac{3}{\xi\omega_n} = 6T \quad (\Delta = 5\%) \quad (\xi < 0.9) \tag{2-14}$$

截止频率
$$\omega_c = \frac{\left[\sqrt{4\xi^2+1} - 2\xi^2\right]^{\frac{1}{2}}}{2\xi T} \tag{2-15}$$

相角稳定裕度
$$\gamma = \arctan\frac{2\xi}{\left[\sqrt{4\xi^4+1} - 2\xi^2\right]^{\frac{1}{2}}} \tag{2-16}$$

其动态指标与 K 及 ξ 关系如表 2-3 所示。由表 2-3 可以看出，随着开环放大倍数 K 增大，阻尼比 ξ 减小，超调量 $\sigma\%$ 变大，稳定性变差，调节时间 t_s 减小，快速性好。当 K 值过大时，调节时间 t_s 反而增加，快速性差。当 $K = 1/2T$ 或 $\xi = 0.707$ 时，稳定性和快速性都较好。

（4）典型 I 型系统工程最佳参数

当 $K = 1/2T$ 或 $\xi = 0.707$ 时，稳定性和快速性都较好，通常称为"I 型系统工程最佳参数"。这时系统的传递函数为

开环
$$W(s) = \frac{1}{2Ts}\frac{1}{(Ts+1)} \tag{2-17}$$

闭环传递函数
$$W_{cl}(s) = \frac{1}{2T^2 s^2 + 2Ts + 1} \tag{2-18}$$

单位阶跃输入时，系统输出为

$$c(t) = 1 - \sqrt{2}\,e^{-\frac{t}{2T}}\sin\left(\frac{t}{2T} + 45°\right) \tag{2-19}$$

其单位阶跃响应曲线如图 2-15 所示，跟随性能指标为：$\sigma\% = 4.3\%$，$t_s = 4.2T$ （5%）

表 2-3　典型 I 型系统动态跟随性能指标和频域指标与参数关系 $\left[\xi = (1/2)\sqrt{1/KT}\right]$

KT	0.25	0.31	0.39	0.5	0.69	1.0
ξ	1.0	0.9	0.8	0.707	0.6	0.5
$\sigma/\%$	0	0.15	1.5	4.3	9.5	16.3
$t_s(5\%)/T$	9.5	7.2	5.4	4.2	6.3	5.6
$\gamma(\omega_c)/(°)$	76.3	73.5	69.9	65.5	59.2	51.8
$\omega_c T$	0.243	0.296	0.367	0.455	0.596	0.786

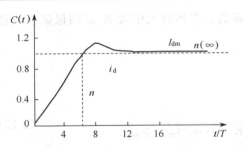

图 2-15　典型 I 型系统最佳参数时的
单位阶跃响应

实践证明，上述典型参数对应的性能指标适合于响应快而又不允许过大超调量的系统，一般情况下都能满足工程设计要求。

2. 典型 II 型系统及其参数与性能指标的关系

典型 II 型系统的开环传递函数为

$$W(s) = \frac{K(\tau s + 1)}{s^2(Ts + 1)} \quad (\tau > T) \qquad (2\text{-}20)$$

相应的系统结构图和开环对数频率特性如图 2-16 所示。

典型 II 型系统是由两个积分环节、一个惯性环节和一个一阶微分环节组成的，其开环对数频率特性的低频转折频率为 $\omega_1 = 1/\tau$，高频转折频率为 $\omega_2 = 1/T$，且 $\omega_2 > \omega_c > \omega_1$。系统的相角稳定裕度为

$$\gamma(\omega_c) = 180° + \varphi(\omega_c) = \arctan\omega_c\tau - \arctan\omega_c T \qquad (2\text{-}21)$$

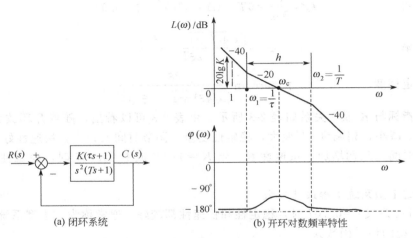

(a) 闭环系统　　　　　　　(b) 开环对数频率特性

图 2-16　典型 II 型系统的结构图和对数幅频特性

显然，τ 比 T 大得越多，则稳定裕度越大。与典型 I 型系统相比，典型 II 型系统有两个参数 K 和 τ 待选择，这就增加了选择参数的复杂性。为分析方便，引入一个新变量 h，令

$$h = \frac{\tau}{T} = \frac{\omega_2}{\omega_1} \qquad (2\text{-}22)$$

h 表示了在对数坐标中斜率为 -20dB/dec 的中频段的宽度，称作"中频宽"。由于中频段的状况对控制系统的动态品质起着决定性的作用，因此 h 值是一个关键的参数。

在图 2-16 中，若设 $\omega = 1$ 点处是 -40dB/dec 特性段，则

$$20\lg K = 4\lg\omega_1 + 20\lg\frac{\omega_c}{\omega_1} = 20\lg\omega_1\omega_c$$

显然，
$$K = \omega_1\omega_c$$

从频率特性上看出，由于 T 一定，改变 τ 也就改变了中频段 h；在 τ 确定以后，再改变 K 相当于使开环对数幅频特性上下平移，即改变了截止频率 ω_c。因此，在设计选择两个参数 h 和 ω_c，就相当于选择参数 τ 和 K。

采用"振荡指标法"中所用的闭环幅频特性峰值 M_r 最小准则，找出 h 和 K 两个参数间较好的配合关系，使 K 变为 h 的函数，则典型 II 型系统的设计就变为一个参数设计。

经证明具有最小谐振峰值的开环放大系数 K 为

$$K=\omega_1\omega_c=\frac{h+1}{2h^2T^2} \qquad (2\text{-}23)$$

对应的最小峰值 M_{rmin} 是

$$M_{rmin}=\frac{h+1}{h-1} \qquad (2\text{-}24)$$

可以看出 M_{rmin} 值仅取决于中频宽 h 值，h 越大，M_{rmin} 就越小，其极限值为 1。

将式（2-22）代入式（2-23）中，可以得出 M_{rmin} 系统的 h 值与截止频率 ω_c 的关系式为

$$\omega_c=\frac{K}{\omega_1}=\frac{h+1}{2h^2T^2}hT=\frac{h+1}{2hT} \qquad (2\text{-}25)$$

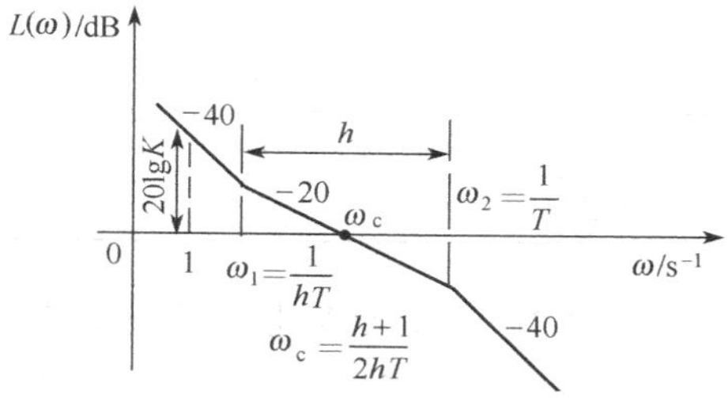

系统的开环对数幅频特性如图 2-17 所示，它的频比关系为

图 2-17 M_{rmin} 系统的开环对数幅频特性

$$\frac{\omega_2}{\omega_c}=\frac{2h}{h+1} \qquad (2\text{-}26)$$

$$\frac{\omega_c}{\omega_1}=\frac{h+1}{2} \qquad (2\text{-}27)$$

表 2-4 列出了不同 h 值时的 M_{rmin} 和对应的频率比。

表 2-4 不同 h 值时的 M_{rmin} 和对应的频率比

h	3	4	5	6	7	8	9	10
M_{rmin}	2	1.67	1.5	1.4	1.33	1.29	1.25	1.22
ω_2/ω_c	1.5	1.6	1.67	1.71	1.75	1.78	1.80	1.82
ω_c/ω_1	2.0	2.5	3.0	3.5	4.0	4.5	5.0	5.5

经验表明，M_{rmin} 在 1.2～1.5 之间，系统的动态性能较好，有时也允许达到 1.8～2.0，所以 h 可在 3～10 之间选择，h 更大时，对降低 M_{rmin} 的效果就不显著了。

确定了 h 和 ω_c 之后，要计算 τ 和 K 就比较容易了，由 h 的定义可知

$$\tau=hT \qquad (2\text{-}28)$$

式（2-23）和式（2-28）是工程设计方法中计算典型Ⅱ型系统参数的公式。只要按动态性能指标的要求确定了 h 值，就可以代入这两个公式来计算调节器参数。下面分别讨论跟随和抗扰性能指标和 h 值的关系，作为确定 h 值的依据。

（1）稳态跟随性能指标

由自动控制原理可知典型Ⅱ型系统对阶跃输入信号的稳态误差为零；对斜坡输入信号的稳态误差为零；对单位加速度输入信号有跟随稳态误差，其大小与开环放大系数 K 成反比。

（2）动态跟随性能指标

按 M_{rmin} 准则确定调节器参数时，典型系统的开环函数为

$$W(s)=\frac{K(\tau s+1)}{s^2(Ts+1)}=\frac{h+1}{2h^2T^2}\frac{hTs+1}{s^2(Ts+1)}$$

则系统的闭环传递函数为

$$W_{cl}(s)=\frac{W(s)}{1+W(s)}=\frac{hTs+1}{\dfrac{2h^2}{h+1}T^3s^3+\dfrac{2h^2}{h+1}T^2s^2+hTs+1} \qquad (2\text{-}29)$$

以 T 为时间基准，对上式取不同的 h 值，求单位阶跃响应，得典型Ⅱ型系统的跟随性能指标如表 2-5 所示。

表 2-5 典型Ⅱ型系统阶跃输入跟随性能指标（按 M_{rmin} 准则确定参数关系）

h	3	4	5	6	7	8	9	10
$\sigma/\%$	52.6	43.6	37.6	33.2	29.8	27.2	25	23.3
$t_s(5\%)/T$	12.15	11.65	9.55	10.45	11.30	12.25	13.25	14.20
振荡次数	3	2	2	1	1	1	1	1

与表 2-3 比较，典型Ⅱ型系统跟随过程超调量比典型Ⅰ型系统大，由于过渡过程的衰减振荡性质，调节时间随 h 的变化不是单调的，工程设计常选用 $h=5$ 的单位阶跃输入性能指标为最佳参数，即 $\sigma=37.6\%$；$t_r=2.85T$；$t_s(5\%)=9T$。

第四节 双闭环调速系统的设计

一、基本思想

设计多环控制系统的一般原则是：先从内环开始设计和选择调节器，每一闭环都将内环作为本环的一个环节来设计和选择本环的调节器，直到设计完整个系统。这种结构为工程设计及调试工作带来了极大的方便。双闭环调速系统是多闭环控制系统中应用较广的系统。先从电流环（内环）开始，根据电流控制要求，确定把电流环校正为哪种典型系统，按照调节对象选择调节器及其参数。然后，把电流环等效成一个小惯性环节，作为转速环的一个组成部分，再用同样的方法完成转速环设计。

图 2-18 为双闭环调速系统的动态结构图。在图 2-7 的基础上增加了电流滤波、转速滤波、和两个给定滤波环节。由于电流检测信号中常含有交流成分，需加低通滤波，其滤波时间常数 T_{oi} 按需要而定。滤波信号可以抑制反馈信号中的交流分量，但同时也给反馈信号带来延迟。所以在给定信号通道中加入一个给定滤波环节，使给定信号与反馈信号同步，并可使设计简化。由测速发电机得到的转速反馈电压含有电机的换向纹波，因此也需要滤波，其时间常数用 T_{on} 表示。

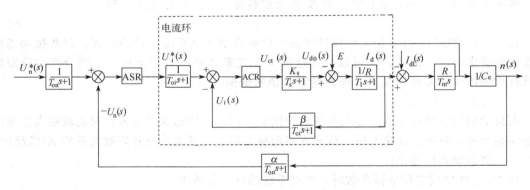

图 2-18 双闭环调速系统的动态结构图

二、电流环的设计

电流环的控制对象由电枢回路形成的大惯性环节与晶闸管变流装置、触发装置、电流检测和反馈滤波等一些小惯性环节群组成。若要系统超调小、跟随性能好为主，可校正成典型Ⅰ型系统；若要具有较好的抗扰性能为主，则应选择典型Ⅱ型系统。一般情况下，当控制系统的两个时间常数之比 $T_1/T_{\Sigma i}\leqslant10$ 时，典型 I 型系统的恢复时间还是可以接受的，因此，多按典型 I 型系统设计电流环。

1. 电流环结构的简化

图 2-18 虚框中就是电流环的结构图。实际系统中，电磁时间常数 T_1 远小于机电时间常数 T_m，电流的调节过程往往比转速的变化过程快得多，因而也比反电势 E 快得多。E 对电流环来说，是一个变化缓慢的扰动，可以认为 E 基本不变。忽略 E 的影响。使电流环的结构简化。见图 2-19(a)。再将给定滤波器和反馈滤波器两个环节等效地置于环内，使电流环结构变为单位反馈系统，如图 2-19(b)。最后考虑反馈滤波时间常数 T_{oi} 和晶闸管变流装置平均延迟时间常数 T_s 都比 T_1 小得多，可以当作小惯性环节处理，并取

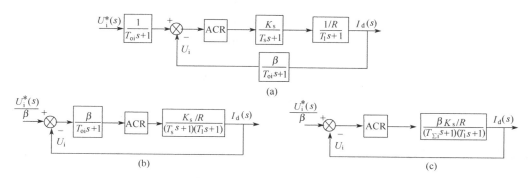

(a)

(b)   (c)

图 2-19 电流环的动态结构图及其化简

$$T_{\Sigma i}=T_{oi}+T_s \tag{2-30}$$

电流环的结构图最终简化为图 2-19(c)。并得知，电流环控制对象的传递函数中具有两个惯性环节。

2. 电流调节器类型选择及参数计算

（1）按典型 I 型系统设计电流环 按典型 I 型系统设计电流环，调节器的类型应选 PI 调节器，其传递函数为

$$W_{pi}(s)=K_i\,\frac{\tau_i s+1}{\tau_i s} \tag{2-31}$$

取 $\tau=T_1$，电流环的结构图为典型 I 型系统的型式，电流环的动态结构图和开环对数幅频特性如图 2-20 所示。一般情况下，$\sigma\%\leqslant5\%$ 时，由表 2-3，取 $K_I T_{\Sigma i}=0.5$ 或 $\xi=0.707$ 选择调节器参数。电流环开环放大系数为

$$K_I=\frac{K_i K_s\beta}{\tau_i R}=0.5\,\frac{1}{T_{\Sigma i}} \tag{2-32}$$

$$K_i=0.5\,\frac{R}{K_s\beta}\frac{T_1}{T_{\Sigma i}} \tag{2-33}$$

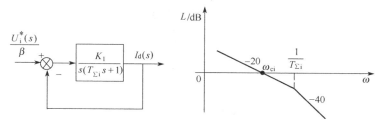

图 2-20 校正成典型 I 型系统的电流环

$$K_I = \omega_{ci} \tag{2-34}$$

可以看出，按工程最佳参数设计电流环时，截止频率 ω_{ci} 与 $T_{\Sigma i}$ 的关系满足小惯性群的近似条件 $\omega_{ci} \ll 1/T_{\Sigma i}$。

（2）按典型 II 型系统设计电流环　按典型 II 型系统设计电流环，将控制对象中的大惯性环节近似为积分环节，即

$$\frac{1}{T_1 s + 1} \approx \frac{1}{T_1 s}$$

而电流调节器仍可选择 PI 调节器。但积分时间常数 τ_i 应选得小些，即 $\tau_i = h T_{\Sigma i}$。图 2-21 为校正成典型 II 型系统的电流环的动态结构图和开环对数幅频特性。按 M_{rmin} 准则计算电流调节器参数，选用工程最佳参数 $h = 5$，则电流环开环放大系数 K_1 有

$$K_1 = \frac{K_i \beta K_s}{R T_1 \tau_i} = \frac{h+1}{2h^2 T_{\Sigma i}^2}$$

$$\tau_i = h T_{\Sigma i} = 5 T_{\Sigma i}$$

$$K_i = \frac{h+1}{2h} \frac{R}{\beta K_s} \frac{T_1}{T_{\Sigma i}} = 0.6 \frac{R}{K_s \beta} \frac{T_1}{T_{\Sigma i}} \tag{2-35}$$

$$\omega_{ci} = \frac{h+1}{2h} \frac{1}{T_{\Sigma i}} = 0.6 \frac{1}{T_{\Sigma i}} \tag{2-36}$$

上式满足小惯性群的近似条件。

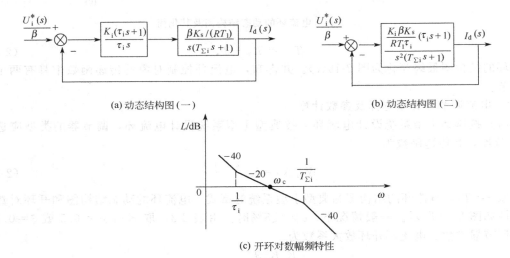

(a) 动态结构图（一）　　　　　　　　(b) 动态结构图（二）

(c) 开环对数幅频特性

图 2-21　校正成典型 II 型系统的电流环

3. 校验

因为上述讨论是在一系列假定条件下得出的，具体计算时，必须校验以下条件：

$$\omega_{ci} \leqslant 1/(3T_s) \tag{2-37}$$

$$\omega_{ci} = 3\sqrt{1/(T_m T_1)} \tag{2-38}$$

$$\omega_{ci} \leqslant \frac{1}{3}\sqrt{1/(T_s T_{oi})} \tag{2-39}$$

4. 电流调节器的实现

图 2-22 为含给定滤波和反馈滤波的 PI 调节器原理图。图中 U_i^* 为电流调节器的给定电压，$-\beta I_d$ 为电流负反馈电压，调节器的输出就是触发装置的控制电压 U_{ct}。由图 2-23 含滤

波环节的 PI 调节器的输入等效电路（A 点为虚地）可写出

$$i_{\mathrm{a}}(s) = \frac{U_{\mathrm{in}}(s)}{\dfrac{R_0}{2} + \dfrac{\dfrac{R_0}{2} \cdot \dfrac{1}{C_{\mathrm{oi}}s}}{\dfrac{R_0}{2} + \dfrac{1}{C_{\mathrm{oi}}s}}} \cdot \dfrac{\dfrac{1}{C_{\mathrm{oi}}s}}{\dfrac{R_0}{2} + \dfrac{1}{C_{\mathrm{oi}}s}} = \frac{U_{\mathrm{in}}(s)}{R_0\left(\dfrac{R_0}{4}C_{\mathrm{oi}}s + 1\right)} = \frac{U_{\mathrm{in}}(s)}{R_0(T_{\mathrm{oi}}s + 1)} \tag{2-40}$$

式中 $T_{\mathrm{oi}} = R_0 C_{\mathrm{oi}}/4$ 为电流滤波器时间常数。

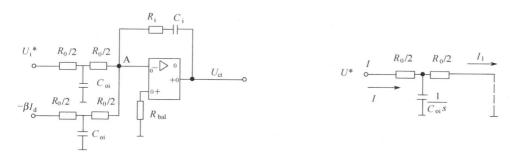

图 2-22　电流调节器电路图　　　　图 2-23　含滤波环节的 PI 调节器的输入等效电路

图 2-22 中 A 点虚地的电流平衡方程为

$$\frac{U_{\mathrm{i}}^*(s)}{R_0(T_{\mathrm{oi}}s + 1)} - \frac{\beta I_{\mathrm{d}}(s)}{R_0(T_{\mathrm{oi}}s + 1)} = \frac{-U_{\mathrm{ct}}(s)}{R_{\mathrm{i}} + 1/C_{\mathrm{i}}s}$$

$$\frac{U_{\mathrm{i}}^*(s)}{T_{\mathrm{oi}}s + 1} - \frac{\beta I_{\mathrm{d}}(s)}{T_{\mathrm{oi}}s + 1} = \frac{-U_{\mathrm{ct}}(s)}{K_{\mathrm{i}}\dfrac{\tau_{\mathrm{i}}s + 1}{\tau_{\mathrm{i}}s}} \tag{2-41}$$

式中 $K_{\mathrm{i}} = R_{\mathrm{i}}/R_0$；$\tau_{\mathrm{i}} = R_{\mathrm{i}}C_{\mathrm{i}}$；$T_{\mathrm{oi}} = R_0 C_{\mathrm{oi}}/4$。

三、转速环的设计

1. 电流环的等效闭环传递函数

前面已指出，在设计转速调节器时，应把已设计好的电流环看作是转速环中的一个环节，因此，需求出电流环的闭环等效传递函数。

以按典型 I 型系统设计电流环的等效传递函数为例来介绍转速环的设计，由图 2-21 可求得电流环的闭环传递函数为

$$W_{\mathrm{cli}}(s) = \frac{\dfrac{K_{\mathrm{I}}}{s(T_{\Sigma \mathrm{i}}s + 1)}}{1 + \dfrac{K_{\mathrm{I}}}{s(T_{\Sigma \mathrm{i}}s + 1)}} = \frac{1}{\dfrac{T_{\Sigma \mathrm{i}}}{K_{\mathrm{I}}}s^2 + \dfrac{1}{K_{\mathrm{I}}}s + 1} \tag{2-42}$$

转速环的截止频率 ω_{cn} 一般较低，因此 $W_{\mathrm{cli}}(s)$ 可降阶近似为

$$W_{\mathrm{cli}}(s) \approx \frac{1}{\dfrac{1}{K_{\mathrm{I}}}s + 1} \tag{2-43}$$

由于 $K_{\mathrm{I}} = 0.5/T_{\Sigma \mathrm{i}}$，故有　　　$W_{\mathrm{cli}}(s) \approx \dfrac{1}{2T_{\Sigma \mathrm{i}}s + 1}$

近似条件为

$$\omega_{\mathrm{cn}} \leqslant \frac{1}{5T_{\Sigma \mathrm{i}}} \tag{2-44}$$

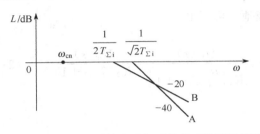

图 2-24　电流环原系统和近似系统的对数幅频特性

这种近似处理的概念可用图 2-24 中的对数幅频特性来表示。对照式(2-42)，电流环原来是一个二阶振荡环节，其阻尼比 $\xi = 0.707$，无阻尼自然振荡周期为 $\sqrt{2}\,T_{\Sigma i}$，对数幅频特性的渐近线如图 2-24 中的特性 A。近似为一阶惯性环节后得到特性 B。当转速环截止频率 ω_{cn} 较低时，原系统和近似系统只有高频段的一些差别。

由于图 2-20 的输入信号为 $U_i^*(s)/\beta$，则电流环的近似等效闭环传递函数为

$$\frac{I_d(s)}{U_i^*(s)} = \frac{W_{cli}(s)}{\beta} \approx \frac{1/\beta}{2T_{\Sigma i}s + 1} \tag{2-45}$$

式中 $2T_{\Sigma i}$ 的大小，随调节器参数选择方法不同要作相应的变化。

2. 转速调节器结构的选择

电流环用其等效传递函数代替后，整个转速调节系统的动态结构图如图 2-25(a) 所示。同理，将其等效为单位负反馈的形式，即把给定滤波器和反馈滤波器等效地移到环内，且近似处理为小惯性环节

$$T_{\Sigma n} = T_{on} + 2T_{\Sigma i}$$

则转速环结构图可以简化成图 2-25(b) 所示。可以看出，转速环的控制对象是由一个积分环节和一个小惯性环节组成。根据调速系统稳态时无静差和动态时有良好的抗扰性能两项要求，在负载扰动点之前必须含有一个积分环节，因此转速环应该按典型 Ⅱ 型系统设计。实际系统的转速调节器饱和特性会抑制典型 Ⅱ 型系统的阶跃响应超调量大的问题。

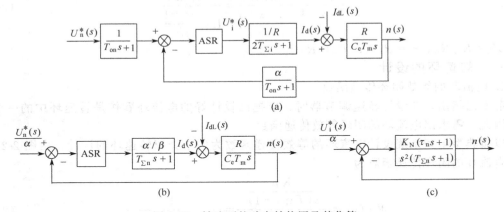

图 2-25　转速环的动态结构图及其化简

由附录表 1-2 可知，选用 PI 调节器可把转速环校正成典型 Ⅱ 型系统，其传递函数为

$$W_{ASR}(s) = K_n \frac{\tau_n s + 1}{\tau_n s}$$

式中 K_n 为转速调节器的比例系数；τ_n 为转速调节器的超前时间常数。调速系统的开环传递函数为

$$W(s) = \frac{K_n \alpha R(\tau_n s + 1)}{\tau_n \beta C_e T_m s^2(T_{\Sigma n}s + 1)} = \frac{K_N(\tau_n s + 1)}{s^2(T_{\Sigma n}s + 1)} \tag{2-46}$$

式中 $K_N = \dfrac{K_n \alpha R}{\tau_n \beta C_e T_m}$ 为转速环的开环增益，不考虑负载扰动时，校正后的转速环结构图如图

2-25(c)。

3. 转速调节器参数的选择

若采用 M_{rmin} 准则设计转速环，按典型 Ⅱ 型系统的参数选择方法，有

$$\tau_n = h T_{\Sigma n} \tag{2-47}$$

$$K_N = \frac{h+1}{2h^2 T_{\Sigma n}^2} \tag{2-48}$$

$$K_n = \frac{(h+1)\beta C_e T_m}{2h\alpha R T_{\Sigma n}} \tag{2-49}$$

4. 校验

上述结果应校验以下条件

$$\omega_{cn} \leqslant \frac{1}{5 T_{\Sigma i}} \tag{2-50}$$

$$\omega_{cn} \leqslant \frac{1}{3} \sqrt{\frac{1}{2 T_{\Sigma i} T_{on}}} \tag{2-51}$$

应当说明，转速环的开环放大倍数 K_N 和转速调节器的参数 K_n 和 τ_n，因调速系统的动态指标要求和采用哪种选择参数的方法不同而不同。如无特殊表示，一般以选择 $h=5$ 为好。

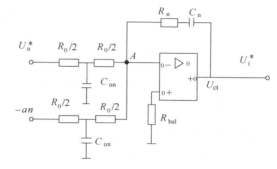

图 2-26　转速调节器电路图

含给定滤波和反馈滤波的 PI 转速调节器电路图如图 2-26，转速调节器的参数关系式与电流调节器相似，见式(2-47)。转速调节器参数与电阻、电容值的关系为

$$K_n = \frac{R_n}{R_0} \tag{2-52}$$

$$\tau_n = R_n C_n \tag{2-53}$$

$$T_{on} = \frac{1}{4} R_0 C_{on} \tag{2-54}$$

本 章 小 结

1. 双闭环直流调速系统由转速调节器 ASR 去驱动电流调节器 ACR，再由 ACR 去驱动触发装置。电流环为内环；转速环为外环。

2. 电流调节器 ACR 的作用

① 在启动时，由于 ASR 的饱和作用，ACR 调节允许的最大电流 I_{dm}，使过渡过程加快，实现快速启动。

② 依靠 ACR 的调节作用，可限制最大电流，$I_{dm} \leqslant U_{im}^* / \beta$。

③ 当电网波动时，ACR 维持电流不变的特性，使电网电压的波动，几乎不对转速产生影响。

④ 在电动机过载甚至堵转时，一方面限制过大的电流，起到快速的保护作用；另一方面，使转速迅速下降，实现了"挖土机"特性。

3. 转速调节器的作用

① 稳定转速，使转速保持在 $n = U_{nm}^* / \alpha$ 的数值上。

② 使转速 n 跟随给定电压 U_n^* 变化，稳态运行无静差。

③ 在负载变化（或给定电压发生变化或各环节产生扰动）而使转速出现偏差时，则靠 ASR 的调节作用来消除转速偏差，保持转速恒定。

④ 当转速出现较大偏差时，ASR 的输出限幅值决定了允许的最大电流，作用于 ACR，以获得较快的动态响应。

4. 双闭环调速系统启动过程分为三个阶段，即电流上升阶段，恒流升速阶段，转速调节阶段。从启动时间上看，第Ⅱ段恒流升速为主要阶段，因此双闭环调速系统基本上实现了在限制最大电流下的快速启动，利用了饱和非线性控制的方法，达到"准时间最优控制"。

5. 直流双闭环调速系统引入转速微分负反馈后，可使突加给定电压启动时转速调节器提早退饱和，从而有效地抑制以至消除转速超调。同时也增强了调速系统的抗扰性能，在负载扰动下的动态速降大大减低，但系统恢复时间有所延长。

6. 在设计双闭环调速系统时，一般是先内环后外环，调节器的结构和参数取决于稳态精度和动态校正的要求。双闭环调速系统动态校正的设计与调试都是先内环后外环的顺序进行，在动态过程中可以认为外环对内环几乎无影响，而内环则是外环的一个组成环节。

习题与思考题

2-1 双闭环调速系统中，给定电压 U_n^* 不变，增加转速负反馈系数 α，系统稳定后转速反馈电压 U_n 是增加、减小还是不变？（答案：U_n 不变）

2-2 ASR、ACR 均采用 PI 调节器的双闭环调速系统，在带额定负载运行时，转速反馈线突然断线，当系统重新进入稳定运行时电流调节器的输入偏差信号 ΔU_i 是否为零？（答案：ΔU_i 不为零）

2-3 如果反馈信号的极性接反了，会产生怎样的后果？

2-4 某双闭环调速系统，ASR、ACR 均采用近似 PI 调节器，试问，调试中怎样才能做到 $U_{im}^*=6V$ 时 $I_{dm}=20A$；如欲使 $U_{nm}^*=10V$ 时，$n=1000/(r/min)$，应调什么参数？如发现下垂段特性不够陡或工作段特性不够硬，应调什么参数？（1. 当 U_{im}^* 固定时，只需调节电流反馈系数 β 即可实现；当 U_{im}^* 已知时，调节转速反馈系数 α 可实现。2. 发现下垂特性不够陡时，可增大 ACR 的稳态放大系数；如工作段特性不够硬时，可增大 ASR 的稳态放大系数。）

2-5 在转速、电流双闭环调速系统中，出现电网电压波动与负载扰动时，哪个调节器起主要作用？（电网电压波动时，ACR 起主要调节作用；负载扰动时，ASR 起主要调节作用。）

2-6 有一系统，已知 $W_{obj}(s)=\dfrac{20}{(0.25s+1)(0.005s+1)}$，要求将系统校正成典型 Ⅰ 型系统，试选择调节器类型并计算调节器参数。

2-7 有一系统，已知其前向通道传递函数为 $W(s)=\dfrac{20}{0.12s(0.01s+1)}$ 反馈通道传递函数为 $\dfrac{0.003}{0.005s+1}$，将该系统校正为典型 Ⅱ 型系统，画出校正后系统动态结构图。

2-8 某双闭环调速系统，采用三相桥式全控整流电路，已知电动机参数为：$P_{nom}=550kW$，$U_{nom}=750V$，$I_{nom}=780A$，$n_{nom}=375r/min$，$C_e=1.92V \cdot min/r$，允许电流过载倍数 $\lambda=1.5$，$R=0.5\Omega$，$K_s=75$，$T_1=0.03s$，$T_m=0.084s$，$T_{oi}=0.002s$，$T_{on}=0.02s$，$U_{nm}^*=U_{im}^*=U_{cim}=12V$，调节器输入电阻 $R_0=40k\Omega$。设计指标：稳态无静差，电流超调量 $\sigma_i\% \leqslant 5\%$，空载启动到额定转速时的转速超调量 $\sigma_n\% \leqslant 10\%$，电流调节器已按典型 Ⅰ 型系统设计，并取 $KT=0.5$。试选择转速调节器结构，并计算其参数。计算电流环和转速环的截止频率 ω_{ci} 和 ω_{cn}，并考虑它们是否合理？（电流环截止频率 $\omega_{ci}=136.2/s^{-1}$；转速环截止频率 $\omega_{cn}=22/s^{-1}$。）

2-9 图 2-27 是全国联合设计的中小功率双闭环不可逆直流调速系统的典型线路，图中交流部分画成单线图，对单相和三相线路都适用。主电路的过压保护、过流保护、电器控制线路和仪表均略去未画。试分析该系统有哪些反馈环节，它们在系统中各起什么作用？该系统中各电位器起什么作用？试分析电位器 RP_1、RP_3、RP_5、RP_{10}、RP_{12} 和 RP_{13} 等电位器触点向下移动后对系统性能（或参数）的影响。（提示：转速调节器 ASR 和电流调节器 ACR 都采用放大倍数可调的内限幅 PI 调节器，选用 5G-24 集成电路。为了适应各种具体工艺要求，调节器输入部分备有给定滤波、反馈滤波和微分反馈电路，以便选用。速度调节器的输出端用继电器 KA 的常闭触点接地，以免停车后发生零点漂移。电流检测选用交流互感器经整流后输出正电压作为电流负反馈信号。转速负反馈也经过整流输出负的电压信号，整流器是为了保证反馈电压具有正确的极性，以使不论测速发电机极性怎样联接都行，同时也便于与可逆系统的转速检测部件通用。）

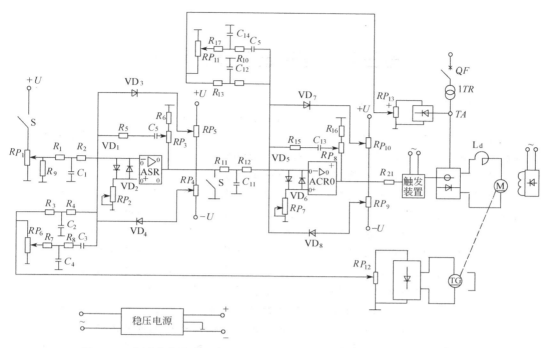

图 2-27　全国联合设计的中小功率双闭环不可逆直流调速系统的典型线路

第三章 可逆直流调速系统

【内容提要】

　　在前面两章讨论的各种晶闸管直流调速系统，由于晶闸管的单向导电性，只用一组晶闸管变流器对电动机供电的调速系统只能获得单方向的运行，是不可逆调速系统。这类系统只适用于不要求经常改变电动机转向，同时对制动的快速性无特殊要求的生产机械。但是在生产实际中，有一定数量的生产机械对拖动系统中的电动机要求是，既能正转，又能反转，且在减速和停车时还要求产生制动转矩，以缩短制动时间，这就出现了可逆直流调速系统。本章主要讨论直流调速系统的可逆运行问题：由于 V-M 系统中晶闸管的单向导电性，需要设置可逆线路来使电动机反向运行或制动，主要的可逆线路有：电枢反接可逆线路；励磁反接可逆线路；两组晶闸管反并联是大功率传动系统的主要供电方式。在两组晶闸管反并联线路中，会出现环流，为此，需要采取措施抑制环流，如：设置环流电抗器；采取 $\alpha = \beta$ 配合控制方式；采取封锁触发脉冲的方式，使两组晶闸管不能同时工作等。根据控制环流方式，直流可逆调速系统分为：有环流可逆调速系统；无环流可逆调速系统。本章重点讨论逻辑控制无环流可逆调速系统的工作过程。对于中、小功率的可逆直流调速系统多采用由电力电子功率开关器件组成的桥式可逆 PWM 变换器，对其原理进行分析。

第一节　晶闸管-直流电动机可逆调速系统构成及存在问题

　　晶闸管-直流电动机调速系统（简称 V-M 系统）中由于晶闸管的单向导电性，不能产生反向电流，在 V-M 系统中要想实现可逆运行，一种方法是改变电动机的接法，另一种方法是在晶闸管变流器的结构形式上采取适当措施，才能实现 V-M 系统的可逆运行或者快速制动。

一、可逆运行运行方案及回馈制动

（一）可逆运行方案

　　在可逆调速系统中，对电动机的基本要求是能快速制动和改变其转动方向。而要改变电动机的转向，就必须改变电动机的电磁转矩方向。直流电动机的电磁转矩方向由磁场方向和电枢电压的极性决定。磁场方向不变，通过改变电枢电压极性实现可逆运行的系统，叫电枢可逆调速系统；电枢电压极性不变，通过改变励磁电流方向，实现可逆运行的系统，叫磁场可逆调速系统。与此对应，晶闸管-电动机系统的可逆方案就有两种方式，即电枢反接可逆线路和励磁反接可逆线路。

　　1. 电枢反接可逆线路

　　在要求频繁正反转的生产机械上，经常采用两组晶闸管装置供电的可逆线路，如图 3-1 所示。两组晶闸管分别由两套触发器控制，当正组晶闸管装置 VF 向电动机供电时，提供正向电枢电流 I_d，电动机正转；当反组晶闸管装置 VR 向电动机供电时，提供反向电枢电流 $-I_d$，

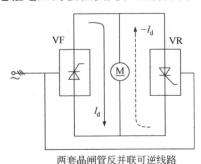

两套晶闸管反并联可逆线路

图 3-1　电枢反接可逆线路

电动机反转。

两组晶闸管装置供电的可逆线路在连接上又有两种形式：反并联和交叉连接，如图 3-2 所示。两者的差别在于反并联线路中的两组晶闸管由同一个交流电源供电，且要有四个限制环流的电抗器，而交叉连接线路由两个独立的交流电源供电。只要两个限制环流的电抗器。这里所说的两个独立的交流电源可以是两台整流变压器，也可以是一台整流变压器的两个二次绕组。

由两组晶闸管组成的电枢可逆线路，具有切换速度快、控制灵活等优点，在要求频繁、快速正反转的可逆系统中得到广泛应用，是可逆系统的主要型式。

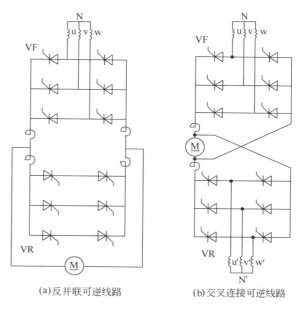

(a)反并联可逆线路　　(b)交叉连接可逆线路

图 3-2　两组三相桥式变流器可逆线路

2. 励磁反接可逆线路

要使直流电动机反转，除了改变电枢电压极性外，改变励磁电流的方向也能使直流电动机反转。因此又有励磁反接可逆线路，如图 3-3 所示。这时电动机电枢只要用一组晶闸管装置供电并调速，如图 3-3(a) 所示，而励磁绕组则由另外的两组晶闸管装置反并联供电，像电枢反接可逆线路一样，可以采用反并联或交叉连接中的任意一种方案来改变其励磁电流的方向。图 3-3(b) 中只画了两组晶闸管装置反并联提供励磁电流的方案，其工作原理读者可以自行分析。

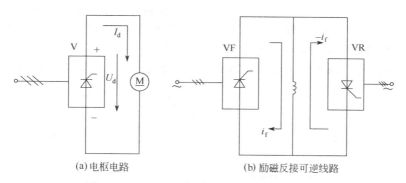

(a)电枢电路　　(b)励磁反接可逆线路

图 3-3　两组晶闸管供电的励磁反接可逆线路

由于励磁功率只占电动机额定功率的 1%～5%，显然反接励磁所需的晶闸管装置容量要小得多，只要在电枢回路中用一组大容量的晶闸管装置就够了，这对于大容量的电动机，励磁反接的方案投资较少，在经济上是比较便宜的。但是由于励磁绕组的电感较大，励磁电流的反向过程要比电枢电流的反向过程慢得多，大一些的电机，其励磁时间常数可达几秒的数量级，如果听任励磁电流自然地衰减或增大，那么电流反向就可能需要 10s 以上的时间。为了尽可能快的反向，常采用"强迫励磁"的方法，即在励磁反向过程中加 2～5 倍的反向励磁电压，迫使励磁电流迅速改变，当达到所需励磁电流数值时立即将励磁电压降到正常值。此外，在反向过程中，当励磁电流由额定值下降到零这段时间里，如果电枢电流依然存在，电动机将会出现弱磁升速的现象，这在生产工艺上是不容许的。为了避免出现这种情况，应在磁通减弱时保证电枢电流为零，以免产生按原来方向的转矩，阻碍电机反向。上述这些现象和要求无疑增加了控制系统的复杂性。因此，励磁反接的方案只适用于对快速性要求不高，正、反转不太频繁的大容量可逆系统，例如卷扬机、电力机车等。

（二）回馈制动

1. 电动机的两种工作状态

直流他励电动机无论是正转还是反转，都可以有两种工作状态，一种是电动状态，一种是制动状态（或称发电状态）。

电动运行状态，就是指电动机电磁转矩方向与电动机转速方向相同，此时，电网给电动机输入能量，并转换为负载的动能。

制动运行状态，就是电动机电磁转矩的方向与电动机转速方向相反，此时，电动机将动能转换为电能输出，如果将此电能回送给电网，则这种制动就叫做回馈制动。

在励磁磁通恒定时，电动机电磁转矩的方向就是电枢电流的方向，转速的方向也就是反电动势的方向。所以在图中，常用电枢电流 I_d 和反电动势 E 的相对方向来表示电动机的电动运行状态和制动运行状态。

2. 晶闸管装置的两种工作状态

晶闸管装置也有两种工作状态，一种是整流状态，另一种是逆变状态。下面结合一个具体实例说明如下。

由一组晶闸管组成的全控整流电路中，电动机带的是位势性负载，如图 3-4 所示。当控制角 $\alpha < 90°$ 时，晶闸管装置直流侧输出的理想空载电压 U_{do} 为正，且 $U_{do} > E$，所以能输出整流电流 I_d，使电动机产生电动转矩而将重物提升，如图 3-4（a）所示。这时电能从交流电网经晶闸管装置输送给电动机，晶闸管装置处于整流状态。当重物下放时，必须将控制角 α 移到大于 $90°$，这时晶闸管装置直流侧输出的理想空载电压 U_{do} 的极性反向，其值变为负值。电动机在重物的作用下被拉向反转，并产生反向的电动势 $-E$，其极性示于图 3-4（b）。当 $|E| > |U_{do}|$ 时，又将产生电流和转矩，它们的方向仍和提升重物时一样，但此时由于转速已反向，故电磁转矩变为制动转矩，以阻止重物下降得太快，电动机处于反转制动状态，同时电动机将重物的位能转换为电能，经晶闸管装置回馈到电网，晶闸管装置则处于逆变状态。

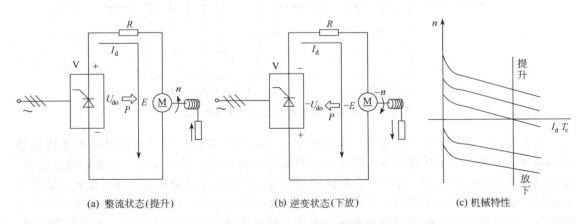

(a) 整流状态(提升)　　　　(b) 逆变状态(下放)　　　　(c) 机械特性

图 3-4　单组 V-M 系统带位势负载时的整流和逆变状态

由上面分析可知，同一套晶闸管装置可以工作在整流状态，也可以工作在逆变状态。两种状态中电流方向不变，而输出电压的极性相反。因此在整流状态中输出电能（$I_d U_{do}$乘积）为正，而在逆变状态中回馈电能（$I_d U_{do}$乘积）为负。产生逆变的两个必要条件可归纳为：

① 控制角 $\alpha > 90°$，使晶闸管装置直流侧产生一个负的平均电压 $-U_{do}$，这是装置的内部条件。

② 外电路必须有一个直流电源 E，其极性应与 $-U_{do}$ 的极性相同，其数值应稍大于 $|U_{do}|$，以产生和维持逆变电流，这是装置的外部条件。这样的逆变称为"有源逆变"。

3. 电动机的回馈制动及其系统实现

有许多生产机械在运行过程中要求快速减速或停车，最经济有效的方法就是采用回馈制动，使电动机运行在第二象限的机械特性上，将制动期间释放的能量通过晶闸管装置回送到电网。在上面的分析中已经表明，要通过晶闸管装置回馈能量，必须让其工作在逆变状态。所以电动机回馈制动时，晶闸管装置必须工作在逆变状态。

实现回馈制动，从电动机方面看，要么改变转速的方向，要么改变电磁转矩（即电枢电流）的方向。由于负载在减速制动过程中，转速方向不变，所以要实现回馈制动，只有设法改变电动机电磁转矩的方向，即改变电枢电流的方向。

对于单组 V-M 系统，要想改变电枢电流方向是不可能的，也就是说利用一组晶闸管不能实现回馈制动。但是，可以利用两组晶闸管装置组成的可逆线路实现直流电动机的快速回馈制动，即电机制动时，原工作于整流的一组晶闸管装置逆变使电机电流迅速降到零，然后利用另外一组反并联的晶闸管装置整流使电机建立起反向电流后立刻逆变来实现电动机的回馈制动，如图 3-5 所示。

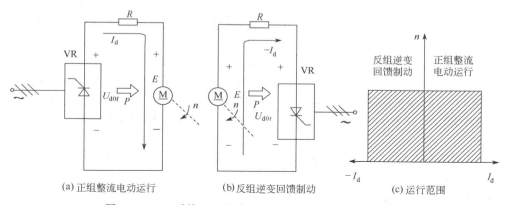

(a) 正组整流电动运行　　　　(b) 反组逆变回馈制动　　　　(c) 运行范围

图 3-5　V-M 系统正组整流电动运行和反组逆变回馈制动

图 3-5(a) 表示正组 VF 给电动机供电，晶闸管装置处于整流状态，输出整流电压 U_{d0f}（极性如图），电动机吸收能量作电动运行。当需要回馈制动时，通过控制电路切换到反组晶闸管装置 VR，见图 3-5(b)，并使其工作于逆变状态，输出逆变电压 U_{d0r}（极性如图），由于这时电动机的反电动势极性未改变，当 E 略大于 $|U_{d0r}|$ 时，产生反向电流 $-I_d$ 而实现回馈制动，这时电动机释放能量经晶闸管装置 VR 回馈到电网。图 3-5(c) 绘出了电动运行和回馈制动运行的运行范围。

由此可见，即使是不可逆系统，只要是要求快速回馈制动，也应有两组反并联（或交叉联）的晶闸管装置，正组作为整流供电，反组提供逆变制动。这时反组晶闸管只在短时间内给电动机提供反向制动电流，并不提供稳态运行电流，因而其容量可以小一些。对于两组晶闸管供电的可逆系统，在正转时可以利用反组晶闸管实现回馈制动，反转时可以利用正组晶闸管实现回馈制动，正反转和制动的装置合二为一，两组晶闸管的容量自然就没有区别了。把可逆线路正反转及回馈制动时的晶闸管和电动机的工作状态归纳起来，可列成表 3-1。

表 3-1 V-M 系统可逆线路的工作状态

V-M 系统的工作状态	正向运行	正向制动	反向运行	反向制动
电枢端电压极性	+	+	−	−
电枢电流极性	+	−	−	+
电动机旋转方向	+	+	−	−
电动机运行状态	电动	回馈制动	电动	回馈制动
晶闸管工作组别和状态	正组整流	反组逆变	正组整流	反组逆变
机械特性所在象限	I	II	III	IV

注：表中各量的极性均以正向电动运行时为"＋"。

二、可逆调速系统存在问题

（一）可逆系统运行中的环流分析

采用两组晶闸管反并联或交叉连接是可逆系统中比较典型的线路，它解决了电动机频繁正反转运行和回馈制动中电能的回馈通道，但接踵而来的是影响系统安全工作并决定可逆系统性质的一个重要问题——环流问题。环流是指不流过电动机或其他负载，而直接在两组晶闸管装置之间单方向流通的短路电流，图 3-6 中所示的是反并联线路中的环流电流 I_c。环流的存在会显著地加重晶闸管和变压器的负担，消耗无用功率，环流太大时甚至会导致晶闸管损坏，因此必须予以抑制。但环流也并非一无是处，只要控制得好，保证晶闸管安全工作，可以利用环流作为保证电动机在空载或轻载时使晶闸管工作的最小电流连续，避免了电流断续引起的非线性现象对系统静、动态性能的影响。而且在可逆系统中存在少量环流，可以保

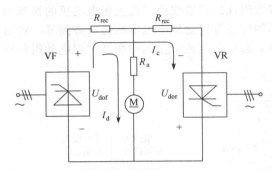

图 3-6 反并联可逆线路中的环流
I_d—负载电流；I_c—环流；R_{rec}—整流装置内阻

证电流的无间断反向，加快反向的过渡过程。在实际系统中，要充分利用环流的有利方面，避免其不利方面。

环流可以分为以下两大类。

（1）**静态环流** 当晶闸管装置在一定的控制角下稳定工作时，可逆线路中出现的环流叫静态环流。静态环流又可分为直流环流和脉动环流。

（2）**动态环流** 系统稳态运行时并不存在，只在系统处于过渡过程中出现的环流，叫作动态环流。

因篇幅有限，这里只对系统影响较大的静态环流作定性分析。下面以反并联线路为例来分析静态环流。

（二）直流环流与配合控制

1. 直流环流

由图 3-6 的反并联可逆线路可以看出，如果让正组晶闸管 VF 和反组晶闸管 VR 都处于整流状态，正组整流电压 U_{dof} 和反组整流电压 U_{dor} 正负相连，将造成直流电源短路，此短路电流即为直流平均环流。为防止产生直流平均环流，最好的解决办法是当正组晶闸管 VF 处于整流状态时，其整流输出电压 U_{dof}，这时应该让反组晶闸管 VR 处于逆变状态，输出一个逆变电压 U_{dor} 把它顶住，即 $U_{dof}=U_{dor}$。现在设 VF 组处于整流状态，即 $\alpha_f<90°$，则

$$U_{\mathrm{dof}} = U_{\mathrm{domax}} \cos\alpha_{\mathrm{f}} \tag{3-1}$$

对应的 VR 组处于逆变状态，即 $\beta_{\mathrm{r}} < 90°$，则

$$U_{\mathrm{dor}} = U_{\mathrm{domax}} \cos\beta_{\mathrm{r}} \tag{3-2}$$

U_{dof} 和 U_{dor} 极性相反，但其数值又有如下三种情况。

第一种情况，若两组触发脉冲相位之间满足 $\alpha_{\mathrm{f}} < \beta_{\mathrm{r}}$，则 $U_{\mathrm{dof}} > U_{\mathrm{dor}}$，由于两组晶闸管装置的内电阻很小，即使不大的直流电压差也会导致很大的直流环流。由于直流环流不能用电抗器进行限制，所以一般不允许系统中出现直流环流，除非系统中对环流有一定的限制措施。

第二种情况，若两组触发脉冲相位之间满足 $\alpha_{\mathrm{f}} = \beta_{\mathrm{r}}$，则 $U_{\mathrm{dof}} = U_{\mathrm{dor}}$。由于主回路无直流电压差，所以无直流环流。

第三种情况，若两组触发脉冲相位之间满足 $\alpha_{\mathrm{f}} > \beta_{\mathrm{r}}$，则 $U_{\mathrm{dof}} < U_{\mathrm{dor}}$。两组晶闸管之间存在反向直流电压差，由于正组晶闸管的单向导电性，也不产生直流环流。

同理，若 VF 组处于逆变状态。VR 处于整流状态，同样可以分析出，$\alpha_{\mathrm{f}} < \beta_{\mathrm{r}}$ 时有直流环流；当 $\alpha_{\mathrm{f}} \geqslant \beta_{\mathrm{r}}$ 时无直流环流。

综上所述，可以得出：

当 $\alpha < \beta$ 时，将有直流环流；

当 $\alpha \geqslant \beta$ 时，无直流环流。

所以，在两组晶闸管组成的可逆线路中，消除直流环流的条件是 $\alpha \geqslant \beta$，即整流组的整流触发角大于或等于逆变组的逆变角。

2. 配合控制

在两组晶闸管组成的可逆线路中，按照 $\alpha = \beta$ 的条件来控制两组晶闸管，即可消除直流环流，这叫做 $\alpha = \beta$ 配合控制工作制。实现 $\alpha = \beta$ 配合控制工作制也是比较容易的，只要将两组晶闸管触发脉冲的零位都整定在 $90°$，并且使两组触发装置的移相控制电压大小相等极性相反即可。所谓触发脉冲的零位，就是指移相控制电压 $U_{\mathrm{ct}} = 0$ 时，调节偏置电压 U_{b} 使触发脉冲的初始相位确定在 $\alpha_{\mathrm{fo}} = \alpha_{\mathrm{ro}} = 90°$。这样的触发控制电路示于图 3-7，它用同一个控制电压 U_{ct} 去控制两组触发装置，即正组触发装置 GTF 由 U_{ct} 直接控制，而反组触发装置 GTR 由 $\overline{U_{\mathrm{ct}}}$ 控制，$\overline{U_{\mathrm{ct}}} = -U_{\mathrm{ct}}$，是经过反号器 AR 后得到的。

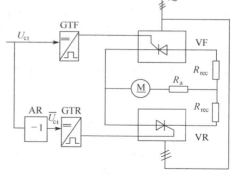

图 3-7　$\alpha = \beta$ 工作制配合控制的可逆线路
GTF—正组触发装置；GTR—反组触发装置；
AR—反相器

当触发装置的同步信号为锯齿波时，两组触发装置的移相控制特性示于图 3-8。其中当控制电压 $U_{\mathrm{ct}} = 0$ 时，两组触发装置的控制角 α_{f} 和 α_{r} 都整定在 $90°$；当 $U_{\mathrm{ct}} > 0$ 时，正组控制角 $\alpha_{\mathrm{f}} < 90°$，正组晶闸管处于整流状态，而反组控制角 $\alpha_{\mathrm{r}} > 90°$ 或 $\beta_{\mathrm{r}} < 90°$，反组晶闸管处于逆变状态。由于 $\overline{U_{\mathrm{ct}}} = -U_{\mathrm{ct}}$，所以在 U_{ct} 移相过程中，始终保持了 $\alpha_{\mathrm{f}} = \beta_{\mathrm{r}}$。为了防止晶闸管在逆变工作时因逆变角 β 太小，而发生逆变颠覆事故，必须在控制电路中设有限制最小逆变角 $\beta_{\min}$ 的保护环节。如果只限制 $\beta_{\min}$，而对 $\alpha_{\min}$ 不加以限制，则当系统处于 $\beta_{\min}$ 时，将会发生 $\alpha < \beta_{\min}$ 的情况，产生很大的直流环流。为了严格保持 $\alpha = \beta$ 配合控制，对 $\alpha_{\min}$ 也要加以限制，使 $\alpha_{\min} = \beta_{\min}$。为了实现对 $\beta_{\min}$ 和 $\alpha_{\min}$ 的限制，一般应使前级放大器具有输出限幅。限幅值 U_{ctm} 按需要选取，通常取 $\alpha_{\min} = \beta_{\min} = 30°$，可视晶闸管元件的阻断时间等因素决定。

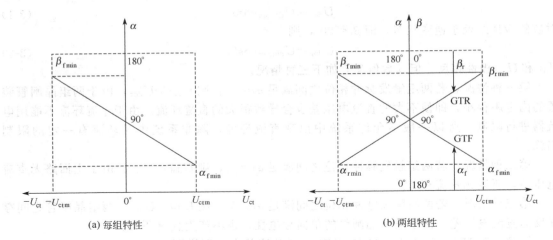

(a) 每组特性　　　　　　　　　　　　　(b) 两组特性

图 3-8　触发装置的移相控制特性

（三）脉动环流及其抑制

1. 脉动环流的产生

在 $\alpha=\beta$ 配合控制工作制的条件下，整流电压与逆变电压始终是相等的，因而没有直流环流，但这只是针对两组晶闸管输出的电压平均值而言的。然而晶闸管装置输出的瞬时电压是脉动的，正组瞬时整流电压 u_{dof} 值和反组瞬时逆变电压 u_{dor} 值并不相等，当整流电压瞬时值 u_{dof} 大于逆变电压瞬时值 u_{dor} 时，便产生瞬时电压差 Δu_{do}，从而产生瞬时环流。控制角不同时，瞬时电压差和瞬时环流也不同。图 3-9 画出三相零式反并联可逆线路当 $\alpha_f=\beta_r=60°$ 时的情况，图 3-9（b）是正组瞬时整流电压 u_{dof} 的波形，图 3-9（c）是反组瞬时逆变电压 u_{dor} 的波形。图中打阴影线的部分是 u 相整流和 v 相逆变时的电压，显然其瞬时值并不相等，而

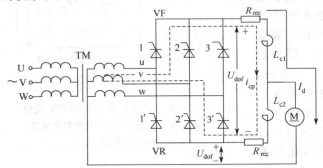

(a) 三相零式可逆线路中脉动环流回路

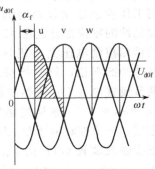

(b) $\alpha_f=60°$ 时整流电压 U_{dof} 的波形

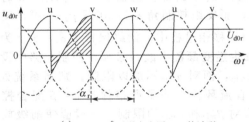

(c) $\alpha_r=120°$ 时逆变电压 U_{dof} 的波形

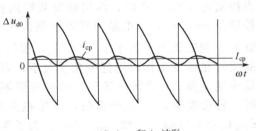

(d) Δu_{do} 和 i_{cp} 波形

图 3-9　配合控制的三相零式反并联可逆线路中的脉动环流

其平均值却相等。瞬时电压差 $\Delta u_{do} = u_{dof} - u_{dor}$，其波形绘于图 3-9(d)。由于这个瞬时电压差的存在，便在两组晶闸管之间产生了瞬时脉动环流 i_{cp}。图 3-9(a) 绘出 u 相整流和 v 相逆变时的瞬时环流回路，由于晶闸管装置的内阻 R_{rec} 很小，环流回路的阻抗主要是电感，所以 i_{cp} 不能突变，并且落后于 Δu_{do}；又由于晶闸管的单向导电性，i_{cp} 只能在一个方向脉动，所以称作瞬时脉动环流。但这个瞬时脉动环流存在直流分量 I_{cp}，显然 I_{cp} 和平均电压差所产生的直流环流是有根本区别的。

2. 脉动环流的抑制

直流环流可以用 $\alpha \geqslant \beta$ 配合控制消除，而瞬时脉动环流却始终存在，必须设法加以限制，不能让它太大。抑制瞬时脉动环流的办法是在环流回路中串入电抗器，叫做环流电抗器或称均衡电抗器，如图 3-9(a) 中的 L_{c1} 和 L_{c2}，一般要求把瞬时脉动环流中的直流分量 I_{cp} 限制在负载额定电流的 5%～10% 之间。

环流电抗器的电感量及其接法因整流电路而异，可参看有关晶闸管电路的书籍或手册。环流电抗器并不是在任何时刻都能起作用的，所以在三相零式可逆线路中正、反两个回路各设一个环流电抗器，它们在环流回路中是串联的，但是其中总有一个电抗器因流过直流负载电流而饱和。例如图 3-9(a) 中正组整流时，L_{c1} 因流过较大的负载电流 I_d 而饱和，使电感值大为降低，失去了限制环流的作用。而反组逆变回路中的电抗器 L_{c2} 由于没有负载电流通过，才能真正起限制瞬时脉动环流的作用。三相零式反并联可逆线路在运行时总有一组晶闸管装置是处于整流状态，因此必须设置两个环流电抗器。同理，在三相桥式反并联可逆线路中，由于每一组桥又有两条并联的通道，总共要设置四个环流电抗器，见图 3-2(a)。若采用交叉连接的可逆线路，环流电抗器的数量可以减少一半，见图 3-2(b)。

第二节　有环流可逆调速系统

一、配合控制的有环流可逆调速系统

在 $\alpha = \beta$ 工作制配合下，电枢可逆系统中虽然可以消除直流平均环流，但是有瞬时脉动环流存在，所以这样的系统称作有（脉动）环流可逆调速系统。如果在这种系统中不施加其他控制，则这个瞬时脉动环流是自然存在的，因此又称作自然环流系统。

（一）系统的组成

$\alpha = \beta$ 配合控制工作制的有环流可逆调速系统原理框图示于图 3-10，图中主电路采用两组三相桥式晶闸管装置反并联的线路，因为有两条并联的环流通路，所以要用四个环流电抗器。L_{C1}，L_{C2}，L_{C3}，L_{C4}。由于环流电抗器流过较大的负载电流会饱和，因此在电枢回路中还要另外设置了一个体积较大的平波电抗器 L_d。控制线路采用典型的转速、电流双闭环系统，转速调节器和电流调节器都设置了双向输出限幅，以限制最大动态电流和最小控制角 α_{min} 与最小逆变角值 β_{min}。为了在任何控制角时都保持 $\alpha_f - \alpha_r = 180°$ 的配合关系，应始终保持 $\overline{U}_{ct} = -U_{ct}$，在 GTR 之前加放大倍数为 1 的反相器 AR，可以满足这一要求。根据可逆系统正反运行的需要，给定电压 U_n^* 应有正负极性，可由继电器 KF 和 KR 来切换，调节器输出电压对此能作出相应的极性变化。为了保证转速和电流的负反馈，必须使反馈信号也能反映出相应的极性。测速发电机产生的反馈电压极性随电动机转向改变而改变。值得注意的是电流反馈，简单地采用一套交流互感器或直流互感器都不能反映极性，要得到反映电流反馈极性的方案有多种，图 3-10 中绘出的是采用霍尔电流变换器直接检测直流电流的方法。

（二）系统的工作原理

正向运行时，正向继电器 KF 接通，转速给定值 U_n^* 为正值，经转速调节器、电流调节

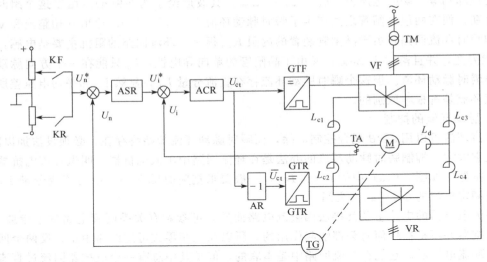

图 3-10　$\alpha = \beta$ 配合控制工作制的有环流可逆调速系统原理框图

器输出移相控制信号 U_{ct} 为正，正组触发器 GTF 输出的触发脉冲控制角 $\alpha_f < 90°$，正组变流装置 VF 处于整流状态，电动机正向运行。$+U_{ct}$ 经反相器 AR 使反组触发器 GTR 的移相控制信号 $\overline{U_{ct}}$ 为负，反组输出的触发脉冲控制角 $\alpha_r > 90°$ 或 $\beta_r < 90°$，且 $\alpha_f = \beta_r$，反组变流装置 VR 处于待逆变状态。所谓待逆变，就是逆变组除环流外并不流过负载电流，也没有电能回馈电网，这种工作状态称为待逆变。

　　同理，反相继电器 KR 接通，转速给定值 U_n^* 为负值，反组变流装置 VR 处于整流状态，正组变流装置 VF 处于待逆变状态，电动机反向运行。

　　$\alpha = \beta$ 工作制配合控制系统的触发移相特性如图 3-8 所示。在进行触发移相时，当一组晶闸管装置处于整流状态时，另一组便处于逆变状态，这是指控制角的工作状态而言的。实际上，这时逆变组除环流外并不流过负载电流，故没有电能回馈电网，它是处于"待逆变状态"，是等待工作状态。当需要逆变组工作时，只要改变控制角，降低 U_{dof} 和 U_{dor}，一旦电动机的反电动势 $E > |U_{dor}| = |U_{dof}|$ 时，整流组电流将被截止，逆变组就能立即投入真正的逆变状态，电动机便进入回馈制动状态，将能量回馈电网。同样，当逆变组回馈电能时，另一组也是处在待整流，但不进行电能整流，故称作"待整流状态"。所以，在这种 $\alpha = \beta$ 配合控制下，负载电流可以很方便地按正反两个方向平滑过渡，在任何时候，实际上只有一组晶闸管装置在工作，另一组则处于等待工作的状态。

　　尽管 $\alpha = \beta$ 配合控制有很多优点，但在实际系统中，由于参数的变化，元件的老化或其它干扰作用，控制角可能偏离 $\alpha = \beta$ 的关系。一旦变成 $\alpha < \beta$，整流电压将大于逆变电压，即使这个电压差很小，但由于均衡电抗器对直流不起作用，仍将产生较大的直流平均环流，如果没有有效的控制措施将是危险的。为了避免这种危险，在整定零位时应留出一定的裕度，使 α 略大于 β，例如 $\alpha = \beta + \varphi$，零位应整定为

$$\alpha_{fo} = \alpha_{ro} = 90° + \frac{1}{2}\varphi \qquad 则 \quad \beta_{fo} = \beta_{ro} = 90° - \frac{1}{2}\varphi$$

　　这样，使任何时候整流电压均小于逆变电压，可以保证不产生直流平均环流，当然瞬时电压差产生的瞬时脉动环流也降低了。只是 φ 不应过大，否则会产生两个问题。一是显著地缩小了移相范围，因为 β_{min} 是整定好的，而现在 α_{min} 必须大于 β_{min}，所以 α_{min} 比原来更大

了，使晶闸管容量得不到充分的利用；二是造成明显的控制死区，例如在启动时 α 从零位 $\alpha_0 = 90° + \frac{1}{2}\varphi$ 移到 $\alpha = 90°$ 这一段时间内，整流电压一直为零。

二、可控环流的可逆系统

为了更充分利用有环流可逆系统制动和反向过程的平滑性和连续性，最好能有电流波形连续的环流。当主回路电流可能断续时，采用 $\alpha < \beta$ 的控制方式，有意提供一个附加的直流平均环流，使电流连续；一旦主回路负载电流连续了，则设法变成 $\alpha > \beta$ 的控制方式，遏制环流至零。这样根据实际情况来控制环流的大小和有无，扬环流之长而避其短，称为可控环流的可逆调速系统。

（一）系统的组成

图 3-11 是可控环流可逆调速系统的原理图。主电路采用两组晶闸管交叉连接线路。控制线路仍为典型的转速、电流双闭环系统，但电流互感器和电流调节器都用了两套，分别组成正反向各自独立的电流闭环，并在正、反组电流调节器 1ACR、2ACR 输入端分别加上了控制环流的环节。控制环流的环节包括环流给定电压 $-U_c^*$ 和由二极管 VD、电容 C、电阻 R 组成的环流抑制电路。为了使 1ACR 和 2ACR 的给定信号极性相反，U_i^* 经过放大系数为 1 的反相器 AR 输出 $\overline{U_i^*}$，作为 2ACR 的电流给定。这样，当一组整流时，另一组就可作为控制环流来用。

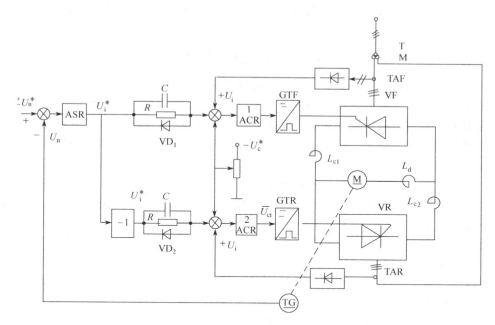

图 3-11 可控环流可逆调速系统的原理图

（二）环流的控制原理

当转速给定电压 $U_n^* = 0$ 时，ASR 输出电压 $U_i^* = 0$，则 1ACR 和 2ACR 仅依靠环流给定电压 $-U_c^*$（其值可根据实际情况整定），使两组晶闸管同时处于微微导通的整流状态，输出相等的电流 $I_f = I_r = I_c^*$（给定环流）在原有的瞬时脉动环流之外，又加上恒定的直流平均环流，其大小可控制在额定电流的 5%～10%，而这时电动机的电枢电流为 $I_d = I_f - I_r = 0$，电动机不运转。

正向运行时，U_i^* 为负，二极管 VD_1 导通，负的 U_i^* 加在正组电流调节器 1ACR 输入端，使正组控制角 α_f 更小，输出电压 U_{dof} 升高，正组流过的电流 I_f 也增大；与此同时，反组的电流给定 $\overline{U_i^*}$ 为正电压，二极管 VD_2 截止，正电压 $\overline{U_i^*}$ 通过与 VD_2 并联的电阻 R 加到反组电流调节器 2ACR 输入端，$\overline{U_i^*}$ 抵消了环流给定电压 $-U_c^*$ 的作用，抵消的程度取决于电流给定信号 U_i^* 的大小。稳态时，电流给定信号基本上和负载电流成正比，因此，当负载电流小时，正的 $\overline{U_i^*}$ 不足以抵消 $-U_c^*$，所以反组有很小的环流流过，电枢电流 $I_d = I_f - I_r$；当负载电流增大时，正的 $\overline{U_i^*}$ 增大，抵消 $-U_c^*$ 的程度增大，当负载电流大到一定程度时，$\overline{U_i^*} = |U_c^*|$，环流就完全被遏制住了。这时正组流过负载电流，反组则无电流通过。与 R、VD_2 并联的电容 C 则是对遏制环流的过渡过程起加快作用的。反向运行时，反组提供负载电流，正组控制环流。

可控环流系统的主电路一般都采用交叉连接线路，将变压器的二次绕组一组接成星形，另一组接成三角形，使两组装置电源的相位差 30°。这样可使系统处于零位时（$U_n^* = 0$）避开瞬时脉动环流的峰值，从而可使均衡电抗器大为减小，甚至可以不用。

由以上分析可知，可控环流系统充分利用了环流的有利一面，避开了电流断续区，使系统在正反向过渡过程中没有死区，提高了快速性；同时又克服了环流不利的一面，减小了环流的损耗。所以在各种对快速性要求较高的可逆调速系统和随动系统中得到了日益广泛的应用。

第三节　无环流可逆调速系统

有环流可逆调速系统虽然具有反向快、过渡平滑等优点，但需要设置几个环流电抗器，增加了系统的体积、成本和损耗。因此，当生产工艺过程对系统过渡特性的平滑性要求不高时，特别是对于大容量的系统，从生产可靠性要求出发，常采用既没有直流环流又没有脉动环流的无环流可逆调速系统。按实现无环流的原理不同，可将无环流系统分为两类：逻辑无环流系统和错位无环流系统。

当一组晶闸管工作时，用逻辑控制电路封锁另一组晶闸管的触发脉冲，使另一组完全处于阻断状态，确保两组晶闸管不同时工作，从根本上切断了环流的通路，这就是逻辑控制的无环流可逆系统。

实现无环流的另一种方法是采用触发脉冲相位配合控制的原理，当一组晶闸管整流时，另一组晶闸管处于待逆变状态，但两组触发脉冲的相位错开较远（>150°），使待逆变组触发脉冲到来时，它的晶闸管元件却处于反向阻断状态，不能导通，从而也不可能产生环流。这就是错位控制的无环流可逆系统。

一、逻辑控制的无环流可逆调速系统

（一）系统的组成和工作原理

逻辑无环流可逆调速系统的原理框图如图 3-12 所示。主电路采用两组晶闸管反并联线路，由于无环流，不用再设置环流电抗器，但仍然保留平波电抗器，以抑制电枢电流的脉动和保证电流连续。控制回路仍采用典型的转速、电流双闭环系统，并分设了两个电流调节器（并非必须如此），1ACR 用来控制正组触发装置 GTF，2ACR 用来控制反组触发装置 GTR。1ACR 的给定信号 U_i^* 经反相器反相后作为 2ACR 的给定信号 $\overline{U_i^*}$，这样可使电流反馈信号 U_i 的极性在正、反转时都不必改变，从而可以采用不反映极性的电流检测器，如图中所画的交流互感器和整流器。为了对正、反两组触发脉冲实施封锁和开放控制，达到无环流的目的，在系统中设置了无环流逻辑控制器 DLC，这是系统中的关键部分，必须保证其可靠工作。它按照系统的工作状态，指挥系统进行自动切换，或者允许正组发出触发脉冲而封锁反组，或者允许反组发出触发脉冲而封锁正组。由于主电路没有设置环流电抗器，一旦出现环流将造成严重的短路事故。所以在任何时候，决不允许两组晶闸管同时开放，确保主电路没有环流产生。

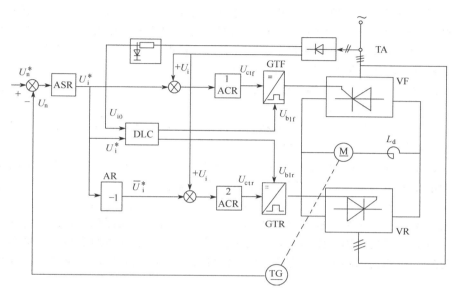

图 3-12 逻辑无环流可逆调速系统的原理框图

正、反组触发脉冲的零位仍整定在 90°，工作时移相方法仍和自然环流系统一样，只是用 DLC 来控制两组触发脉冲的封锁和开放。除此之外，系统其他的工作原理和自然环流系统没有多大区别。下面着重分析无环流逻辑控制器。

（二）可逆系统对无环流逻辑控制器的要求

无环流逻辑控制器的任务是：根据可逆系统各种运行状态，正确地控制两组晶闸管装置触发脉冲的封锁与开放，使得在正组晶闸管 VF 工作时封锁反组脉冲，在反组晶闸管 VR 工作时封锁正组脉冲。两组触发脉冲决不允许同时开放。

应该根据什么信息来控制逻辑控制器的动作呢？这首先要分析一下系统的各种运行状态与晶闸管装置工作状态的关系。可逆系统共有四种运行状态，即四象限运行。当电动机正转和反向制动时，系统运行在第 Ⅰ 和第 Ⅳ 象限，它们共同点是电枢电流方向为正（在磁场极性不变时，电磁转矩方向与电枢电流方向相同），这时正组晶闸管 VF 分别工作在整流和逆变状态，而反组晶闸管 VR 都处于待工作状态。当电动机正向制动和反转时，系统运行在第 Ⅱ 和第 Ⅲ 象限，其共同点是电枢电流方向为负，这时反组晶闸管 VR 分别工作在逆变和整流状态，而正组晶闸管 VF 都处于待工作状态。由此可见，根据电枢电流的方向（也就是电磁转矩的方向）可以判别出两组晶闸管所处的状态（工作状态或待机状态），从而决定逻辑控制器应当封锁哪一组，开放哪一组。具体为：当系统要求有正的电枢电流时，逻辑控制器应当开放正组触发脉冲，使正组晶闸管工作，而封锁反组触发脉冲；当系统要求有负的电枢电流时，逻辑控制器应当开放反组触发脉冲，使反组晶闸管工作，而封锁正组触发脉冲。再考察图 3-12 可逆系统框图，不难发现，转速调节器 ASR 的输出 U_i^*，也就是电流给定信号，它的极性正好反映了电枢电流的极性。所以，电流给定信号 U_i^* 可以作为逻辑控制器的控制信号之一。DLC 首先鉴别 U_i^* 的极性，当 U_i^* 由正变负时，封锁反组，开放正组；反之，当 U_i^* 由负变正时，封锁正组，开放反组。

然而，仅用电流给定信号 U_i^* 去控制 DLC 还是不够的。因为 U_i^* 的极性变化只是逻辑切换的必要条件，而不是充分条件。在自然环流系统的制动过程分析中说明了这一点。例如，当系统正向制动时，U_i^* 极性已由负变正标志着制动过程的开始，但是在电枢电流尚未反向以前，仍要保持正组开放，以实现本组逆变。若本组逆变尚未结束，就根据 U_i^* 极性的改变而去封锁正组触发脉冲，结果将使逆变状态下的晶闸管失去触发脉冲，发生逆变颠覆事故。因此，U_i^* 极性的变化只表明系统有了使电流（转矩）反向的意图，电流（转矩）极性的真正改变要等到电流下降到零之后进行。这样，逻辑控制器还必须有一个"零电流检测"信号 U_{i0}，作为发出正、反组切换指令的充分条件。逻辑控制器只有在切换的必要和充分条件满足后，并经过必要的逻辑判断，才能发出切换指令。

逻辑切换指令发出后，并不能立刻执行，还须经过两段延时时间，以确保系统的可靠工作，这就是：封锁延时 t_{d1} 和开放延时 t_{d2}。

(1) 封锁延时 t_{d1}——从发出切换指令到真正封锁原来工作组的触发脉冲之前所等待的时间。因为电流未降到零以前，其瞬时值是脉动的。如图 3-13 所示（在图中，I_0 是零电流检测器最小动作电流，U_z 是零电流检测器的输出信号，U_{blf} 是封锁正组触发器的信号）。如果脉动的电流瞬时低于零电流检测器最小动作电流 I_0，而且它实际仍在连续变化时，就根据检测到的零电流信号去封锁本组脉冲，势必使正处于逆变状态的本组发生逆变颠覆事故。设置封锁延时后，检测到的零电流信号等待一段时间 t_{d1}，使电流确实下降为零，这才可以发出封锁本组脉冲的信号。

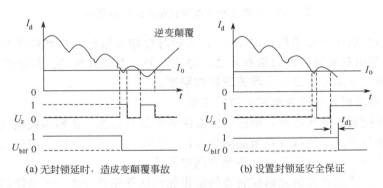

图 3-13　零电流检测封锁延时的作用

(2) 开放延时 t_{d2}——从封锁原工作组脉冲到开放另一组脉冲之间的等待时间。因为在封锁原工作组脉冲时，已触发导通的晶闸管要等到电流过零时才能真正关断，而且在关断之后还要有一段恢复阻断的时间，如果在这之前就开放另一组晶闸管，仍可能造成两组晶闸管同时导通，形成环流短路事故。为防止这种事故发生，在发出封锁本组信号之后，必须再等待一段时间 t_{d2}，才允许开放另一组脉冲。

由以上分析可见，过小的 t_{d1} 和 t_{d2} 会因延时不够而造成两组晶闸管换流失败，造成事故；过大的延时将使切换时间拖长，增加切换死区，影响系统过渡过程的快速性。对于三相桥式电路，一般取 $t_{d1}=2\sim3\text{ms}$，$t_{d2}=5\sim7\text{ms}$。

最后，在 DLC 中还必须设置联锁保护电路，以确保两组晶闸管的触发脉冲不能同时开放。综上所述，对无环流逻辑控制器的要求可归纳如下。

① 两组晶闸管进行切换的充分必要条件是，电流给定信号 U_i^* 改变极性和零电流检测器发出零电流信号 U_{io}，这时才能发出逻辑切换指令。

② 发出切换指令后，必须先经过封锁延时 t_{d1} 才能封锁原导通组脉冲；再经过开放延时 t_{d2} 后，才能开放另一组脉冲。

③ 在任何情况下，两组晶闸管的触发脉冲决不允许同时开放，当一组工作时，另一组的脉冲必须被封锁住。

（三）无环流逻辑控制器的组成原理

根据以上的要求，逻辑控制器的结构及输入、输出信号如图 3-14 所示。其输入为反映转矩极性变化的电流给定信号 U_i^* 和零电流检测信号 U_{io}，输出是封锁正组和封锁反组脉冲的信号 U_{blf} 和 U_{blr}。这两个输出信号通常以数字信号形式表示："0"表示封锁，"1"表示开放。逻辑控制器由电平检测、逻辑判断、延时电路和联锁保护四部分组成。

图 3-14　无环流逻辑控制器 DLC 的组成及输入输出信号

1. 电平检测器

电平检测器的功能是将控制系统中连续变化的模拟量转换成"1"或"0"两种状态的数字量，它实际上是一个模数转换器。一般可用带正反馈的运算放大器构成，并且具有一定要求的回环继电特性，其原理、结构及回环继电特性如图 3-15 所示。

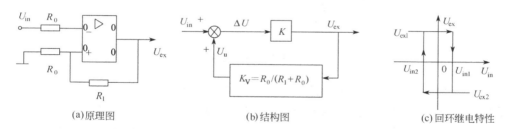

（a）原理图　　　　　　　　（b）结构图　　　　　　　　（c）回环继电特性

图 3-15　由带正反馈的运算放大器构成的电平检测器

从图 3-15（b）的结构图可得电平检测器的闭环放大系数

$$K_{cl} = \frac{U_{ex}}{U_{in}} = \frac{K}{1 - KK_V}$$

式中　　　K ——运算放大器开环放大系数；

$K_V = \dfrac{R_0}{R_0 + R_1}$ ——正反馈系数。

当 K 一定时，若 $KK_V > 1$，即 R_1 越小，K_V 大，正反馈强，则放大器工作在具有回环的继电状态，如图 3-15（c）所示。例如，设放大器的放大系数 $K = 10^5$，输入电阻 $R_0 = 20\text{k}\Omega$，正反馈电阻 $R_1 = 20\text{M}\Omega$，则正反馈系数

$$K_V = \frac{R_0}{R_0 + R_1} = \frac{20}{20 + 2000} \approx \frac{1}{100}$$

这时 $KK_v = 10^5 \times 1/100 = 10^3 \gg 1$。如设放大器限幅值为 $\pm 10\text{V}$，放大器原来处于负向

深饱和状态，则反馈到同相输入端的电压$U_u = K_V U_{ex} = 1/100 \times (-10) = -0.1V$，折算到反相输入端电压应为$+0.1V$。为了使输出从$-10V$翻转到$+10V$，必须在反相输入端加负电压，其数值至少为$-0.1V$，使$\Delta U = 0$，输出才能翻转。同理，$U_{in}$至少为$+0.1V$才能使输出由$+10V$翻到$-10V$。因此，其输入与输出特性出现回环，回环宽度的计算公式为

$$U = U_{in1} - U_{in2} = K_V U_{exm1} - K_V U_{exm2} = K_V(U_{exm1} - U_{exm2}) \tag{3-3}$$

式中　U_{exm1}，U_{exm2}——正向和负向饱和输出电压；

　　　U_{in1}，U_{in2}——输出由正翻转到负和由负翻转到正所需的最小输入电压。

显然，R_1越小，K_V越大，正反馈越强，回环宽度越大。但回环太宽，切换动作迟钝，容易产生振荡和超调；回环太小，降低了抗干扰能力，容易发生误动作。所以回环宽度一般取$0.2V$左右。

电平检测器根据转换的对象不同，又分为转矩极性鉴别器DPT和零电流检测器DPZ。

图3-16为转矩极性鉴别器DPT的原理图和输入输出特性图。DPT的输入信号为电流给定U_i^*，它是左右对称的。其输出端是转矩极性信号U_T，为数字量"1"和"0"，输出应是上下不对称的，即将运算放大器的正向饱和值$+10V$定义为"1"，表示正向转矩；由于输出端加了二极管箝位负限幅电路，因此负向输出为$-0.6V$，定义为"0"，表示负向转矩。

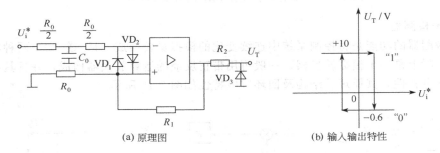

(a) 原理图　　　　　(b) 输入输出特性

图3-16　转矩极性鉴别器DPT

图3-17为零电流检测器DPZ的原理图和输入输出特性图。其输入是经电流互感器及整流器输出的零电流信号U_{io}，主电路有电流时，U_{io}约为$+0.6V$，DPZ输出$U_Z = 0$；主电路电流接近零时，U_{io}下降到$+0.2V$左右，DPZ输出$U_Z = 1$。所以DPZ的输入应是左右不对称的。为此，在转矩极性鉴别器的基础上，增加了一个负偏置电路，将特性向右偏移即可构成零电流检测器。为了突出电流是"零"这种状态，用DPZ的输出U_Z为"1"表示主电路电流接近零，而当主电路有电流时，U_Z则为"0"。

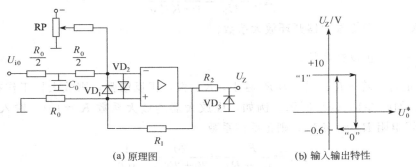

(a) 原理图　　　　　(b) 输入输出特性

图3-17　零电流检测器DPZ

2. 逻辑判断电路

逻辑判断电路的功能是根据转矩极性鉴别器和零电流检测器输出信号U_T和U_Z的状态，正确地发出切换信号U_F和U_R，封锁原来工作组的脉冲，开放另一组脉冲。U_F和U_R均有"1"和"0"两种状态，究竟用"1"还是用"0"去封锁触发脉冲，取决于触发电路中晶体管的类型。对于采用NPN型的晶体管触发电路，"0"态表示封锁脉冲，"1"态表示开放脉冲。

为了确定逻辑判断电路的逻辑结构，先列出各种情况下逻辑判断电路各量之间的逻辑关系于表3-2中。

表 3-2　逻辑判断电路各量之间的逻辑关系

运行状态	转矩（电流给定）极性		电枢电流	逻辑电路输入		逻辑电路输出	
	T_e	U_i^*	I_d	U_T	U_Z	U_F	U_R
正向启动	＋	－	无	1	1	1	0
	＋	－	有	1	0	1	0
正向运行	＋	－	有	1	0	1	0
正向制动	－	＋	有（本组逆变）	0	0	1	0
	－	＋	无（逆变结束）	0	1	0	1
	－	＋	有（制动电流）	0	0	0	1
反向启动	－	＋	无	0	1	0	1
	－	＋	有	0	0	0	1
反向运行	－	＋	有	0	0	0	1
反向制动	＋	－	有（本组逆变）	1	0	0	1
	＋	－	无（逆变结束）	1	1	1	0
	＋	－	有（制动电流）	1	0	1	0

删去表3-2中的重复项，可得逻辑判断电路真值表，如表3-3。

表 3-3　逻辑判断电路真值表

U_T	U_Z	U_F	U_R	U_T	U_Z	U_F	U_R
1	1	1	0	0	1	0	1
1	0	1	0	0	0	0	1
0	0	1	0	1	0	0	1

根据真值表，按脉冲封锁条件可列出下列逻辑代数式

$$\overline{U_F}=U_R(\overline{U_T}U_Z+\overline{U_T}\,\overline{U_Z}+U_T\,\overline{U_Z})=U_R[\overline{U_T}(U_Z+\overline{U_Z})+U_T\,\overline{U_Z}]$$
$$=U_R(\overline{U_T}+U_T\,\overline{U_Z})=U_R(\overline{U_T}+\overline{U_Z}) \tag{3-4}$$

若用与非门实现，可变换成

$$U_F=\overline{U_R(\overline{U_T}+\overline{U_Z})}=\overline{U_R(\overline{U_T U_Z})} \tag{3-5}$$

同理，可以写出U_R的逻辑代数与非表达式

$$U_R=\overline{U_F[\overline{(U_T U_Z)}U_Z]} \tag{3-6}$$

根据式（3-5）和式（3-6）可以采用具有高抗干扰能力的 HTL 与非门组成逻辑判断电路，如图 3-18 中的逻辑判断电路部分。

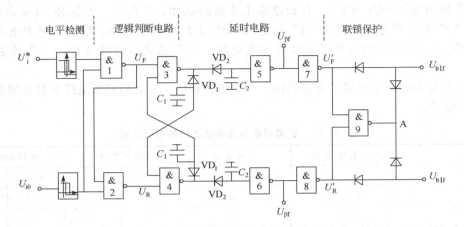

图 3-18　无环流逻辑控制器 DLC 原理图

3. 延时电路

在逻辑判断电路发出切换指令 U_F、U_R 之后，必须经过封锁延时 t_{d1} 和开放延时 t_{d2}，才能执行切换指令。因此，逻辑控制器中还需设置延时电路。延时电路的种类很多，最简单的是阻容延时电路，它是由接在与非门输入端的电容 C 和二极管 VD 组成的。如图 3-19 所示。

当延时电路输入电压 U_{in} 由"0"变"1"时，由于二极管的隔离作用，必须先使电容 C 充电（由 HTL＋15V 电源经其内部电阻 R 向 C 充电），待电容端电压

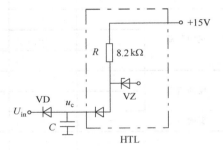

图 3-19　带与非门的延时电路

充到开门电平时，输出才由"1"变"0"，这就使与非门的输出由"1"→"0"得到延时。延时的时间可由下式计算

$$t_d = RC\ln\frac{U}{U - U_H} \tag{3-7}$$

式中　　R——是利用 HTL 与非门内电阻作充电回路电阻，一般为 $8.2\mathrm{k\Omega}$；

　　　　C——外接电容；

　　　　U——电源电压，HTL 与非门用 15V；

　　　　U_H——电容充电到 HTL 与非门的开门电平，一般为 8.5V。

根据所需延时时间的大小，就可以计算出所需电容值。

图 3-19 的延时电路，当输入 U_{in} 由"1"变"0"时，电容 C 通过二极管 VD 放电，由于放电回路时间常数很小，放电几乎瞬间完成，所以与非门输出由"0"变"1"无延时。

根据对无环流逻辑控制器的要求，应在逻辑电路中加入图 3-19 延时电路，以实现封锁延时和开放延时，如图 3-18 所示。图中，VD_1、C_1 组成封锁延时电路；VD_2、C_2 组成开放延时电路。例如，系统从正组切换到反组工作，U_T 由"1"变到"0"，再等到 $U_Z=$"1"时，U_R 立即从"0"变"1"，经过 VD_1、C_1 延时电路延时 t_{d1} 时间后，与非门 3 的输出 U_F 从"1"变到"0"，U'_F 也立即变为"0"，这样使正组的脉冲封所得到了延时。

在 U_R 变为"1"，封所延时 t_{d1} 开始的同时，VD_2、C_2 延时电路也开始延时，它将产生反

组的开放延时 t_{d2}。显然，电容 C_2 的总延时时间为 $t_{d1}+t_{d2}$，这样才能在封所正组后，再经历 t_{d2} 时间延时去开放反组，即使 U_R' 为"1"。

当系统从反组切换到正组时，另一组延时电路将产生封锁反组的延时和开放正组的延时，其原理同上。

4. 联锁保护电路

系统正常工作时，逻辑电路的两个输出 U_F' 和 U_R' 总是一个为"1"态，另一个为"0"态。但是一旦电路发生故障，两个输出 U_F' 和 U_R' 如果同时为"1"态，将造成两组晶闸管同时开放而导致电源短路。为了避免这种事故，在无环流逻辑控制器的最后部分设置了多"1"联锁保护电路，如图 3-18 所示。其工作原理如下：正常工作时，U_F' 和 U_R' 一个是"1"，另一个是"0"。这时保护电路的与非门输出 A 点电位始终为"1"态，则实际的脉冲封锁信号 U_{blf}、U_{blr} 与 U_F'、U_R' 的状态完全相同，使一组开放，另一组封锁。当发生 U_F' 和 U_R' 同时为"1"故障时，A 点电位立即变为"0"态，将 U_{blf} 和 U_{blr} 都拉到"0"，使两组脉冲同时封锁。

至此，无环流逻辑控制器中各环节的工作原理都已分析过了，读者可结合逻辑无环流可逆调速系统的原理框图（图 3-12）自行分析系统的各种运行状态。

二、错位控制的无环流可逆调速系统

错位控制的无环流可逆调速系统简称为"错位无环流系统"。与逻辑无环流的区别在于实现无环流的方法不同，逻辑无环流系统采用 $\alpha=\beta$ 配合控制，两组脉冲关系是 $\alpha_f+\alpha_r=180°$ 初始相位整定 $\alpha_{f0}=\alpha_{r0}=90°$，并要设置复杂的逻辑控制器进行切换实现无环流。

错位无环流系统也采用 $\alpha=\beta$ 配合控制，但两组脉冲关系是 $\alpha_f+\alpha_r=300°$ 或 $360°$，初始相位整定在 $\alpha_{f0}=\alpha_{r0}=150°$ 或 $180°$，巧妙地借助于触发脉冲的错开实现无环流。系统中设置的两组变流装置，当一组工作时，并不封锁另一组的触发脉冲，而是借助于触发脉冲相位的错开来实现无

（一）静态环流的错位消除原理

在图 3-20（a）中，两组晶闸管装置反并联连接，不设环流电抗器，仅设一个平波电抗器 L_d。由图可见，桥式反并联可逆线路的环流有两条通路：一条环流通路是由 VF 中的晶闸管 1、3、5 和 VR 中的晶闸管 $4'$、$6'$、$2'$ 构成；另一条环流通路是由 VF 中的晶闸管 4、6、2 和 VR 中的晶闸管 $1'$、$3'$、$5'$ 构成。两条通路是对称的，下面仅以一条通路为例对环流作定性的分析。

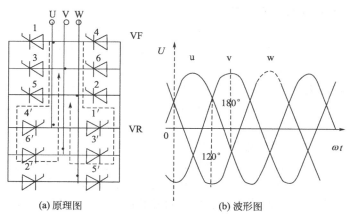

(a) 原理图　　　　　(b) 波形图

图 3-20　三相桥式可逆电路中的环流

图 3-20（b）为三相电压波形。先看 u 相和 v 相之间有与没有环流的条件。在 $0°\sim120°$

之间，电压 $u_u > u_v$，如在此区域晶闸管 1 和 6′ 同时有触发脉冲，就会产生 uv 相环流。但当控制角大于 120°以后，由于 $u_u < u_v$，即使晶闸管 1 和 6′ 同时有触发脉冲，晶闸管仍然可处于阻断状态，不会产生 uv 相环流。因此判断 uv 相有无环流的条件是看触发脉冲 1 和 6′ 在什么地方相遇。显然，当触发脉冲 1 和 6 在 120°线以左相遇，就有环流；而在 120°线以右相遇就没有环流。

再看 u 相和 w 相之间有与没有环流的条件。在 0°~180°之间，$u_u > u_w$，在此区域内，如晶闸管 1 和 2′ 同时有触发导通，就会产生 uw 相环流。因此判断 uw 相有无环流的条件是看触发脉冲 1 和 2′ 在什么地方相遇，在 180°以左相遇，就有环流；而在 180°线以右相遇就没有环流。

同理 vw 相、vu 相不出现环流也有个由 v 相自然换相点算起的 120°和 180°界线的问题；wu 相、wv 相不出现环流也有个由 w 相自然换相点算起的 120°和 180°界线的问题。

根据分析和总结，只要在下列任何一种条件下实行配合控制：

$$\begin{cases} \alpha_f < 120° \\ \alpha_r < 180° \end{cases} \quad 或 \quad \begin{cases} \alpha_r < 180° \\ \alpha_f < 120° \end{cases}$$

就一定会产生静态环流。如果在这两种条件之外，就可以没有环流。

根据上述关系，可在两组控制角的配合特性平面上画出有、无静态环流的分界线，如图 3-21 所示。

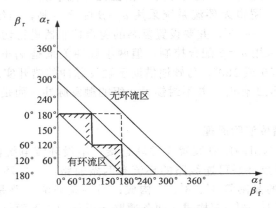

图 3-21 正、反组控制角的配合特性和无环流区

（二）带电压内环的错位无环流系统

如上所述，零位整定在 180°（或 150°）后，触发脉冲从 180°移到 90°的这段时间内，整流器没有电压输出，形成一个 90°的死区。在死区内 α 角变化并不引起输出量 U_d 变化。为了压缩死区，可以在错位无环流可逆系统中增加一个电压环。

带电压内环的错位无环流可逆调速系统结构如图 3-22 所示。与其他可逆系统不同的地方是不用逻辑装置，另外增加了一个由电压变换器 TVD 和电压调节器 AVR 组成的电压环，它担负了下列重要作用。

① 压缩死区。采用电压调节器并有足够大的放大系数后，就可以将死区压缩到可以忽略的程度。如电压环的放大倍数为 100 倍时，静态死区就由 60%缩小到 0.6%。由于电压调节器是一个积分调节器，而电流调节器一般为比例积分调节器，因此在动态过程中，死区的影响还与电压变换器和电流调节器的积分时间常数配合有关。并且，有积分调节器后，还可以加快系统的切换过程。

② 防止动态环流，保证电流安全换相。错位无环流系统采用锯齿波移相特性如图 3-23 所示。当 U_{ct} 向正方向变化时，正组移相角 α_f 减小，正组投入工作，反组移相角 α_r 增大

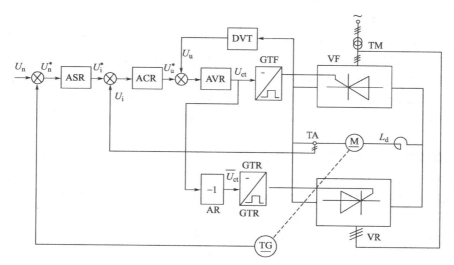

图 3-22　带电压内环的错位无环流可逆调速系统原理框图

（或脉冲消失），实际上不进行工作，因而保证了正常工作时不会出现环流。反之，U_{ct} 向负方向变化时，反组工作，正组实际上不工作，也不会出现环流。但是在换相过程中，仍然有出现环流的可能。例如 U_{ct} 由正突然变为负值，整流装置由正组工作在整流状态突然变为反组工作在整流状态，而当 U_{ct} 变到零，α_f 变到 $180°$ 时，由于平波电抗器的续流的作用，负载中可能仍有较大的正相电流存在，正组继续流过正相电流，移相角 α_f 对正组失去控制作用，因而当反组投入工作时必然出现环流。在电压调节器上加上惯性滞后环节，就可以保证在工作的一组晶闸管先断流，经过一段时间的滞后，另一组晶闸管再建立电流，从而遏制了动态环流。

③ 改造控制对象，抑制电流断续等非线性因素的影响，提高系统的动、静态性能。

错位无环流系统的零位整定在 $180°$ 时（图 3-23），两组的移相控制特性恰好分在纵轴的左右两侧，因而两组晶闸管的工作范围可按 U_{ct} 的极性来划分，U_{ct} 为正时正组工作，U_{ct} 为负时反组工作。利用这一特点，可以只

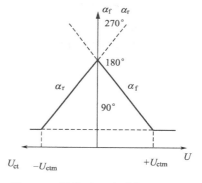

图 3-23　错位无环流系统 $\alpha_{f0} = \alpha_{r0}$ $= 180°$ 时的移相控制特性

用一套触发装置，在鉴别 U_{ct} 的极性后，通过电子开关选择触发正组还是反组，从而构成了错位无环流系统。

第四节　直流脉宽调制调速系统

直流调速系统中调节电枢电压是应用最广泛的一种调速方法，为了获得可调的直流电压，还可利用其它电力电子元件的可控性能，采用脉宽调制技术，直接将恒定的直流电压调制成极性可变大小可调的直流电压，用以实现直流电动机电枢端电压的平滑调节，构成直流脉宽调速系统。采用门极可关断晶闸管 GTO、全控电力晶体管 GTR、P-MOSFET、IGBT、MCT 等全控式电力电子器件组成的直流脉冲宽度调制（Pulse Width Modulation 简称 PWM）型的调速系统近年来已日趋成熟，用途越来越广，与 V-M 系统相比，在许多方面具

有较大的优越性：①主电路线路简单，需用的功率元件少；②开关频率高，电流容易连续，谐波少，电机损耗和发热都较小；③低速性能好，稳速精度高，因而调速范围宽；④系统频带宽，快速响应性能好，动态抗扰能力强；⑤主电路元件工作在开关状态，导通损耗小，装置效率较高；⑥直流电源采用不控三相整流时，电网功率因数高。

当采用全控电力晶体管作为可控电子元件时，称为晶体管直流脉宽调制调速系统，简写为 GTR-PWM 直流调速系统。随着超大功率晶体管电压和电流等级的日益提高，制造 GTR-PWM 系统的容量也越来越大，在一定功率范围内取代晶闸管调速装置已成为明显的趋势。

一、直流电动机的 PWM 控制原理

脉宽调制调速系统的主电路采用脉宽调制式变换器，简称 PWM 变换器。图 3-24（a）是脉宽调制型调速系统原理图。虚线框内的开关 S 表示脉宽调制器，调速系统的外加电源电压 U_s，为固定的直流电压，当开关 S 闭合时，直流电流经过开关 S 给电动机 M 供电；开关 S 断开时，直流电源供给 M 的电流被切断，M 的储能经二极管 VD 续流，电枢两端电压接近为零。如果开关 S 按照某固定频率开闭而改变周期内的接通时间时，控制脉冲宽度相应改变，从而改变了电动机两端平均电压，达到调速目的。脉冲波形见图 3-24（b），其平均电压为

$$U_d = \frac{1}{T}\int_0^{t_{on}} U_s dt = \frac{t_{on}}{T}U_s = \rho U_s \tag{3-8}$$

式中　T——脉冲周期；

　　　　t_{on}——接通时间。

可见，在电源 U_s 与 PWM 波的周期 T 固定的条件下，U_d 可随 ρ 的改变而平滑调节，从而实现电动机的平滑调速。

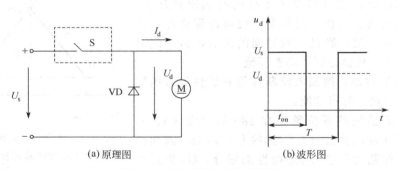

(a) 原理图　　　　　　　　　　(b) 波形图

图 3-24　脉宽调速系统原理图

脉宽调制变换器就是一种直流斩波器。直流斩波调速最早是用在直流供电的电动车辆和机车中，取代变电阻调速，可以获得显著的节能效果。随着电力电子器件的发展，脉宽调速系统的应用领域必然会日益扩大，例如现在门极可关断晶闸管的生产水平已经达到 4500V、2500A，组成 PWM 变换器，可以用来驱动上千千瓦的电动机。

PWM 变换器有不可逆和可逆两类，可逆变换器又有双极式、单极式和受限单极式等多种电路。下面分别介绍它们的工作原理和特性。

二、脉宽调制变换器

（一）不可逆 PWM 变换器

不可逆脉宽调制变换器又可分为有制动作用和无制动作用两种。

图 3-25（a）是简单的不可逆 PWM 变换器的主电路原理图，不难看出，它实际上就是

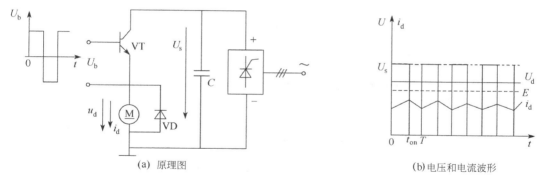

(a) 原理图　　　　　　　　　　　　　(b)电压和电流波形

图 3-25　简单的不可逆 PWM 变换器（直流斩波器）电路

直流斩波器，只是采用了全控式的电力晶体管，以代替必须进行强迫关断的晶闸管，开关频率可达 $1\sim 4\mathrm{kHz}$，比晶闸管几乎提高了一个数量级。电源电压 U_s，一般由不可控整流电源提供，采用大电容 C 滤波，二极管 VD 在晶体管 VT 关断时为电枢回路提供释放电感储能的续流回路。

电力晶体管 VT 的基极由脉宽可调的脉冲电压 U_b 驱动。在一个开关周期内，当 $0\leqslant t< t_\mathrm{on}$ 时，U_b 为正，VT 饱和导通，电源电压通过 VT 加到电动机电枢两端。当 $t_\mathrm{on}\leqslant t< T$ 时，U_b 为负 VT 截止，电枢失去电源，经二极管 VD 续流。电动机得到的平均电压为

$$U_\mathrm{d}=\frac{t_\mathrm{on}}{T}U_\mathrm{s}=\rho U_\mathrm{s} \tag{3-9}$$

改变 ρ 即可实现调压调速。

图 3-25（b）中绘出了稳态时电枢的脉冲端电压 u_d、电枢平均电压 U_d 和电枢电流 i_d 的波形。由图可见，稳态电流 i_d 是脉动的，其平均值等于负载电流 $I_\mathrm{dL}=T_\mathrm{L}/C_\mathrm{M}$。

由于 VT 在一个周期内具有开和关两种状态，电路电压的平衡方程式也分为两个阶段。在 $0\leqslant t< t_\mathrm{on}$ 期间

$$U_\mathrm{s}=Ri_\mathrm{d}+L\frac{\mathrm{d}i_\mathrm{d}}{\mathrm{d}t}+E \tag{3-10}$$

在 $t_\mathrm{on}\leqslant t< T$ 期间

$$0=Ri_\mathrm{d}+L\frac{\mathrm{d}i_\mathrm{d}}{\mathrm{d}t}+E \tag{3-11}$$

式中　$R，L$——电枢电路的电阻和电感；

　　　　E——电机反电动势。

由于开关频率较高，电流脉动的幅值不会很大，对转速 n 和反电动势 E 的波动的影响较小，为了突出主要问题，可忽略不计，而视 n 和 E 为恒值。

图 3-25 所示的简单不可逆电路中电流 i_d 不能反向，因此不能产生制动作用，只能作单象限运行。需要制动时必须具有反向电流 $-i_\mathrm{d}$ 的通路，因此应该设置控制反向通路的第二个电力晶体管，形成两个晶体管 $\mathrm{VT_1}$ 和 $\mathrm{VT_2}$ 交替开关的电路，如图 3-26（a）所示。这种电路组成的 PWM 调速系统可在一、二两个象限中运行。

$\mathrm{VT_1}$ 和 $\mathrm{VT_2}$ 的驱动电压大小相等、方向相反，即 $U_\mathrm{b1}=-U_\mathrm{b2}$，当电机在电动状态下运行时，平均电流应为正值，一个周期内分两段变化。在 $0\leqslant t< t_\mathrm{on}$ 期间（t_on 为 $\mathrm{VT_1}$ 导通时间），U_b1 为正，$\mathrm{VT_1}$ 饱和导通；U_b2 为负，$\mathrm{VT_2}$ 截止。此时，电源电压 U_s 加到电枢两端，电流 i_d 沿图中的回路 1 流通。在 $t_\mathrm{on}\leqslant t< T$ 期间，U_b1 和 U_b2 都变换极性，$\mathrm{VT_1}$ 截止，但

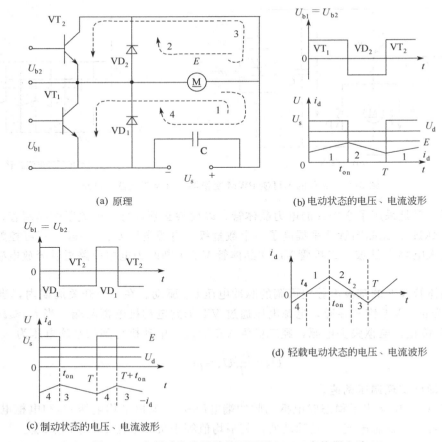

(a) 原理　　　　　　　　　(b) 电动状态的电压、电流波形

(c) 制动状态的电压、电流波形

(d) 轻载电动状态的电压、电流波形

图 3-26　有制动电流通路的不可逆 PWM 变换器电路

VT_2 却不能导通，因为 i_d 沿回路 2 经二极管 VD_2 续流，在 VD_2 两端产生的压降给 VT_2 施加了反压，使它失去导通的可能。因此，实际上是 VT_1、VD_2 交替导通，而 VT_2 始终不通，其电压和电流波形如图 3-26（b）所示。虽然多了一个晶体管 VT_2，但它并没有被用上，波形和图 3-25 的情况完全一样。

如果在电动运行中要降低转速，则应先减小控制电压，使 U_{b1} 的正脉冲变窄，负脉冲变宽，从而使平均电枢电压 U_d 降低，但由于惯性的作用，转速和反电动势还来不及立刻变化，造成 $E > U_d$ 的局面。这时就希望 VT_2 能在电机制动中发挥作用。现在先分析 $t_{on} \leqslant t < T$ 这一阶段，由于 U_{b2} 变正，VT_2 导通，$E-U_d$ 产生的反向电流 i_d 沿回路 3 通过 VT_2 流通，产生能耗制动，直到 $t = T$ 为止。在 $T \leqslant t < T + t_{on}$（也就是 $0 \leqslant t < t_{on}$）期间，VT_2 截止，$-i_d$ 沿回路 4 通过 VD_1 续流，对电源回馈制动，同时在 VD_1 上的压降使 VT_1 不能导通。在整个制动状态中，VT_2、VD_1 轮流导通，而 VT_1 始终截止，电压和电流波形示于图 3-26（c）。反向电流的制动作用使电动机转速下降，直到新的稳态。最后，应该指出，当直流电源采用半导体整流装置时，在回馈制动阶段电能不可能通过它送回电网，只能向滤波电容 C 充电，从而造成瞬间的电压升高，称作"泵升电压"。如果回馈能量大，泵升电压太高，将危及电力晶体管和整流二极管，须采取措施加以限制。

还有一种特殊情况，在轻载电动状态中，负载电流较小，以致当 VT_1 关断后 i_d 的续流很快就衰减到零，如在图 3-26（d）中 $t_{on} \sim T$ 期间的 t_2 时刻。这时二极管 VD_2 两端的压降也降为零，使 VT_2 得以导通，反电动势 E 沿回路 3 送过反向电流 $-i_d$，产生局部时间的能耗制动作用。到了 $t=T$（相当于 $t=0$），VT_2 关断，$-i_d$ 又开始沿回路 4 经 VD_1 续流，直到 $t=t_4$ 时，$-i_d$ 衰减到零，VT_1 才开始导通。这种在一个开关周期内 VT_1、VD_2、VT_2、VD_1 四个管子轮流导通的电流波形示于图 3-26（d）。

（二）可逆 PWM 变换器

可逆 PWM 变换器主电路的结构有 H 型、T 型等类型，现在主要讨论常用的 H 型变换器，它是由 4 个电力晶体管和 4 个续流二极管组成的桥式电路。H 型变换器在控制方式上分双极式、单极式和受限单极式三种。下面着重分析双极式 H 型 PWM 变换器，然后再简要地说明其他方式的特点。

1. 双极式可逆 PWM 变换器

图 3-27 所示为双极式 H 型可逆 PWM 变换器的电路原理图。4 个电力晶体管的基极驱动电压分为两组。VT_1 和 VT_4 同时导通和关断，其驱动电压 $U_{b1}=U_{b4}$；VT_2 和 VT_3 同时动作，其驱动电压 $U_{b2}=U_{b3}$。它们的波形示于图 3-28。

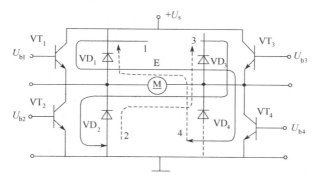

图 3-27　双极式 H 型可逆 PWM 变换器电路

在一个开关周期内，当 $0 \leqslant t < t_{on}$ 时，U_{b1} 和 U_{b4} 为正，晶体管 VT_1 和 VT_4 饱和导通，而 U_{b2} 和 U_{b3} 为负，VT_2 和 VT_3 截止。这时，$+U_s$ 加在电枢 AB 两端，$U_{AB}=U_s$ 电枢电流 i_d 沿回路 1 流通。当 $t_{on} \leqslant t < T$ 时，U_{b1} 和 U_{b4} 变负，VT_1 和 VT_4 截止，U_{b2}、U_{b3} 变正，但 VT_2、VT_3 并不能立即导通，因为在电枢电感释放储能的作用下，i_d 沿回路 2 经 VD_2、VD_3 续流，在 VD_2、VD_3 上的压降使 VT_2 和 VT_3 的 c-e 端承受着反压，这时 $U_{AB}=-U_s$。U_{AB} 在一个周期内正负相间，这是双极式 PWM 变换器的特征，其电压、电流波形示于图 3-28 中。

由于电压 U_{AB} 的正、负变化，使电流波形存在两种情况，如图 3-28 中的 i_{d1} 和 i_{d2}。i_{d1} 相当于电动机负载较重的情况，这时平均负载电流大，在续流阶段电流仍维持正方向，电机始终工作在第一象限的电动状态。i_{d2} 相当于负载很轻的情况，平均电流小，在续流阶段电流很快衰减到零，于是 VT_2 和 VT_3 的 c-e 两端失去反压，在负的电源电压（$-U_s$）和电枢反电动势的合成作用下导通，电枢电流反向，沿回路 3 流通，电机处于制动状态。与此相仿，在 $0 \leqslant t < t_{on}$ 期间，当负载轻时，电流也有一次倒向。

这样看来，双极式可逆 PWM 变换器的电流波形和不可逆，但有制动电流通路的 PWM 变换器也差不多，怎样才能反映出"可逆"的作用呢？这要视正、负脉冲电压的宽窄而定。当正脉冲较宽时，$t_{on} > T/2$，则电枢两端的平均电压为正，在电动运行时电动机正转。当正脉冲较窄时，$t_{on} < T/2$，平均电压为负，电动机反转。如果正、负脉冲宽度相等，$t_{on}=T/2$，平均电压为零，则电动机停止。图 3-28 所示的电压、电流波形都是在电动机正转时的情况。

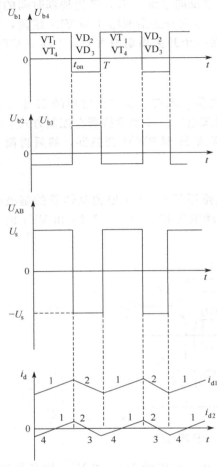

图 3-28 双极式 PWM 变换器电压
和电流波形

双极式可逆 PWM 变换器为电枢提供的平均电压用公式表示为

$$U_d = \frac{1}{T}\int_0^T U_s dt = \frac{t_{on}}{T}U_s - \frac{T-t_{on}}{T}U_s = \left(\frac{2t_{on}}{T} - 1\right)U_s$$

$$(3\text{-}12)$$

仍以 $\rho = U_d/U_s$ 来定义 PWM 电压的占空比，则 ρ 与 t_{on} 的关系与前面不同了，现在

$$\rho = \frac{2t_{on}}{T} - 1 \qquad (3\text{-}13)$$

调速时，ρ 的变化范围变成 $-1 \leqslant \rho \leqslant 1$。当 ρ 为正值时，电动机正转；ρ 为负值时，电动机反转，$\rho = 0$ 时，电动机停止。在 $\rho = 0$ 时，虽然电机不动，电枢两端的瞬时电压和瞬时电流却都不是零，而是交变的。这个交变电流平均值为零，不产生平均转矩，会陡然增大电机的损耗。但它的好处是使电机带有高频的微振，起着所谓"动力润滑"的作用，可消除正、反向时的静摩擦死区。

双极式 PWM 变换器的优点如下：①电流一定连续；②可使电动机在四象限中运行；③电机停止时有微振电流，能消除静摩擦死区；④低速时，每个晶体管的驱动脉冲仍较宽，有利于保证晶体管可靠导通；⑤低速平稳性好，调速范围可达 20000 左右。

双极式 PWM 变换器的缺点是，在工作过程中 4 个电力晶体管都处于开关状态，开关损耗大，而且容易发生上、下两管直通（即同时导通）的事故，降低了装置的可靠性。为了防止上、下两管直通，在一管关断和另一管导通的驱动脉冲之间，应设置逻辑延时。

2. 单极式可逆 PWM 变换器

为了克服双极式变换器的上述缺点，对于静、动态性能要求低一些的系统，可采用单极式 PWM 变换器。其电路图仍和双极式的一样，如图 3-27，不同之处仅在于驱动脉冲信号。在单极式 PWM 变换器中，左边两个管子的驱动脉冲 $U_{b1} = -U_{b2}$，具有和双极式一样的正负交替的脉冲波形，使 VT_1 和 VT_2 交替导通。右边两管 VT_3 和 VT_4 的驱动信号就不同了，改成因电机的转向而施加不同的直流控制信号。当电机正转时，使 U_{b3} 恒为负，U_{b4} 恒为正，则 VT_3 截止而 VT_4 常通。希望电机反转时，则 U_{b3} 恒为正而 U_{b4} 恒为负，使 VT_3 常通而 VT_4 截止。这种驱动信号的变化显然会使不同阶段各晶体管的开关情况和电流流通的回路与双极式变换器相比有所不同。当负载较重因而电流方向连续不变时各管的开关情况和电枢电压的状况列于表 3-4 中，同时列出双极式变换器的情况以资比较。负载较轻时，电流在一个周期内也会来回变向，这时各管导通和截止的变化还要多些，读者可以自行分析。

表 3-4 中单极式变换器的 U_{AB} 一栏表明，在电动机朝一个方向旋转时，PWM 变换器只在一个阶段中输出某一极性的脉冲电压，在另一阶段中 $U_{AB}=0$，这是它之所以称作"单极

式"变换器的原因。正因为如此。它的输出电压波形与不可逆 PWM 变换器一样了，如图 3-26（b）和式（3-9）。

由于单极式变换器的电力晶体管 VT_3 和 VT_4 二者之中总有一个常通，一个常截止，运行中无需频繁交替导通。因此和双极式变换器相比开关损耗可以减少，装置的可靠性有所提高。

表 3-4　双极式、单极式和受限单极式可逆 PWM 变换器的比较（当负载较重时）

控制方式	电动机转向	$0 \leqslant t \leqslant t_{on}$		$t_{on} \leqslant t \leqslant T$		占空比调节范围
		开关状况	U_{AB}	开关状况	U_{AB}	
双极式	正转	VT_1、VT_4 导通 VT_2、VT_3 截止	$+U_s$	VT_1、VT_4 截止 VD_2、VD_3 续流	$-U_s$	$0 \leqslant \rho \leqslant 1$
	反转	VD_1、VD_4 续流 VT_2、VT_3 截止	$+U_s$	VT_1、VT_4 截止 VT_2、VT_3 导通	$-U_s$	$-1 \leqslant \rho \leqslant 0$
单极式	正转	VT_1、VT_4 导通 VT_2、VT_3 截止	$+U_s$	VT_4 导通、VD_2 续流 VT_1、VT_3 截止 VT_2 不通	0	$0 \leqslant \rho \leqslant 1$
	反转	VT_3 导通、VD_1 续流， VT_2、VT_4 截止， VT_1 不通	0	VT_2、VT_3 导通 VT_1、VT_4 截止	$-U_s$	$-1 \leqslant \rho \leqslant 0$
受限单极式	正转	VT_1、VT_4 导通 VT_2、VT_3 截止	$+U_s$	VT_4 导通、VD_2 续流 VT_1、VT_2、VT_3 截止	0	$0 \leqslant \rho \leqslant 1$
	反转	VT_2、VT_3 导通 VT_1、VT_4 截止	$-U_s$	VT_3 导通、VD_1 续流 VT_1、VT_2、VT_4 截止	0	$-1 \leqslant \rho \leqslant 0$

3. 受限单极式可逆 PWM 变换器

单极式变换器在减少开关损耗和提高可靠性方面要比双极式变换器好，但是仍然存在有一对晶体管 VT_1 和 VT_2 交替导通和关断时电源直通的危险。再研究一下表 3-4 中各晶体管的开关状况，可以发现，当电机正转时，在 $0 \leqslant t < t_{on}$ 期间，VT_2 是截止的，在 $t_{on} \leqslant t < T$ 期间由于经过 VD_2 续流，VT_2 也不通。既然如此，不如让 U_{b2} 恒为负，使 VT_2 一直截止。同样，当电动机反转时，让 U_{b1} 恒为负，使 VT_1 一直截止。这样，就不会产生 VT_1、VT_2 直通的故障了。这种控制方式称作受限单极式。

受限单极式可逆变换器在电机正转时 U_{b2} 恒为负，VT_2 一直截止，在电机反转时，U_{b1} 恒为负，VT_1 一直截止，其他驱动信号都和一般单极式变换器相同。如果负载较重，电流 i_d 在一个方向内连续变化，所有的电压、电流波形都和一般单极式变换器一样。但是，当负载较轻时，由于有两个晶体管一直处于截止状态，不可能导通，因而不会出现电流变向的情况，在续流期间电流衰减到零时（$t = t_d$），波形便中断了，这时电枢两端电压跳变到 $U_{AB} = E$，如图 3-29 所示。这种轻载电流断续的现象将使变换器的外特性变软，和 V-M 系统中的情

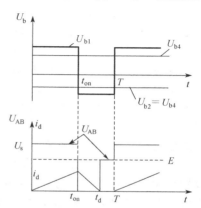

图 3-29　受限单极式 PWM 调速系统轻载时的电压、电流

况十分相似。它使 PWM 调速系统的静、动态性能变差，换来的好处则是可靠性的提高。

电流断续时，电枢电压的提高把平均电压也抬高了，成为

$$U_d = \rho U_s + \frac{T - t_d}{T} E$$

令 $E \approx U_d$，则 $U_d \approx (T/t_d) \rho U_s = \rho' U_s$

由此求出新的负载电压系数

$$\rho' = \frac{T}{t_d} \rho \qquad (3\text{-}14)$$

由于 $T \geqslant t_d$，因而 $\rho' \geqslant \rho$，但 ρ' 之值仍在 $-1 \sim +1$ 之间变化。

三、PWM 调速系统的组成

晶体管 PWM 变换器仅是对已有的 PWM 波形的电压信号进行功率放大，并不改变信号的 PWM 波性质。而由 GTR 构成的脉宽调速系统还必须具备相应的控制电路，如图 3-30 所示为双闭环脉宽调速控制系统的原理框图，其中属于脉宽调速控制系统特有的是脉宽调制器 UPW、调制波发生器 GM、逻辑延时环节 DLD 和电力晶体管基极的驱动器 GD。

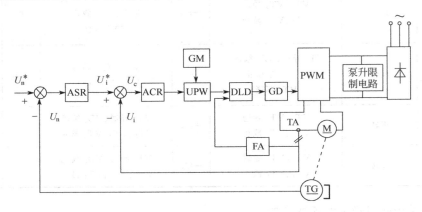

图 3-30　双闭环脉宽调速控制系统原理框图
UPW—脉宽调制器；GM—调制波发生器；DLD—逻辑延时环节；
GD—基极驱动电路；FA—瞬时动作的限流保护

（一）脉冲宽度调制器

这是最关键的部件，它是将输入直流控制信号转换成与之成比例的方波电压信号，以便对电力晶体管进行控制，从而得到希望的方波输出电压。实现上述电压-脉宽变换功能的环节称为脉冲宽度调制器，简称脉宽调制器。锯齿波脉宽调制器就是一种典型的脉宽调制器。

锯齿波脉宽调制器电路如图 3-31 所示，由锯齿波发生器和电压比较器组成。锯齿波发生器是由 NE555 振荡器构成，利用其对 C_3 电容进行有规律的充、放电而产生的，调节电位器 RP 可调节锯齿波的输出频率，其信号 U_{sa} 加到运算放大器 A 的一个输入端，而运算放大器 A 工作在开环状态，稍微有一点输入信号就可使其输出电压达到饱和值，若输入信号极性改变时，输出电压就在正、负饱和值之间变化，这样就可实现将连续电压信号变成脉冲电压信号。加在运算放大器 A 输入端上还有两个输入信号，一个输入信号是控制电压 U_c，其极性与大小随时可变，与 U_{sa} 相减，从而在运算放大器 A 的输出端得到周期不变、脉冲宽度可变的调制输出电压 u_{pwm}；为了在 $U_c = 0$ 时电压比较器的输出端得到正、负半周脉冲宽度相等的调制输出电压 u_{pwm}（供双极性 PWM 变换器用）；另一个输入信号端是加一负的偏移电压 U_b，其值为

$$U_{\mathrm{b}} = -\frac{1}{2}U_{\mathrm{samax}} \tag{3-15}$$

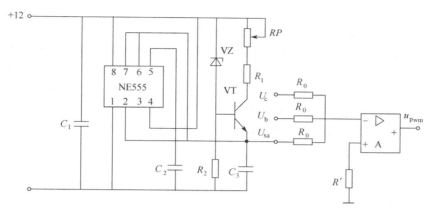

图 3-31　锯齿波脉宽调制器电路

这时 u_{pwm} 如图 3-32（a）所示。

当 $U_{\mathrm{c}} > 0$ 时，使输入端合成电压为正的宽度增大，即锯齿波由负过零的时间提前，经比较器 A 倒相后，在输出端得到正半波比负半波窄的调制输出电压，如图 3-32（b）所示。

当 $U_{\mathrm{c}} < 0$ 时，输入端合成电压为正的宽度减小，锯齿波由负过零时间推后，经倒相得到正半波比负半波宽的调制输出电压，如图 3-32（c）所示。

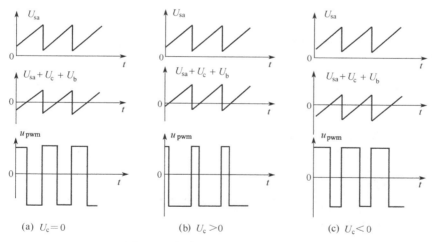

图 3-32　锯齿波脉宽调制器波形图

（二）逻辑延时环节

在双极式和单极式可逆 PWM 变换器中，跨接在电源两端的上、下两个晶体管经常交替工作（见图 3-27），由于晶体管的关断过程中有一段存储时间 t_{s} 和电流下降时间 t_{f}，在这段时间内晶体管并未完全关断。如果在此期间另一个晶体管已经导通，则将造成上下两管直通，从而使电源短路。为了避免发生这种情况，可设置一逻辑延时环节，保证在对一根管子发出关闭脉冲后（见图 3-33 中的 U_{b1}），延时 t_{1d} 后再发出对另一个管子的开通脉冲（如 U_{b2}）。由于晶体管导通时也存在开通时间，延时时间 t_{1d} 要大于晶体管的存储时间 t_{s}。

在逻辑延时环节中还可以引入保护信号，例如瞬时动作的限流保护信号（见图 3-30 中的 FA），一旦桥臂电流超过允许最大电流时，使 VT_1、VT_4（或 VT_2、VT_3）两管同时封锁，以保护电力晶体管。

（三）基极驱动电路

脉宽调制器输出的脉冲信号经过信号分配和逻辑延时后，送给基极驱动电路作功率放大，以驱动主电路的电力晶体管，每个晶体管应有独立的基极驱动电路。为了确保晶体管在开通时能迅速达到饱和导通，关断时能迅速截止，正确设计基极驱动电路是非常重要的。

首先，由于各驱动电路是独立的，但控制电路共用，因此必须使控制电路与驱动电路互相隔离，常用光电耦合器实现这一隔离作用。

其次，正确的驱动电流波形如图 3-34 所示，每一开关过程包含三个阶段，即开通、饱和导通和关断。

1. 开通阶段

为了使晶体管在任何情况下开通时都能充分饱和导通，应根据电动机的起制动电流和晶体管的电流放大系数 β 值来确定所需要的基极电流 I_{b1}。此外，由于晶体管开通瞬间还要承担与其串联的续流二极管关断反向时的电流冲击，有可能使晶体管在开通瞬间因基流不足而退出饱和区，导致正向击穿。为了防止出现这种情况，必须引入加速开通电路，即在基极电流 I_{b1} 的基础上再增加一个强迫驱动分量 ΔI_{b1}（图 3-34），强迫驱动的时间取决于续流二极管的反向恢复时间。

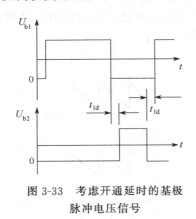

图 3-33　考虑开通延时的基极　　　　　图 3-34　开关晶体管要求的
　　　　　脉冲电压信号　　　　　　　　　　　　　　基极电流信号

2. 饱和导通阶段

饱和导通阶段的基极电流 I_{b1}，主要决定于在输出最大集电极电流时能够饱和导通，只要比这时的临界饱和基极电流 I_{b2} 大一些就行了。

3. 关断阶段

由于晶体管导通时处于饱和状态，因此在关断时有大量存储电荷，导致关断时间延长。为了加速关断过程，必须在基极加上负的偏压，以便抽出基区剩余电荷，这样就形成负的基极电流 $-I_{b2}$。在晶体管关断后，负偏压能使它可靠地截止，但负偏压也不宜过大，只要以形成最佳的 dI_{b2}/dt 为宜。

按图 3-34 波形设计的基极驱动电路可以有多种，下面介绍一种集成电路，它可使电力晶体管具有多种自保护功能，且保证电力晶体管运行于参数最优的条件下。

大规模集成电路 UAA4002 是一塑封 16 引脚双列直插式集成电路，是由法国汤姆森半导体公司研制和生产。其管脚排列与原理框图如图 3-35 所示，它具有输入接口、输出接口和保护三项主要功能。输入接口的任务是将来自控制电路的信号与 UAA4002 的内部逻辑处理器进行必要的匹配。输入信号可以选择电平和脉冲两种工作方式，若在 SE 端加一逻辑高电平或通过阻值最小为 4.7kΩ 的电阻接到正电源，则 UAA4002 便被选定为电平工作模式；若在 SE 端施加一交变脉冲信号或在该端接一逻辑低电平或把该端直接与本集成块的地端（9端）连接起来，则 UAA4002 便被选定为脉冲工作模式。

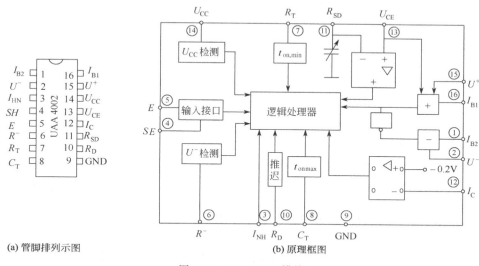

(a) 管脚排列示图　　　　　　　　(b) 原理框图

图 3-35　UAA4002 模块

输出接口的任务是向 GTR 提供正反向基极驱动电流。正向最大输出电流为 0.5A，该电流是把接收到的 GTR 工作信号变为加到电力晶体管上的基极电流，这一基极电流可以保证 GTR 处于临界饱和且自动调节，从而有效地减少了晶体管关断时的存储时间；反向最大输出电流为 3A，这一电流足以使电力晶体管快速关断，因此晶体管集电极的电流下降时间极短，减少了关断损耗。这两个电流均可通过增加外部功率晶体管电路进行扩展，以适应驱动不同的功率晶体管。

丰富的保护功能是该驱动电路模块的突出特点。这些保护功能包括：过流保护；退饱和保护；导通时间间隔的控制；时间延迟和芯片过热保护等。

该模块利用限制发射极电流的办法实现过电流保护。具体办法是：9 端直接接到晶体管发射极的分流器或电流互感器的一个输出端（其另一端接地），如图 3-36 所示，UAA4002 内部的比较器对此端输入的电流进行监控，一旦其大于设定值时，则 UAA4002 内部的逻辑处理器便通过封锁 UAA4002 的输出信号来停止电力晶体管的导通，从而对晶体管进行过流保护。

防止退饱和的措施是采用检测 GTR 集－射极电压的方法，以避免器件因功耗过大而损坏。是由二极管 VD 来检测的，如图 3-37 所示。二极管的阳极接于 UAA4002 的输入端（13端），其阴极接到电力晶体管集电极。在晶体管导通期间，该二极管导通，13 端上 V_{CE} 电压与晶体管集－射极电压相同。当晶体管关断时，二极管也关断，13 端上 U_{CE} 电压与该集成电路的正电源电压 U_{CC} 相同。R_{SD} 端（11 端）通过电阻接零，其电压值由下式决定

$$U_{RSD} = \frac{10R_{SD}}{R_T} \tag{3-16}$$

式中　U_{RSD}——电压，V。

U_{RSD} 可在 1～5.5V 间调节，如果 11 端开路，其电位被自动限制在 5.5V。在晶体管导

通时，当电力晶体管的集-射极电压U_{CE}大于R_{SD}设定的电压U_{RSD}时，则 UAA4002 的内部逻辑处理器便通过封锁其输出脉冲来保护电力晶体管，直至下一导通周期，因而可对电力晶体管进行任何退饱和保护，防止如基极驱动电流不足或集电极电流过载引起的晶体管退饱和的可能性。

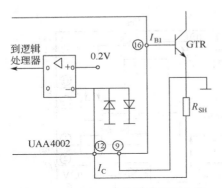

图 3-36 UAA4002 的过流保护功能

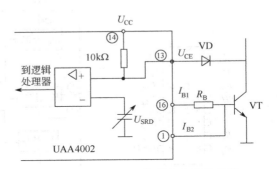

图 3-37 UAA4002 的退饱和保护环节

电源电压监测环节用以防止由于控制电源变动可能引起的基极驱动电流不足或控制失误等故障。

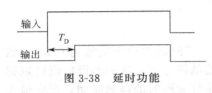

图 3-38 延时功能

延时功能环节可避免在若干晶体管的顺序控制中同时导通，以至发生直通、短路或误动作等事故。它是由 R_D 端（10 端）来实现这一功能，如图 3-38 所示为 UAA4002 的输出与输入信号前沿之间提供 $1\sim12\mu s$ 的延时，T_D 的大小与外接电阻 R_D 的大小有关

$$T_D = 0.05 \times R_D \tag{3-17}$$

式中 T_D——延时时间，μs；

$\quad\quad R_D$——外接电阻，$k\Omega$。

过热保护环节则在芯片温度超过 150℃，自动切断输出脉冲；一旦芯片温度降低到极限度，输出脉冲重新出现，以保证芯片本身的安全。

由于篇幅的关系，其他功能不在此一一列举，读者可自行查阅相关资料。

四、PWM 控制器控制的直流调速系统

下面介绍一典型的双极式 PWM-M 双闭环可逆调速系统，分析其工作原理。系统的原理图如图 3-39 所示。

（一）主电路

主电路由双极式 PWM 变换器组成，由 U_{b1} 和 U_{b2} 控制，VT_1、VT_2、VT_3、VT_4 是作开关用的电力晶体管，VD_1、VD_2、VD_3、VD_4 为续流二极管。当 U_{b1} 端出现正脉冲（U_{b2} 端出现负脉冲）时，VT_{10} 饱和导通，A 点电位从 $+U_s$ 下降到 VT_{10} 的饱和导通电压，在 VT_5 基极出现负脉冲，从而使 VT_5、VT_1 导通，经电动机电枢使 VT_8、VT_4 导通，电动机经 VT_1、VT_4 电力晶体管接至电源。在 U_{b1} 正脉冲下降沿阶段，VT_1、VT_4 经 $15\sim18\mu s$ 存储时间后退出饱和，流过的电枢电流迅速下降，电枢电感 L 产生很大的自感电动势，其值为

$$e_L = -L \frac{di}{dt}$$

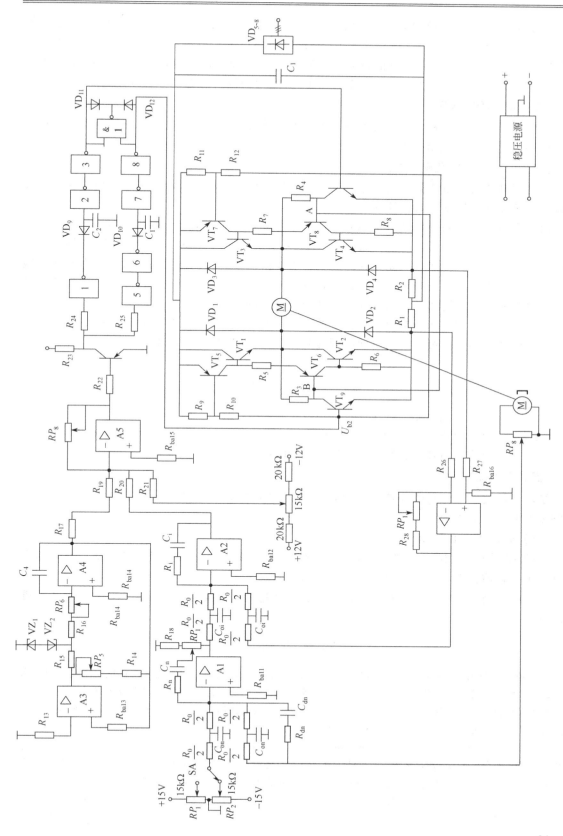

图3-39 双极式PWM-M双闭环可逆调速系统电路图

阻止电流下降，自感电动势 e_L 经 VT$_4$、VD$_2$ 及 VD$_3$、VT$_1$ 闭合回路续流。二极管 VD$_2$、VD$_3$ 为电力晶体管 VT$_1$、VT$_4$ 关断时提供自感电动势的续流通路，以免过压损坏电力晶体管。同理，当 U_{b2} 端出现正脉冲时，VT$_3$、VT$_2$ 导通，在电流下降阶段续流二极管 VD$_1$、VD$_4$ 起作用，为电力晶体管 VT$_3$、VT$_2$ 关断时提供自感电动势的续流通路。

（二）转速给定电压

稳压源提供＋15V 和－15V 的电源，由单刀双掷开关 SA 控制电动机正转与反转，RP_1 和 RP_2 分别是调速给定电位器。

（三）脉宽调制器及延时电路

脉宽调制器为三角波脉宽调制器，其工作原理前面已分析过，调制信号的质量完全取决于输出三角波的线性度、对称性和稳定性。

由于双向脉宽调制信号是由正脉冲和负脉冲组成一个周期信号，控制逻辑不但要保证正常工作时的脉冲分配，而且必须保证任何一瞬间 VT$_1$、VT$_2$ 或 VT$_3$、VT$_4$ 不能同时导通，致使直流电源短路而烧坏电力晶体管。这就要求变换器中的同侧两只晶体管一只由导通变截止后，另一只方可由截止向导通转变；于是就形成了控制信号逻辑延时的要求，这一延时必须大于电力晶体管由饱和导通恢复到完全截止所需的时间。

延时电路是采用与非门构成并增设了逻辑多"1"保护环节，其延时时间就是电容的充电时间，改变电容大小可以得到不同的延时时间，则电容 C_2 和 C_3 值为

$$C_2 = C_3 = \frac{t}{R \ln \dfrac{U_S}{U_S - U_C}} \tag{3-18}$$

式中　R——充电回路电阻，在 HTL 与非门内 $R=8.2\text{k}\Omega$；

　　　U_S——电源电压，HTL 与非门用 15V；

　　　U_C——电容端电压，HTL 与非门的开门电平为 8.5V。

（四）调节器

系统为转速、电流双闭环调速系统，ASR、ACR 均采用比例积分调节器，参数的选择可参考前面所讲的内容。

（五）转速微分负反馈

ASR 在原来的基础上，增加了电容 C_{dn} 和电阻 R_{dn} 串联构成转速微分负反馈，在转速变化过程中，转速只要有变化的趋势，微分环节就起着负反馈的作用，使系统的响应加快，退饱和的时间提前，因而有助于抑制振荡，减少转速超调，只要参数配合恰当，就有可能在进入线性闭环系统工作之后没有超调而趋于稳定。

本　章　小　结

1. 可逆调速系统既可使电动机产生电动力矩也可使其产生制动力矩，以满足生产机械要求实现快速启动、制动、反向运转。反并联或交叉连接的可逆线路应用最为广泛，但这种接线方式会使可逆系统中出现特有的环流问题。凡只在两组变流器的晶闸管之间而不经负载的短路电流称为环流。根据对环流的不同控制方式，可逆系统可分为有环流可逆系统与无环流可逆系统。

2. 自然环流可逆系统就是配合控制的有环流可逆系统。触发脉冲的零位整定在 90°。在工作中，任何时刻都应满足配合关系 $\alpha=\beta$，故称 $\alpha=\beta$ 配合制。当一组变流器工作在整流状态时，另一组变流器则工作在待逆变状态；而当一组变流器在逆变状态时，另一组变流器则工作在待整流状态，因此系统无直流环流而只有脉动环流。双闭环控制使系统实现了恒流启动与恒流回馈制动，且由于脉动环流的存在，能在电流连续的条件下实现平滑的正反向切换。因此自然环流可逆系统是一种快速可逆系统，当然环流的存在加大

了系统的容量与成本。

3. 可控环流可逆系统利用环流给定环节使系统在带负载前就存在有大小可控的直流环流，作为系统的基本电流。随着负载电流由小到大，利用环流抑制环节，使原来的给定直流环流逐渐由大到小，直到能确保电流连续并达到某一负载电流时，给定的直流环流完全消失。这类系统的主电路一般为交叉连接线路，环流损耗小，均衡电抗器小，电流连续下正反向过渡过程快而平稳，在各种快速可逆系统中获得广泛应用。

4. 逻辑无环流可逆系统的结构特点是在可逆系统中增设了无环流逻辑控制器 DLC，它的功能是根据系统的运行情况适时地先封锁原工作的一组晶闸管的触发信号，然后开放原封锁的一组晶闸管的触发信号。无论是稳态还是切换动态，任何时刻都决不允许同时开放两组变流器的触发信号。从而切断了环流通路而实现了可逆系统的无环流运行。

无环流逻辑控制器包括电平检测、逻辑判断、延时电路、联锁保护四部分。电平检测包括转矩极性鉴别器 DPT 和零电流检测器 DPZ；它们将模拟的电流给定信号和零电流检测信号转换为数字信号，经逻辑判断电路对其两个逻辑变量信号进行运算与判断，输出对两组触发电路分别实施开放与封锁的信号；延时电路对开放与封锁信号分别进行不同延时处理，确保系统可靠切换，防止切换形成环流短路事故；逻辑保护电路确保两组触发电路不允许同时开放。

延时电路虽然可确保系统可靠地可逆切换，但它也给逻辑控制无环流可逆系统带来电流切换的死区，影响了系统的快速性。由于系统消除了环流，取消了均衡电抗器，降低了成本，只是快速性稍差，它是目前工业上最常用的一种可逆系统。

5. 电力晶体管直流脉宽调速系统与晶闸管直流调速系统都是直流电动机调压调速系统。前者晶体管直流脉宽调制（PWM）变换器取代了后者的晶闸管变流器，使得直流调速系统的频率特性、控制特性等方面都有明显的改善。因此随着 GTR 电压、电流额定的不断提高以及功率集成电路的开发，直流脉宽调速系统的应用将越来越广泛。

6. PWM 变换器常用的结构形式为 H 型变换器，由于控制方式的不同，可分成双极式可逆 PWM 变换器、单极式可逆 PWM 变换器和受限式可逆 PWM 变换器三种。三者的特点见表 3-4。

7. 直流 PWM 调速系统的控制电路由脉宽调制电路与驱动电路组成。在控制电路中必须设置防止直流电源直通的保护环节。

8. 直流 PWM 调速系统一般采用转速、电流双闭环控制系统。在一定条件下，电枢电流连续，则各组成环节的传递函数、双闭环控制的动态结构图、动态校正以及静特性分析可按电流连续的晶闸管直流调速系统类似处理。

习题与思考题

3-1 一组晶闸管供电的直流调速系统需要快速回馈制动时，为什么必须采用可逆线路？有哪几种型式？

3-2 两组晶闸管供电的可逆线路中有哪几种环流？是如何产生的？环流对系统有何利弊？

3-3 可逆系统中环流的基本控制方法是什么？触发脉冲的零位整定与环流是什么关系？

3-4 试分析自然环流系统正向制动过程中各阶段的能量转换关系，以及正、反组晶闸管所处的状态。

3-5 在自然环流可逆系统中，为什么要严格控制最小逆变角 $\beta_{\min}$ 和最小整流角 $\alpha_{\min}$？系统中如何实现？

3-6 试分别说明待逆变、本组逆变和它组逆变的原理，它们常出现在什么场合？

3-7 在可控环流系统中，控制环流应按照什么规律变化？试述可控环流系统控制环流的原理。

3-8 无环流可逆系统有几种？它们消除环流的出发点是什么？

3-9 根据图 3-20 的无环流逻辑控制器原理图，分析系统在正向启动时，逻辑控制器中各点的状态，若系统进行正向制动，逻辑控制器中各点的状态又如何变化？试分析逻辑无环流系统的正向制动过程。

3-10 为什么逻辑无环流系统的切换过程比有环流系统的切换过程长？这是由哪些因素造成的？

3-11 无环流逻辑控制器中为什么必须设置封锁延时和开放延时？延时过大或过小对系统运行有何影响？

3-12 从系统组成、功用、工作原理、特性等方面比较直流 PWM 调速系统与晶闸管直流调速系统间的异同点。

3-13 什么样的波形称为 PWM 波形？怎样产生这种波形？

3-14 简述典型 PWM 变换器电路的基本结构。

3-15 在 H 型变换器电路中分别标出图 3-32 中所画不同工作方式时 i_d 流通路径。

3-16 双极性工作方式系统中电枢电流 i_d 会不会产生断续情况？

3-17 根据表 3-4 所列各工作方式，分析什么情况下可能出现 U_S 被短路？应如何防止？什么工作方式不可能出现 U_S 被短路？

3-18 双极式 H 型变换器是如何实现系统可逆的？并画出相应的电压电流波形。

3-19 可逆和不可逆 PWM 变换器在结构形式和工作原理上有什么特点？

3-20 PWM 放大器中是否必须设置续流二极管？为什么？

3-21 说明脉宽调制器在 PWM 放大器中的作用。

3-22 晶体管 PWM 变换器驱动电路的特点是什么？

3-23 在直流脉宽调速系统中，当电动机停止不动时，电枢两端是否还有电压，电路中是否还有电流？为什么？

第四章　计算机控制的直流调速系统

【内容提要】

计算机数字控制是现代电力拖动控制的主要手段，本章在前三节的基础上专门论述计算机控制的方法与特色。首先指出微机数字控制系统的主要特点，即离散化和数字化，进而介绍数字量化和采样频率选择，以及微机数字控制系统的输入与输出变量。在模拟控制双闭环直流调速系统的基础上，介绍数字控制双闭环调速系统的硬件和软件。专述数字测速方法，即 M 法、T 法和 M/T 法，以及各种方法的特点及数字式 PI 调节器，从模拟式调节器的数字化，到计算机 PI 调节器的算法。应用离散系统理论来设计数字控制器，以连续域的工程设计方法将调节器离散化到差分方程形式，分析计算机软件编程框图。

第一节　计算机数字控制的主要特点

前面章节中论述了直流调速系统的基本规律和设计方法，所有的调节器均用运算放大器实现，属模拟控制系统。模拟系统具有物理概念清晰、控制信号流向直观等优点，便于学习入门，但其控制规律体现在硬件电路和所用的器件上，因而线路复杂、通用性差，控制效果受到器件性能、温度等因素的影响。

以微处理器为核心的数字控制系统（简称微机数字控制系统）硬件电路的标准化程度高，制作成本低，且不受器件温度漂移的影响。其控制软件能够进行逻辑判断和复杂运算，可以实现不同于一般线性调节的最优化、自适应、非线性、智能化等控制规律，而且更改起来灵活方便。总之，微机数字控制系统的稳定性好，可靠性高，可以提高控制性能，此外还拥有信息存储、数据通信和故障诊断等模拟控制系统无法实现的功能。

由于计算机只能处理数字信号，因此与模拟控制系统相比，微机数字控制系统的主要特点是离散化和数字化。

① 一般控制系统的控制量和反馈量都是模拟的连续信号，为了把它们输入计算机必须首先在具有一定周期的采样时刻对它们进行实时采样，形成一连串的脉冲信号，即离散的模拟信号，这就是离散化。

② 采样后得到的离散模拟信号本质上还是模拟信号，不能直接送入计算机，还须通过数字量化，即用一组数码（如二进制码）来逼近离散模拟信号的幅值，将它转换成数字信号，这就是数字化。

离散化和数字化的结果导致了信号在时间上和量值上的不连续性。从而会引起下述的负面效应：

① 模拟信号可以有无穷多的数值，而数码总是有限的，用数码来逼近模拟信号是近似的，会产生量化误差，影响控制精度和平滑性。

② 经过计算机运算和处理后输出的信号仍是一个时间上离散、量值上数字化的信号，显然不能直接作用于被控对象，必须由数模转换器 D/A 和保持器将它转换为连续的模拟量，再经放大后驱动被控对象。但是，保持器会提高控制系统传递函数分母的阶次，使系统的稳定裕量减小，甚至会破坏系统的稳定性。

随着微电子技术的进步，微处理器的运算速度不断提高，其位数也不断增加，上述两个问题的影响已经越来越小。

一、数字量化

在微机数字控制系统中，将模拟量输入计算机前必须进行数字量化，量化的原则是：在保证不溢出的前提下，精度越高越好。可用存储系数 K 来显示量化的精度，其定义为

$$K = 计算机内部最大存储值\ D_{max}/物理量的最大允许实际值\ X_{max}$$

微机数字控制系统中的存储系数相当于模拟控制系统中的反馈系数。显然，存储系数与物理量的变化范围和计算机内部定点数的长度有关，下面用例题来说明。

例 4-1　某直流电机的额定电枢电流 $I_N = 156A$，允许过电流倍数 $\lambda = 1.5$，额定转速 $n_N = 1480r/min$，计算机内部定点数占一个字的位置（16 位），试确定电枢电流和转速的存储系数。

解　定点数长度为 1 个字（16 位），但最高位须用作符号位，只有 15 位可表示量值，故最大存储值 $D_{max} = 2^{15} - 1$。电枢电流最大允许值为 $1.5I_N$，考虑到调节过程中瞬时值可能超过此值，故取 $I_{max} = 1.8I_N$。因此，电枢电流存储系数为

$$K_\beta = \frac{2^{15} - 1}{1.8 I_N} = \frac{32767}{1.8 \times 156} = 116.69 A^{-1}$$

额定转速 $n_N = 1480r/min$，取 $n_{max} = 1.3n_N$，则转速存储系数为

$$K_\alpha = \frac{2^{15} - 1}{1.3 n_N} = \frac{32767}{1.3 \times 1480} = 17.03 min/r$$

对上述运算结果取整得 $K_\beta = 116$，$K_\alpha = 17$。这里计算的存储系数只是其最大允许值，在实际应用中，还可以取略小一些的量值。合理地选择存储系数，可以简化运算。

二、采样频率的选择

微机数字控制系统是离散系统，数字控制器必须定时对给定信号和反馈信号进行采样，要使离散的数字信号在处理完毕后能够不失真地复现连续的模拟信号，对系统的采样频率须有一定的要求。

根据香农（Shannon）采样定理，采样频率 f_{sam} 应不小于信号最高频率 f_{max} 的 2 倍，即 $f_{sam} \geq 2f_{max}$，这时，经采样及保持后，原信号的频谱可以不发生明显的畸变，系统可保持原有的性能。但实际系统中信号的最高频率很难确定，尤其对非周期性信号（系统的过渡过程）来说，其频谱为 $0 \sim \infty$ 的连续函数，理论上最高频率 f_{max} 为无穷大。因此，难以直接用采样定理来确定系统的采样频率。在一般情况下，可以令采样周期 $T_{sam} \leq \frac{1}{4 \sim 10} T_{min}$，$T_{min}$ 为控制对象的最小时间常数；或用采样角频率 $\omega_{sam} \geq (4 \sim 10) \omega_c$。$\omega_c$ 为控制系统的截止频率。

采样频率越高，离散系统越接近于连续系统。但在采样周期内必须完成信号的采集与转换，完成控制运算，并输出控制信号，所以采样周期又不能太短，也就是说，采样频率总是有限的。另一方面，过高的采样频率可能造成不必要的累计误差。因此，在微机数字控制系统中，合理选取采样频率相当重要。

三、微机数字控制系统的输入与输出变量

微机数字控制系统的输入与输出可以是模拟量，也可以是数字量。模拟量是连续变化的物理量，例如转速、电流和电压等。对于计算机来说，所有的模拟输入量必须经过 A/D 转换为数字量，而模拟输出量必须经过 D/A 转换才能得到。数字量是量化了的模拟量，可以直接参加数字运算。

1. 系统给定

系统给定有模拟给定和数字给定两种方式。

模拟给定是以模拟量表示的给定值，例如给定电位器的输出电压，模拟给定须经 A/D 转换为数字量，再参与运算，如图 4-1 所示。

数字给定是用数字量表示的给定值，可以是拨盘设定、键盘设定或采用通信方式由上位机直接发送，如图 4-2 所示。

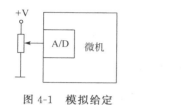

图 4-1　模拟给定

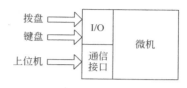

图 4-2　数字给定

2. 状态检测

系统运行中的实际状态量，例如转速、电压和电流等，在闭环控制时，应该反馈给微机，因此必须首先检测出来。

（1）转速检测　转速检测有模拟和数字两种检测方法。模拟测速一般采用测速发电机，其输出电压不仅表示了转速的大小，还包含了转速的方向，在调速系统中（尤其在可逆系统中），转速的方向也是不可缺少的。当测速发电机输出电压通过 A/D 转换输入到微机时，由于多数 A/D 转换电路只是单极性的，因此必须经过适当的变换，将双极性的电压信号转换为单极性电压信号，经 A/D 转换后得到以偏移码表示的数字量送入微机。但偏移码不能直接参与运算，必须用软件将偏移码变换为原码或补码，然后进行闭环控制。有关偏移码、原码、补码的内容可参考相关的计算机控制教材。

模拟测速方法的精度不够高，在低速时更为严重。对于要求精度高、调速范围大的系统，往往需要采用旋转编码器测速，即数字测速。有关数字测速的内容将在第三节中详细介绍。

（2）电流和电压检测　电流和电压检测除了用来构成相应的反馈控制外，还是各种保护和故障诊断信息的来源。电流、电压信号也存在幅值和极性的问题，需经过一定的处理后，经 A/D 转换送入微机，其处理方法与转速相同。

3. 输出变量

微机数字控制器的控制对象是功率变换器，可以用开关量直接控制功率器件的通断，也可以用经 D/A 转换得到的模拟量去控制功率变换器。随着电机控制专用单片微机的产生，前者逐渐成为主流，例如 Intel 公司 8X196MC 系列和 TI 公司 TMS320X240 系列单片微机可直接生成 PWM 驱动信号，经过放大环节控制功率器件，从而控制功率变换器的输出电压。

第二节　计算机数字控制双闭环直流调速系统的硬件和软件

就控制规律而言，微机数字控制的双闭环直流调速系统与前面章节介绍的用模拟器件组成的双闭环直流调速系统完全等同。如前面章节所示的模拟控制双闭环直流调速系统的结构图，重画在图 4-3 中，其中，原来用电压量表示的给定信号和反馈信号，现在改为数字量，用下标"dig"表示，例如 n_{dig}、I_{ddig} 等，因而反馈系数也就改成存储系数，然后再用虚线把由微机实现的控制器部分框起来，就成为微机数字控制的双闭环直流调速系统。

一、微机数字控制双闭环直流调速系统的硬件结构

微机数字控制双闭环直流调速系统主电路中的 UPE 可以是晶闸管可控整流器，也可以

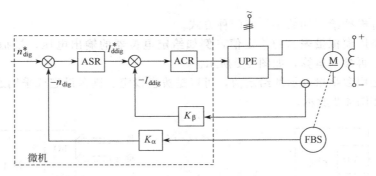

图 4-3　微机数字控制的双闭环直流调速系统

是直流 PWM 功率变换器,现以后者为例讨论系统的实现,其硬件结构如图 4-4 所示。如果采用晶闸管可控整流器,只是不用微机中的 PWM 生成环节,而采用不同的方法控制晶闸管的触发相角。

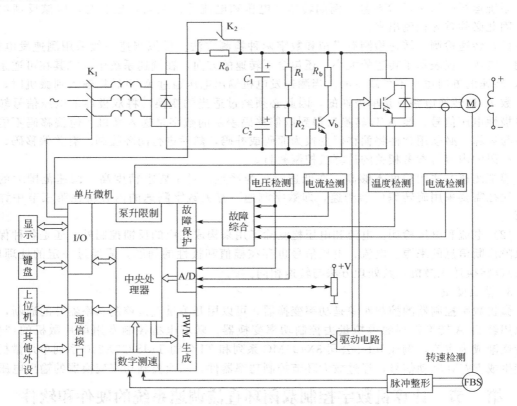

图 4-4　微机数字控制双闭环直流 PWM 调速系统硬件结构图

1. 主回路

三相交流电源经不可控整流器变换为电压恒定的直流电源,再经过直流 PWM 变换器得到可调的直流电压,给直流电动机供电。

2. 检测回路

检测回路包括电压、电流、温度和转速检测,其中电压、电流和温度检测由 A/D 转换通道变为数字量送入微机,转速检测用数字测速,详见本章第三节。

3. 故障综合

对电压、电流、温度等信号进行分析比较，若发生故障立即通知微机，以便及时处理，避免故障进一步扩大。

4. 数字控制器

数字控制器是系统的核心，选用专为电机控制设计的 Inter 8X196MC 系列或 TMS320X240 系列单片微机，配以显示、键盘等外围电路、通过通信接口与上位机其他外设交换数据。这种微机芯片本身都带有 A/D 转换器、通用 I/O 和通信接口，还带有一般微机并不具备的故障保护、数字测速和 PWM 生成功能，可大大简化数字控制系统的硬件电路。

二、微机数字控制双闭环直流调速系统的软件框图

微机数字控制系统的控制规律是靠软件来实现的，所有的硬件也必须由软件实施管理。微机数字控制双闭环直流调速系统的软件有主程序、初始化子程序和中断服务子程序等。

1. 主程序

主程序完成实时性要求不高的功能，完成系统初始化后，实现键盘处理、刷新显示、与上位计算机和其他外设通信等功能。主程序框图如图 4-5 所示。

2. 初始化子程序

初始化子程序完成硬件器件工作方式的设定、系统运行参数和变量的初始化等。初始化子程序框图如图 4-6 所示。

3. 中断服务子程序

中断服务子程序完成实时性强的功能，如故障保护、PWM 生成、状态检测和数字 PI 调节等。中断服务子程序由相应的中断源提出申请，CPU 实时响应。

转速调节中断服务子程序框图如图 4-7 所示。进入转速调节中断服务子程序后，首先应保护现场，再计算实际转速，完成转速 PI 调节，最后启动转速检测，为下一步调节做准备。在中断返回前应恢复现场，使被中断的上级程序正确可靠地恢复运行。

电流调节中断服务子程序框图如图 4-8 所示，主要完成电流 PI 调节和 PWM 生成功能，然后启动 A/D 转换，为下一步调节做准备。

故障保护中断服务子程序框图如图 4-9 所示。进入故障保护中断服务子程序后，首先封锁 PWM 输出，再分析、判断故障，显示故障原因并报警，最后等待系统复位。

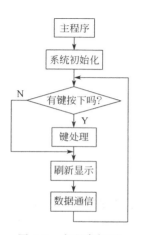

图 4-5　主程序框图

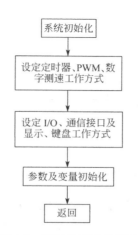

图 4-6　初始化子程序框图

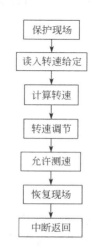

图 4-7　转速调节中断服务子程序框图

图 4-8 电流调节中断服务子程序框图　　　图 4-9 故障保护中断服务子程序框图

当故障保护引脚的电平发生跳变时申请故障保护中断，而转速调节和电流调节均采用定时中断。三种中断服务中，故障保护中断的优先级别最高，电流调节中断次之，转速调节中断的级别最低。关于数字 PI 调节及测速子程序的框图将在后面有关内容中论述。

第三节　数字测速、数字滤波与数字 PI 调节器

数字测速具有测速精度高、分辨能力强、受器件影响小等优点，被广泛应用于调速要求高、调速范围大的调速系统和伺服系统。

一、旋转编码器

光电式旋转编码器是转速或转角的检测元件，旋转编码器与电动机相连，当电动机转动时，带动码盘旋转，便发出转速或转角信号。旋转编码器可分为绝对式和增量式两种。绝对式编码器在码盘上分层刻上表示角度的二进制数码或循环码（格雷码），通过接收器将该数码送入计算机。绝对式编码器常用于检测转角，若需得到转速信号，必须对转角进行微分处理。增量式编码器在码盘上均匀地刻制一定数量的光栅，如图 4-10 所示，当电动机旋转时，码盘随之一起转动。通过光栅的作用，持续不断地开放或封闭光通路，因此，在接收装置的输出端便得到频率与转速成正比的方波脉冲序列，从而可以计算转速。

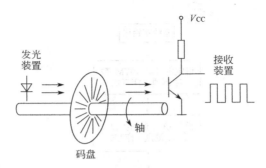

图 4-10 增量式旋转编码器示意图

上述脉冲序列正确地反映了转速的高低，但不能鉴别转向。为了获得转速的方向，可增加一对发光与接收装置，使两对发光与接收装置错开光栅节距的 1/4，则两组脉冲序列 A 和 B 的相位相差 90°，如图 4-11 所示，正转时 A 相超前 B 相；反转时 B 相超前 A 相。采用简

单的鉴相电路就可以分辨出转向。

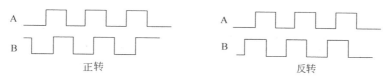

图 4-11　区分旋转方向的 A、B 两组脉冲序列

若码盘的光栅数为 N，则转速分辨率为 1/N，常用的旋转编码器光栅数有 1024、2048、4096 等。再增加光栅数将大大增加旋转编码器的制作难度和成本。采用倍频电路可以有效地提高转速分辨率，而不增加旋转编码器的光栅数，一般多采用四倍频电路，大于四倍频则较难实现。

采用旋转编码器的数字测速方法有三种：M 法、T 法和 M/T 法。

二、M 法测速

在一定的时间 T_c 内测取旋转编码器输出的脉冲个数 M_1，用以计算这段时间内的平均转速，称作 M 法测速，如图 4-12（a）所示。把 M_1 除以时间 T_c 就可得到旋转编码器输出脉冲的频率 $f_1 = M_1/T_c$，所以又称频率法。电动机每转一圈共产生 Z 个脉冲（$Z=$倍频系数×编码器光栅数），把 f_1 除以 Z 就得到电动机的转速。在习惯上，时间 T_c 以秒为单位，而转速是以每分钟的转数 r/min 为单位，则电动机的转速为

$$n = \frac{60M_1}{ZT_c} \tag{4-1}$$

在上式中，Z 和 T_c 均为常值，因此转速 n 正比于脉冲个数 M_1。高速时 M_1 大，量化误差较小，随着转速的降低误差增大，转速过低时 M_1 将小于 1，测速装置便不能正常工作。所以 M 法测速只适用于高速段。

(a) M 法测速　　　　　　　　(b) M 法测速的方法

图 4-12　M 法测速

计算机数字控制的直流调速系统采用 M 法测速的方法如图 4-12（b）所示，其测速原理是：

① 由计数器记录编码器发出的脉冲信号；

② 定时器每隔时间 T_c 向 CPU 发出中断请求 INT_t；

③ CPU 响应中断后，读出计数器中计数值 M_1，并将计数器清零重新计数；

④ 根据计数值 M_1，CPU 按公式（4-1）计算出对应的转速值 n。

三、T 法测速

在编码器两个相邻输出脉冲的间隔时间内，用一个计数器对已知频率为 f_0 的高频时钟脉冲进行计数，并由此来计算转速，称作 T 法测速，如图 4-13（a）所示。在这里，测速时间缘于编码器输出脉冲的周期，所以又称周期法。在 T 法测速中，准确的测速时间 T_t 是用所得的高频时钟脉冲个数 M_2 计算出来的，即 $T_t = M_2/f_0$，则电动机转速为

$$n = \frac{60}{ZT_t} = \frac{60f_0}{ZM_2} \tag{4-2}$$

高速时 M_2 小，量化误差大，随着转速的降低误差减小，所以 T 法测速适用于低速段，与 M 法恰好相反。

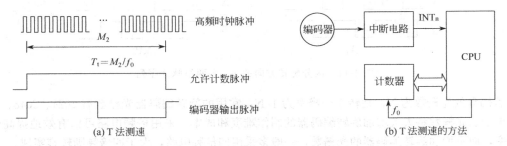

(a) T 法测速 (b) T 法测速的方法

图 4-13 T 法测速

计算机数字控制的直流调速系统采用 T 法测速的方法如图 4-13（b）所示，其测速原理是：

① 计数器记录来自 CPU 的高频脉冲 f_0；

② 编码器每输出一个脉冲，中断电路向 CPU 发出一次中断请求 INT_n；

③ CPU 响应 INT_n 中断，从计数器中读出计数值 M_2，并立即清零，重新计数。

四、M/T 法测速

把 M 法和 T 法结合起来，既检测 T_c 时间内旋转编码器输出的脉冲个数 M_1，又检测同一时间间隔的高频时钟脉冲个数 M_2，用来计算转速，称作 M/T 法测速。设高频时钟脉冲的频率为 f_0，则准确的测速时间 $T_c = M_2/f_0$，而电动机转速为

$$n = \frac{60M_1}{ZT_c} = \frac{60M_1 f_0}{ZM_2} \tag{4-3}$$

采用 M/T 法测速时，应保证高频时钟脉冲计数器与旋转编码器输出脉冲计数器同时开启与关闭，以减小误差，如图 4-14（a）所示，只有等到编码器输出脉冲前沿到达时，两个计数器才同时允许开始或停止计数。

计算机数字控制的直流调速系统采用 M/T 法测速的方法如图 4-14（b）所示，其测速原理是：

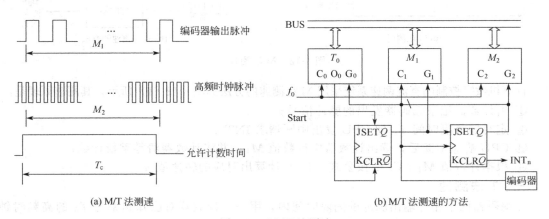

(a) M/T 法测速 (b) M/T 法测速的方法

图 4-14 M/T 法测速

① T_0 定时器控制采样时间；

② M_1 计数器记录编码器脉冲；

③ M_2 计数器记录 CPU 时钟脉冲 f_0。

由于 M/T 法的计数值 M_1 和 M_2 都随着转速的变化而变化，高速时，相当于 M 法测速，最低速时，$M_1=1$，自动进入 T 法测速。因此，M/T 法测速能适用的转速范围明显大于前两种，是目前广泛应用的一种测速方法。

五、三种测速方法的精度指标

1. 分辨率

分辨率是用来衡量一种测速方法对被测转速变化的分辨能力的，在数字测速方法中，用改变一个计数字所对应的转速变化量来表示分辨率，用 Q 表示。如果当被测转速由 n_1 变为 n_2 时，引起计数值改变了一个字，则该测速方法的分辨率是

$$Q=n_2-n_1$$

Q 越小，说明该测速方法的分辨能力越强。

（1）M 法测速的分辨率　在 M 法中，当计数值由 M_1 变为（M_1+1）时，按式（4-1），相应的转速由 $60M_1/ZT_c$ 变为 $60(M_1+1)/ZT_c$，则 M 法测速分辨率为

$$Q=\frac{60(M_1+1)}{ZT_c}-\frac{60M_1}{ZT_c}=\frac{60}{ZT_c} \tag{4-4}$$

可见，M 法测速的分辨率与实际转速的大小无关。从式（4-4）还可看出，要提高分辨率（即减小 Q），必须增大 T_c 或 Z。但在实际应用中，两者都受到限制，增大 Z 受到编码器制造工艺的限制，增大 T_c 势必使采样周期变长。

（2）T 法测速的分辨率　为了使结果得到正值，T 法测速的分辨率定义为时钟脉冲个数由 M_2 变成（M_2-1）时转速的变化量，于是

$$Q=\frac{60f_0}{Z(M_2-1)}-\frac{60f_0}{ZM_2}=\frac{60f_0}{ZM_2(M_2-1)} \tag{4-5}$$

综合式（4-2）和式（4-5），可得

$$Q=\frac{Zn^2}{60f_0-Zn} \tag{4-6}$$

由上式可以看出，T 法测速的分辨率与转速高低有关，转速越低，Q 值越小，分辨能力越强。这也说明，T 法更适于测量低速。

（3）M/T 法测速的分辨率　M/T 法测速在高速段与 M 法相近，在低速段与 T 法相近，所以兼有 M 法和 T 法的特点，在高速和低速都具有较强的分辨能力。

2. 测速误差率

转速实际值和测量值之差 Δn 与实际值 n 之比定义为测速误差率，记作

$$\delta=\frac{\Delta n}{n}\times100\% \tag{4-7}$$

测速误差率反映了测速方法的准确性，δ 越小，准确度越高。测速误差率的大小决定于测速元件的制造精度，并与测速方法有关。

（1）M 法测速误差率　在 M 法测速中；测速误差决定于编码器的制造精度，以及编码器输出脉冲前沿和测速时间采样脉冲前沿不齐所造成的误差等，最多可能产生 1 个脉冲的误差。因此，M 法测速误差率的最大值为

$$\delta_{\max}=\frac{\dfrac{60M_1}{ZT_c}-\dfrac{60(M_1-1)}{ZT_c}}{\dfrac{60M_1}{ZT_c}}\times100\%=\frac{1}{M_1}\times100\% \tag{4-8}$$

由式（4-8）可知，$\delta_{\max}$ 与 M_1 成反比，即转速愈低，M_1 愈小，误差率愈大。

（2）T法测速误差率 采用 T 法测速时，产生误差的原因与 M 法中相仿，M_2 最多可能产生 1 个脉冲的误差。因此，T 法测速误差率的最大值为

$$\delta_{\max} = \frac{\dfrac{60f_0}{Z(M_2-1)} - \dfrac{60f_0}{ZM_2}}{\dfrac{60f_0}{ZM_2}} \times 100\% = \frac{1}{M_2-1} \times 100\% \qquad (4\text{-}9)$$

低速时，编码器相邻脉冲间隔时间长，测得的高频时钟脉冲个数 M_2 多，所以误差率小，测速精度高，故 T 法测速适用于低速段。

（3）M/T 法测速误差率 低速时 M/T 法趋于 T 法，在高速段 M/T 法相当于 T 法的 M_1 次平均，而在这 M_1 次中最多产生一个高频时钟脉冲的误差。因此，M/T 法测速可在较宽的转速范围内，具有较高的测速精度。

六、M/T 法数字测速软件框图

测速软件由捕捉中断服务子程序（图 4-15）和测速时间中断服务子程序（图 4-16）构成，转速调节中断服务子程序中进行到"测速允许"时，开放捕捉中断，但只有到旋转编码器脉冲前沿到达时，进入捕捉中断服务子程序，旋转编码器脉冲计数器 M_1 和高频时钟计数器 M_2 才真正开始计数，同时打开测速时间计数器 T_c，禁止捕捉中断，使之不再干扰计数器计数。待测速时间计数器到达计数值，发出停止测速信号，再次开放捕捉中断，到旋转编码器脉冲前沿再到达时停止计数。在这一组软件框图中，测速软件仅完成 M_1 和 M_2 计数，转速计算是在转速调节中断服务子程序中完成的。

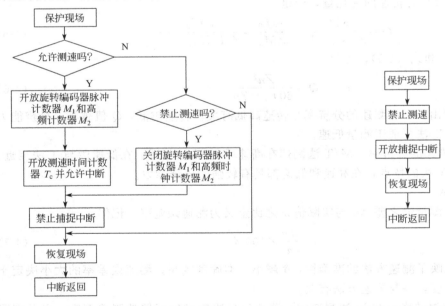

图 4-15 捕捉中断服务子程序框图   图 4-16 测速时间中断服务子程序框图

七、数字滤波

在检测得到的转速信号中，不可避免地要混入一些干扰信号。采用模拟测速时，常用由硬件组成的滤波器（如 RC 滤波电路）来滤除干扰信号；在数字测速中，硬件电路只能对编码器输出脉冲起到整型、倍频的作用，往往用软件来实现数字滤波。数字滤波具有使用灵活、修改方便等优点，不但能代替硬件滤波器，还能实现硬件滤波器无法实现的功能。数字滤波可以用于测速滤波，也可以用于电压、电流检测信号的滤波。下面介绍两种常用的数字滤波方法。

1. 算术平均值滤波

设有 N 次采样值 X_1、X_2、$\cdots$、X_N，算术平均值滤波就是找到一个值 Y，使 Y 与各次采样值之差的平方和 $E = \sum\limits_{i=1}^{N}(Y - X_i)^2$ 最小，令 $dE/dY = 0$，得

$$Y = \frac{1}{N}\sum_{i=1}^{N}X_i \tag{4-10}$$

算术平均值滤波的优点是算法简单，缺点是需要较多的采样次数才能有明显的平滑效果。在一般的算术平均值滤波中，各次采样值是同等对待的。若主要重视当前的采样值，也附带考虑过去的采样值，可以采用加权算术平均值滤波，这时，

$$Y = \sum_{i=1}^{N}a_i X_i \tag{4-11}$$

其中，$a_1 + a_2 + \cdots + a_N = 1$，在一般情况下，$0 < a_1 \leqslant a_2 \leqslant \cdots \leqslant a_N$。

2. 中值滤波

将最近连续三次采样值排序，使得 $X_1 \leqslant X_2 \leqslant X_3$，取这三个采样值的中值 X_2 为有效信号，舍去 X_1 和 X_3。这样的中值滤波能有效地滤除偶然型干扰脉冲（作用时间短、幅值大），若干扰信号作用时间相对较长（大于采样时间），则无能为力。

3. 中值平均滤波

设有 N 次采样值，排序后得 $X_1 \leqslant X_2 \leqslant \cdots \leqslant X_N$ 去掉最大值 X_N 和最小值 X_1 剩下的取算术平均值即为滤波后的 Y 值

$$Y = \frac{1}{N-2}\sum_{i=1}^{N}X_i \tag{4-12}$$

中值平均滤波是中值滤波和算术平均值滤波的结合，既能滤除偶然型干扰脉冲，又能平滑滤波，但程序较为复杂，运算量较大。

八、数字 PI 调节器

PI 调节器是电力拖动自动控制系统中最常用的一种控制器。在微机数字控制系统中，当采样频率足够高时，可以先按模拟系统的设计方法设计调节器，然后再离散化，就可以得到数字控制器的算法，这就是模拟调节器的数字化。

当输入误差函数为 $e(t)$、输出函数是 $u(t)$ 时，PI 调节器的传递函数如下

$$W_{pi}(s) = \frac{U(s)}{E(s)} = \frac{K_{pi}\tau s + 1}{\tau s} \tag{4-13}$$

式中　K_{pi}——PI 调节器比例部分的放大系数；

τ——PI 调节器的积分时间常数。

按式（4-13），$u(t)$ 和 $e(t)$ 关系的时域表达式可写成

$$u(t) = K_{pi}e(t) + \frac{1}{\tau}\int e(t)dt = K_p e(t) + K_I\int e(t)dt \tag{4-14}$$

其中，$K_p = K_{pi}$ 为比例系数，$K_I = 1/\tau$，为积分系数。

将上式离散化成差分方程，其第 k 拍输出为

$$\begin{aligned}
u(k) &= K_p e(k) + K_I T_{sam}\sum_{i=1}^{k}e(i) = K_p e(k) + u_I(k) \\
&= K_p e(k) + K_I T_{sam}e(k) + u_I(k-1)
\end{aligned} \tag{4-15}$$

其中，T_{sam} 为采样周期。

数字 PI 调节器有位置式和增量式两种算法。式（4-15）表述的差分方程为位置式算法，

$u(k)$ 为第 k 拍的输出值。由等号右侧可以看出，比例部分只与当前的偏差有关，而积分部分则是系统过去所有偏差的累积。位置式 PI 调节器的结构清晰，P 和 I 两部分作用分明，参数调整简单明了。

由式（4-15）可知，PI 调节器的第 $k-1$ 拍输出为

$$u(k-1)=K_\mathrm{p}e(k-1)+K_\mathrm{I}T_\mathrm{sam}\sum_{i=1}^{k-1}e(i) \tag{4-16}$$

由式（4-15）减去式（4-16），可得

$$\Delta u(k)=u(k)-u(k-1)=K_\mathrm{p}[e(k)-e(k-1)]+K_\mathrm{I}T_\mathrm{sam}e(k) \tag{4-17}$$

式（4-17）就是增量式 PI 调节器算法。可以看出，增量式算法只需要当前和上一拍的偏差即可计算输出的偏差量。PI 调节器的输出可由下式求得

$$u(k)=u(k-1)+\Delta u(k) \tag{4-18}$$

只要在计算机中多保存上一拍的输出值就可以了。

在控制系统中，为了安全起见，常须对调节器的输出实行限幅。在数字控制算法中，要对 u 限幅，只须在程序内设置限幅值 u_m，当 $u(k)>u_\mathrm{m}$ 时，便以限幅值 u_m 作为输出。不考虑限幅时，位置式和增量式两种算法完全等同，考虑限幅则两者略有差异。增量式 PI 调节器算法只需输出限幅，而位置式算法必须同时设积分限幅和输出限幅，缺一不可。若没有积分限幅，当反馈大于给定，使调节器退出饱和时，积分项可能仍很大，将产生较大的退饱和超调。

带有积分限幅和输出限幅的位置式数字 PI 调节程序框图如图 4-17 所示。

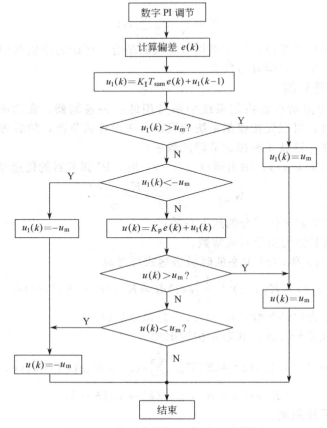

图 4-17 位置式数字 PI 调节程序框图

第四节　基于连续域工程设计方法的计算机控制直流调速系统

连续系统中的工程设计方法因其方法简单，使用方便，得到了广大工程技术人员的欢迎。计算机控制的直流调速系统仍可以使用连续域的工程设计方法，按模拟系统设计数字系统的方法常称为间接设计法，其步骤是，首先应用连续域工程设计方法求出调节器；然后对调节器进行离散化处理，再变换为差分方程进行计算机的编程。

一、计算机控制的单闭环直流调速系统的数学模型

计算机控制的单闭环直流调速控制系统如图 4-18 所示。由计算机控制器、功率放大器、测量传感器、直流电动机组成。系统中计算机控制器虚线框内的比较器、调节器、零阶保持器、A/D 转换器与 PWM 发生器可以选用新型单片机通过接口电路实现。测量传感器则可以使用测速发电机。为防止传感器噪声，在传感器输出端增加的滤波器可以采用硬件滤波器，也可以采用软件滤波器。

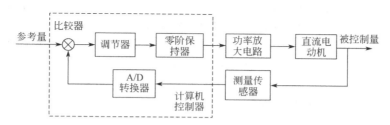

图 4-18　计算机控制的单闭环直流调速控制系统

在使用模拟系统设计方法时，应建立连续域系统数学模型。系统动态数学模型如图 4-19 所示。图中的信号 n_r 为转速给定信号，n 为输出转速，I_d 为电动机电枢电流，ASR 为速度调节器。ASR 输出经 D/A 转换的采样开关后应设置零阶保持器，转速环采样周期为 T_{sam}。

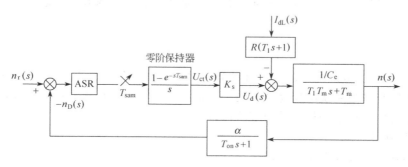

图 4-19　单闭环直流调速系统动态数学模型

1. 直流电动机传递函数

当直流电动机的输入变量为电枢电压 U_d，输出信号为转速 n，由前面章节可以得到直流电动机在连续域的传递函数为

$$W_M(s) = \frac{n(s)}{U_d(s)} = \frac{1/C_e}{T_1 T_m s + T_m s + 1} \tag{4-19}$$

式中　$T_1 = \dfrac{L}{R}$——电磁时间常数；

$T_m = \dfrac{GD^2 R}{375 C_e C_m}$——机电时间常数；

C_e——直流电动机在额定磁通下的电动势转速比。

2. PWM 功率变换器传递函数

在调速系统中，如果使用普通开关晶体管实现的 PWM 功率变换器，最低开关频率为 1kHz；如果使用高速开关器件 MOSFET 或者 IGBT 实现的 PWM 功率变换器，则开关频率一般取 10kHz 以上，它所产生的延时时间可以忽略。因此，PWM 功率变换器可以作为放大环节考虑，即

$$\frac{U_d(s)}{U_{ct}(s)} = K_s \tag{4-20}$$

其中 $U_{ct}(s)$ 为计算机控制器计算后得到的数值。而在实际系统中应将 $U_{ct}(s)$ 转换为 PWM 的占空比 ρ，使电动机电枢电压 $U_d(s) = \rho U_s(s)$。当计算机用实际数据计算时 $U_{ct}(s) = U_d(s)$，于是在数学模型中有 $K_s = 1$。

3. 测速传感器与滤波器传递函数

不论测速传感器是使用测速发电机还是使用光电编码器，都可以认为是放大环节；但速度信号中存在脉动或者噪声与干扰而需要增加信号滤波器。滤波器可以用硬件实现，也可以用软件实现。无论采用何种滤波器，其传递函数都可以用一阶惯性环节来近似，即

$$\frac{n_D(s)}{n(s)} = \frac{\alpha}{T_{on}s + 1} \tag{4-21}$$

式中　T_{on}——滤波器的等效时间常数；

　　　α——测速环节的增益；

　　　n_D——经处理器计算的转速值。

如果处理器内使用实际转速数据进行运算，将采样信号变换为实际转速数据，这样可以认为 $\alpha = 1$。

4. 采样开关与零阶保持器

由前面章节已知，采样系统的采样开关与零阶保持器传递函数可以近似为

$$G_h \approx \frac{1}{\dfrac{T_{sam}}{2} + 1} \tag{4-22}$$

如果将图 4-19 所示系统中的零阶保持器用式（4-16）代入，可以看到该系统结构与晶闸管控制的单闭环调速系统结构完全相同。只是原晶闸管控制系统中的晶闸管延时环节，在计算机控制系统中变成了采样开关与零阶保持器。

5. 速度调节器 ASR

经验证明在电力传动系统中，PID 调节器是一种较好的调节方法，并且在工程中得到了广泛的应用。在计算机控制系统中，可以借助已有的连续系统的工程设计方法，然后将调节器离散化形成差分方程的形式。在闭环系统中，电动机的最大控制电压应为电动机的额定电压，因此应使用具有限幅功能的 PI（或 PID）调节器。

二、单闭环直流调速系统的设计

当图 4-19 中的零阶保持器用一阶惯性环节近似，得到控制对象在连续域的开环传递函数为

$$\begin{aligned} W_d(s) &\approx \frac{1}{T_{sam}s/2 + 1} \cdot \frac{1/C_e}{T_1 T_m s^2 + T_m s + 1} \cdot \frac{1}{T_{on}s + 1} \\ &\approx \frac{K_d}{(T_{sam}s/2 + 1)(T_{on}s + 1)(T_1 T_m s^2 + T_m s + 1)} \end{aligned}$$

其中 $K_d = 1/C_e$。

1. 连续时间域 ASR 设计

直流电动机通常有 $T_m > 4T_1$，因此电动机环节有 2 个实极点 τ_1 和 τ_2（并设 $\tau_1 > \tau_2$），传递函数可以转换为

$$W_M(s) = \frac{1/C_e}{T_1 T_m s^2 + T_m s + 1} = \frac{1/C_e}{(\tau_1 s + 1)(\tau_2 s + 1)}$$

得到调速系统在连续域的控制对象传递函数为

$$W_d(s) \approx \frac{K_d}{(T_{sam} s/2 + 1)(T_{on} s + 1)(\tau_1 s + 1)(\tau_2 s + 1)}$$

这里控制器选为 PI 调节器

$$W_{PI}(s) = \frac{K_{PI}(\tau s + 1)}{\tau s} \tag{4-23}$$

式中 K_{PI}——PI 调节器的放大系数。

并且使用连续系统的工程设计方法进行设计。如果选择将系统设计为典型 I 型系统，可以设 $\tau_\Sigma = T_{sam}/2 + T_{on} + \tau_2$，并且闭环系统的截止角频率 $\omega_c \ll 1/\tau_\Sigma$，则使 PI 调节器的参数 $\tau = \tau_1$，就可得到调速系统的开环传递函数为

$$W_{op}(s) = \frac{K_{op}}{s(\tau_\Sigma s + 1)}$$

其中 $K_{op} = \dfrac{K_{PI}}{C_e \tau}$。若取 $K_{op} = \dfrac{1}{2\tau_\Sigma}$ 则得到 $K_{PI} = C_e \tau / 2\tau_\Sigma$。于是得到单闭环调速系统在连续域的闭环传递函数为

$$W_{cl}(s) = \frac{K_{op}}{s(\tau_\Sigma s + 1) + K_{op}} = \frac{1/2}{\tau_\Sigma^2 s^2 + \tau_\Sigma s + 1/2}$$

如果选择设计为典型 II 型系统，则选择闭环系统的截止角频率 $\omega_c \gg \tau_1$，于是可以近似认为

$$\frac{1}{\tau_1 s + 1} \approx \frac{1}{\tau_1 s}$$

得到系统控制对象的传递函数为

$$W_d(s) = \frac{K_d}{\tau_1 s(\tau_\Sigma s + 1)}$$

典型 II 型系统的开环传递函数应为

$$W_{op}(s) = \frac{K_{op}(\tau s + 1)}{s^2(\tau_\Sigma s + 1)}$$

使用闭环系统频率特性最小峰值设计方法，首先选择参数 h，于是得到 $\tau = h\tau_\Sigma$，$K_{op} = (h+1)/(2h\tau_\Sigma)^2$。PI 调节器放大系数 $K_{PI} = K_{op}\tau_1\tau/K_d$。

2. 控制器的离散化

系统设计的第二步是要将控制器离散化，将设计的式（4-23）的 PI 调节器转换为 Z 域的传递函数或者差分方程，以实现计算机控制。在控制器离散化时，首先确定采样周期 T_{sam}，然后可以用多种方法离散化。

（1）脉冲响应不变法 使用脉冲响应不变法时，首先将 PI 调节器分解

$$W_{PI}(s) = \frac{K_{PI}(\tau s + 1)}{\tau s} = K_{PI} + \frac{K_{PI}}{\tau s}$$

再进行 Z 变换，得到 Z 域的 PI 调节器为

$$W_{PI}(Z) = Z[W_{PI}(s)] = K_{PI} + \frac{K_{PI}}{\tau} \frac{Z}{(Z-1)} = \frac{K_{PI}}{\alpha} \times \frac{1 - \alpha Z^{-1}}{1 - Z^{-1}} \tag{4-24}$$

其中 $\alpha = \tau/(\tau+1)$。写成差分方程为

$$U_d(k) = U_d(k-1) + \frac{K_{PI}}{\alpha}[e(k) - \alpha e(k-1)] \tag{4-25}$$

当 $\tau < 1$ (s) 时，$\alpha < 0.5$，使系统存在一个小于 0.5 的零点，会导致系统振荡严重。该方法对于 $\tau < 1$ (s) 的情况不适用。

(2) 后向差分法　后向差分法将变换关系 $s = (1 - Z^{-1})/T_{sam}$ 代入 S 域 PI 调节器，可以得到与式 (4-23) 相同的结构，即

$$W_{PI}(Z) = Z[W_{PI}(s)] = \frac{K_{PI}}{\alpha} \times \frac{1 - \alpha Z^{-1}}{1 - Z^{-1}} \tag{4-26}$$

只是其中的参数 $b = 2\tau/(2\tau + T_{sam})$。因为一般采样周期 $T_{sam} \ll \tau$，所以该方法将在 1 的附近有一个零点，可以得到超调很小的控制特性。差分方程与式 (4-25) 相同，为

$$U_d(k) = U_d(k-1) + \frac{K_{PI}}{\alpha}[e(k) - \alpha e(k-1)] \tag{4-27}$$

(3) 双线性变换法　双线性变换法将变换关系 $s = \frac{2}{T_{sam}} \cdot \frac{1 - Z^{-1}}{1 + Z^{-1}}$ 代入 S 域 PI 调节器，可以得到 Z 域 PI 调节器

$$W_{PI}(Z) = Z[W_{PI}(s)] = \frac{K_{PI}}{b} \times \frac{1 - \alpha Z^{-1}}{1 - Z^{-1}} \tag{4-28}$$

其中的参数 $\alpha = (2\tau - T_{sam})/(2\tau + T_{sam})$，$b = 2\tau/(2\tau + T_{sam})$。因为一般采样周期 $T_{sam} \ll \tau$，所以该方法将在小于 1 的位置有一个零点，系统具有很小的超调。差分方程为

$$U_d(k) = U_d(k-1) + \frac{K_{PI}}{b}[e(k) - \alpha e(k-1)] \tag{4-29}$$

从以上分析可知，后向差分法与双线性变换法因不受条件限制而得到更多的应用。在求出差分方程后，计算机编程就非常容易了，不再继续讨论。

三、设计示例与性能分析

这里以下面的例子对计算机控制的直流调速系统性能进行分析。

某直流电动机额定电压 $U_N = 220V$，额定转速 $n_N = 1500r/min$，电磁时间常数 $T_1 = 0.044s$，机电时间常数 $T_m = 0.3s$，电动机增益 $K_d = 7.4$，数字滤波器延时 $T_{on} = 0.02s$，选择采样周期 $T_{sam} = 0.01s$，试用典型 I 型系统设计单闭环直流调速系统。

1. 连续域 PI 调节器设计

根据例中电动机参数，得到电动机在连续域的传递函数为

$$W_M(s) = \frac{n(s)}{U_d(s)} = \frac{K_d}{T_1 T_m s + T_m s + 1} = \frac{7.4}{0.0132 s^2 + 0.3s + 1} = \frac{7.4}{(0.0536s + 1)(0.246s + 1)}$$

故有 $\tau_1 = 0.246s$，$\tau_2 = 0.0536s$ 采用典型 I 型系统设计，求得 $\tau_\Sigma = T_{sam}/2 + T_{on} + \tau_2 = 0.0786s$，则系统控制对象传递函数为

$$W_d(s) \approx \frac{K_d}{(\tau_\Sigma s + 1)(\tau_1 + 1)} = \frac{7.4}{(0.0786s + 1)(0.246s + 1)}$$

在该二阶系统的设计中，如果取阻尼系数 $\xi = 0.707$，即开环系统的放大倍数为 $K_{op} = 1/2\tau_\Sigma = 6.36$，并且令 PI 调节器 $\tau = \tau_1 = 0.246s$，得到 $K_{PI} = K_{op}\tau/K_d = 0.211$，即在连续域 PI 调节器为

$$W_{PI}(s) = \frac{K_{PI}(\tau s + 1)}{\tau s} = \frac{0.211(0.246s + 1)}{0.246s} = \frac{0.859(0.246s + 1)}{s}$$

2. PI 调节器的离散化

可以用后向差分法或者双线性变换法进行离散化。因为典型I型系统的截止角频率 $K_{op} = 1/2\tau_\Sigma < 1/\tau_\Sigma = 12.72$，如果使用后向差分法得到 $\alpha = \tau/(\tau + T_s) = 0.961$，PI 调节器在 Z 域的传递函数为

$$W_{PI}(Z) = \frac{K_{PI}}{\alpha} \times \frac{1 - \alpha Z^{-1}}{1 - Z^{-1}} = 0.220 \frac{1 - 0.961Z^{-1}}{1 - Z^{-1}}$$

差分方程为

$$U_d(k) = U_d(k-1) + 0.220 \times [e(k) - 0.961 \times e(k-1)]$$

如果使用双线性变换方法，得到 $\alpha = (2\tau - T_{sam})/(2\tau + T_{sam}) = 0.960$，$b = 2\tau/(2\tau + T_{sam}) = 0.98$，于是

$$W_{PI}(Z) = \frac{K_{PI}}{b} \times \frac{1 - \alpha Z^{-1}}{1 - Z^{-1}} = 0.215 \frac{1 - 0.960Z^{-1}}{1 - Z^{-1}}$$

差分方程为 $U_d(k) = U_d(k-1) + 0.215 \times [e(k) - 0.960 \times e(k-1)]$

可以看到，两种变换方法的结果近似，零极点基本上一致，增益略有区别。

3. 系统仿真与性能分析

在系统设计完成后，可以通过 SIMULINK 仿真确定系统的特性。单闭环调速系统仿真的转速响应曲线如图 4-20（a）所示。由于电源电压不能超过 220V，该系统 PI 调节器输出使用了限幅控制，图 4-20（b）为控制电压曲线。对于图 4-20（a）所示的电源电压限幅后的特性，如果已满足要求，则不需要增加其他改进算法。

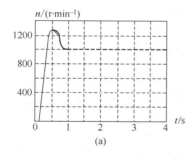
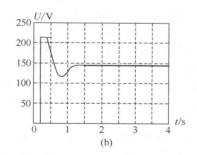

图 4-20　直流调速系统响应曲线

图 4-20（a）所示的转速响应曲线有超调，这是因为在设计中取阻尼系数 $\xi = 0.707$。如果不希望有超调或者希望减小超调，可以选择阻尼系数 $\xi = 1$ 或者 $\xi = 0.8$。图 4-21 为不同阻尼系数下的转速阶跃响应曲线。

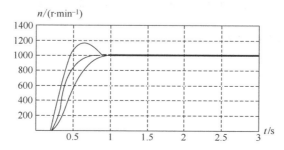

图 4-21　不同阻尼系数下的转速阶跃响应曲线

本 章 小 结

模拟系统具有物理概念清晰、控制信号流向直观等优点，便于学习入门，但其控制规律体现在硬件电路和所用的器件上，因而线路复杂、通用性差，控制效果受到器件的性能、温度等因素的影响。

以微处理器为核心的数字控制系统（简称微机数字控制系统）硬件电路的标准化程度高，制作成本低，且不受器件温度漂移的影响；其控制软件能够进行逻辑判断和复杂运算，可以实现不同于一般线性调节的最优化、自适应、非线性、智能化等控制规律，而且更改起来灵活方便。

总之，微机数字控制系统的稳定性好，可靠性高，可以提高控制性能，此外，还拥有信息存储、数据通信和故障诊断等模拟控制系统无法实现的功能。

由于计算机只能处理数字信号，因此，与模拟控制系统相比，微机数字控制系统的主要特点是离散化和数字化。

离散化：为了把模拟的连续信号输入计算机，必须首先在具有一定周期的采样时刻对它们进行实时采样，形成一连串的脉冲信号，即离散的模拟信号，这就是离散化。

数字化：采样后得到的离散信号本质上还是模拟信号，还须经过数字量化，即用一组数码（如二进制码）来逼近离散模拟信号的幅值，将它转换成数字信号，数字化采用计算机控制电力传动系统的优越性在于：

· 可显著提高系统性能。采用数字给定、数字控制和数字检测，系统精度大大提高；可根据控制对象的变化，方便地改变控制器参数，以提高系统抗干扰能力。

· 可采用各种控制策略。可变参数 PID 和 PI 控制。

· 可实现系统监控功能。状态检测；数据处理、存储与显示；越限报警；打印报表等。

习 题 与 思 考 题

4-1　采用计算机控制调速系统的优越性有哪些？

4-2　如何把模拟的连续信号转换为计算机能识别数字信号？

4-3　如何确定反馈信号的采样频率？

4-4　旋转编码器的数字测速方法有几种？各种方法有何特点？

4-5　画出数字 PI 调节器的程序框图。

4-6　直流电机额定转速 $n_N = 375 \text{r/min}$，电枢电流额定值为 $I_{dN} = 760 \text{A}$，允许过流倍数 $\lambda = 1.5$，计算机内部定点数占一个字的位置（6位），试确定数字控制系统的转速反馈存储系数和电流反馈存储系数，适当考虑余量。

4-7　旋转编码器光栅数为 1024，倍频系数为 4，高频时钟脉冲频率角 $f_0 = 1 \text{MHz}$，旋转编码器输出的脉冲个数和高频时钟脉冲个数均采用 16 位计数器，M 法和 T 法测速时间均为 0.01s，求转速 $n = 1500 \text{r/min}$ 和 $n = 150 \text{r/min}$ 时的测速分辨率和误差率最大值。

4-8　某计算机控制的单闭环直流调速系统。电动机额定功率 $P_N = 2.5 \text{kW}$，额定电压 $U_N = 220 \text{V}$，额定电流 $I_{dN} = 15 \text{A}$，额定转速 $n_N = 500 \text{r/min}$，电枢电阻 $R_a = 0.5 \Omega$，电感 $L_a = 2.5 \text{mH}$，主电路总电阻 $R_{\Sigma a} = 1.0 \Omega$，电动机飞轮矩 $GD^2 = 2.2 \text{N} \cdot \text{m}^2$。转速测量滤波器的时间常数 $T_{on} = 5 \text{ms}$。

（1）确定系统的采样周期 T_{sam}，求出单闭环调速系统的动态数学模型；

（2）设计转速调节器；

（3）将控制器离散化，求差分方程。

第二篇

交流调速系统

交直流拖动是在 19 世纪中期后诞生的。在 20 世纪的大部分年代里，约占整个电力拖动容量 80% 的不变速拖动系统都采用的是交流电机，而只占 20% 的高控制性能可调速拖动系统采用的是直流电动机。这几乎已经成为一种举世公认的格局。交流调速系统的方案虽然早已有多种发明并得到实际应用，但其性能始终无法与直流调速系统相匹配。直到 70 年代初叶，席卷世界先进工业国家的石油危机，才迫使他们投入大量的人力和财力去研究高效性能的交流调速系统，期望用它来节约能源。经过十多年的努力，到了 80 年代大见成效，一直被认为是天经地义的交直流拖动的分工格局被逐渐打破，高性能交流调速系统应用的比重逐年上升。今天，在各工业部门中用交流调速拖动取代直流拖动已成为趋势。

本篇主要介绍交流调压调速系统和串级调速系统、交流异步电动机变频调速系统、无换向器电动机调速系统，共分三章。

第五章　交流调压调速系统和串级调速系统

【内容提要】

本章把交流调速系统的概述、闭环控制的交流调压调速系统、串级调速系统合在一章作一介绍。首先按照对转差功率的不同处理方式，将交流异步电动机调速系统进行了分类。然后讨论了交流异步电动机调压调速系统，简要介绍了晶闸管交流调压器，着重分析了闭环控制的交流异步电动机调压调速系统。介绍了电磁转差离合器调速系统。最后从绕线式转子异步电机串级调速原理入手，讨论了晶闸管串级调速系统，简要讨论了串调系统中转子整流器的特殊工作状态和串调系统的机械特性，详细分析双闭环控制的串级调速系统。

第一节　概　述

一、交流调速系统的特点

直流调速系统的主要优点在于调速范围广、静差率小、稳定性好以及具有良好的动态性能。在相当长时期内，高性能的调速系统几乎都采用直流调速系统。尽管如此，直流调速系统却解决不了直流电动机本身的换向问题和在恶劣环境下的不适用问题，同时制造大容量、高转速及高电压直流电动机也十分困难，这就限制了直流拖动系统的进一步发展。

交流电动机自 1885 年出现后，由于没有理想的调速方案，因而长期用于恒速拖动领域。20 世纪 70 年代后，国际上解决了交流电动机调速方案中的关键问题，使得交流调速得到迅速发展，现在交流调速系统已逐步取代了大部分直流调速系统。目前，交流调速系统已具备了宽调速范围、高稳态精度、快速动态响应、高工作效率以及可以四象限运行等优异性能，其静、动态特性均可以与直流调速系统相媲美。

交流调速系统与直流调速系统相比，具有如下特点。

① 容量大。

② 转速高且耐高压。

③ 交流电动机的体积、重量、价格比同等容量的直流电机小，且结构简单、经济可靠、惯性小。

④ 交流电动机环境适应性强，坚固耐用，可以在十分恶劣的环境下使用。

⑤ 高性能、高精度的新型交流拖动系统已达到同直流拖动系统一样的性能指标。

⑥ 交流调速系统能显著地节能。

从各方面来看，交流调速系统最终将取代直流调速系统。

二、交流调速系统的分类

从交流异步电动机的转速表达式：

$$n = \frac{60f_1}{p}(1-s)$$

可归纳出交流异步电动机的三类调速方法：变极对数 p 的调速、变转差率 s 调速及变电源频率 f_1 调速。为此常见的交流调速系统分类方法有：①变极调速；②调压调速；③绕线式异步电动机转子串电阻调速；④绕线式异步电动机串级调速；⑤电磁转差离合器调速；⑥变频调速等（其中②、③、④、⑤属变 s 调速）。以上是一种比较传统的分类方法。

另一种分类方法是：看调速系统是如何处理转差功率的，转差功率是消耗掉还是得到回收，还是保持不变？从这点出发，可以把异步电动机的调速系统分成三类。

(1) 转差功率消耗型调速系统——转差功率全部转化成热能而被消耗掉。这类系统的调速效率低，它们是以增加转差功率的消耗来换取转速的降低（恒转矩负载时），越向下调速，效率越低。可这类系统结构最简单，因而还有一定的应用场合。上述第②、③、⑤的调速系统属于这类系统。

(2) 转差功率回馈型调速系统——转差功率的少部分被消耗掉，大部分则通过变流装置回馈给电网或者转化为机械能予以利用。转速越低，回收的转差功率越多。异步电动机串级调速④就属于这类系统。这类系统的效率显然比上一类要高得多。

(3) 转差功率不变型调速系统——这类系统在调速过程中，转差功率的消耗基本不变，因此效率最高。上述中的第①、⑥种调速系统属于此类。其中变极对数 p 的方法只能实现有级调速，应用场合有限。只有变频调速应用最广，可以构成高动态性能的交流调速系统，是最有发展前途的。

第二节　交流异步电动机调压调速系统

异步电动机调压调速和电磁转差离合器调速都属于转差功率消耗型的调速系统。本节分别介绍调压调速系统和电磁转差离合器调速系统，并着重分析它们的闭环控制。

一、交流异步电动机调压调速原理和方法

(一) 调压调速原理

根据异步电动机的机械特性方程式

$$T_e = \frac{3pU_1^2 R_r'/s}{\omega_1[(R_s + R_r'/s)^2 + \omega_1^2(L_{11} + L_{12}')^2]} \tag{5-1}$$

式中　　p——电动机的极对数；

U_1，ω_1——电动机定子相电压和供电角频率；

S——转差率；

R_s，R'_r——定子每相电阻和折算到定子侧的转子每相电阻；

L_{11}，L'_{12}——定子每相漏感和折算到定子侧的转子每相漏感。

可见，当转差率 s 一定时，电磁转矩 T_e 与定子电压 U_1 的平方成正比。改变定子电压可得到一组不同的人为机械特性，如图 5-1 所示。

在带恒转矩负载 T_L 时，可得到不同的稳定转速，如图中的 A、B、C 点，其调速范围较小；而带风机泵类负载时，可得到较大的调速范围，如图中的 D、E、F 点。

所谓调压调速，就是通过改变定子外加电压来改变电磁转矩 T_e，从而在一定的输出转矩下达到改变电动机转速的目的。即：$U_1\updownarrow \to T_e\updownarrow \to n\updownarrow$。

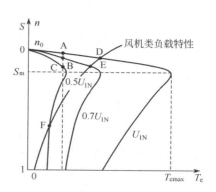

图 5-1　异步电动机在不同电压下的机械特性

（二）调压调速方法

交流调压调速是一种比较简便的调速方法，关键是如何获取可调的交流调压电源。为了获得可调交流电压，可采用下列调压方法。

1. 采用调压器调压

过去主要是利用自耦变压器 TU（小容量时）调压，其原理图如图 5-2（a）所示，它的调压原理是很好理解的。

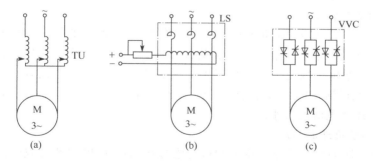

图 5-2　异步电动机调压调速原理

2. 采用饱和电抗器调压

原理如图 5-2（b）所示，饱和电抗器 LS 是带有直流励磁绕组的交流电抗器。改变直流励磁电流 I_L 可以控制铁芯的饱和程度，达到改变饱和电抗器的电感值 L_s，从而改变其交流电抗值 X_L。铁芯饱和时，交流电抗很小，因而电动机定子所得电压高；铁芯不饱和时，交流电抗随直流励磁电流而变化，因而定子电压也随其变化，从而实现调压调速。过程如下：

$I_L\updownarrow \to L_s\updownarrow \to X_L\updownarrow \to u_1\updownarrow \to n\updownarrow$。

3. 采用晶闸管交流调压器调压

原理如图 5-2（c）所示。采用三对反并联的晶闸管或三个双向晶闸管调节电动机定子电压，这就是晶闸管交流调压。晶闸管元件组成的调压器是交流调压器的主要形式。

现以单相调压电路为例来说明晶闸管的控制方式，单相调压电路如图 5-3 所示，其控制方法有以下两种。

　　（1）相位控制方式　通过改变晶闸管的导通角来改变输出交流电压。电压输出波形如图5-4所示。

　　特点：输出电压较为精确、快速性好；但有谐波污染。

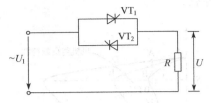

图 5-3　晶闸管单相调压电路

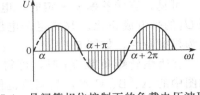

图 5-4　晶闸管相位控制下的负载电压波形

　　（2）开关控制方式　把晶闸管作为开关，将负载与电源完全接通几个半波，然后再完全断开几个半波。交流电压的大小靠改变通断时间比 t_0/t_p 来调节。输出电压波形如图5-5所示。

　　特点：采用"过零"触发，谐波污染小；转速脉动较大。

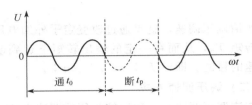

图 5-5　晶闸管开关控制下的负载电压波形

二、交流调压电路

（一）单相交流调压电路

　　晶闸管单相交流电压电路有多种形式，这里分析广泛应用的反并联电路，电路中的晶闸管控制采用相位控制方式。

　　1. 电阻性负载的情形

　　晶闸管单相反并联电路如图5-3所示。当电源电压 U_1 为正半周，控制角为 α 时，触发晶闸管 VT_1 使之导通，电源通过 VT_1 向负载 R 供电，U_1 过零变负时，VT_1 自行关断。U_1 负半周时，在同一控制角 α 触发 VT_2 使之导通，电源通过 VT_2 向负载供电。不断重复上述过程，在负载 R 上得到正负对称的交流电压，如图5-4所示。显然，改变控制角 α 就可改变负载 R 上交流电压和电流的大小。

　　2. 电阻-电感性负载的情形

　　当交流调压电路的负载是像交流电动机绕组那样的电阻-电感性负载时，晶闸管的工作情况与电阻性负载时就不同了，此时晶闸管的工作不仅与触发控制角 α 有关，还与负载电路的阻抗角 φ 参数有关。在单相交流调压电路中，当以阻抗角 φ 来表征电阻-电感性负载的参数情况时，通过分析，可以得到如下结论：对电阻-电感性负载，晶闸管调压电路应采用宽脉冲或脉冲列方式触发，晶闸管控制角的正常移相范围为 $\varphi \leqslant \alpha \leqslant 180°$。

（二）三相交流调压电路

　　交流调压调速需要三相交流调压电路，晶闸管三相交流调压电路的接线方式很多，工业上常用的是三相全波星形联结的调压电路。如图5-6所示。这种电路接法的特点是负载输出谐波分量低，适用于低电压大电流的场合。

　　要使该电路正常工作，必须满足下列条件。

　　① 在三相电路中至少要有一相的正向晶闸管与另一相的反向晶闸管同时导通。

　　② 要求采用宽脉冲或双窄脉冲触发电路。

　　③ 为了保证输出电压三相对称并有一定的调节范围，要求晶闸管的触发信号除了必须

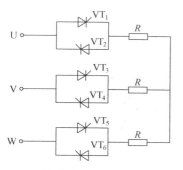

图 5-6　三相全波星形联结的调压电路

与相应的交流电源有一致的相序外，各触发信号之间还必须严格地保持一定的相位关系。即要求 U、V、W 三相电路中正向晶闸管（即在交流电源为正半周时工作的晶闸管）的触发信号相位互差 120°，三相电路中反向晶闸管（即在交流电源为负半周时工作的晶闸管）的触发信号相位也互差 120°；但同一相中反并联的两个正、反向晶闸管的触发脉冲相位应互差 180°。根据上面的结论，可得出三相调压电路中各晶闸管触发的次序为 VT₁、VT₂、VT₃、VT₄、VT₅、VT₆、VT₁…，相邻两个晶闸管的触发信号相位差为 60°。

三相交流调压电路的输出波形较复杂，详细内容可参考有关专门资料。

三、闭环控制的调压调速系统

（一）异步电动机调压调速时的机械特性

1. 普通异步电动机调压调速时存在的问题

① 普通异步电动机调压时调速范围不大（恒转矩负载），如图 5-1 中 A、B、C 点；

② 在 $s \geqslant s_m$ 的低速段，调速范围虽大，但系统运行不稳定，且低速时，转差功率增大，转子阻抗减小，转子电流增大。

2. 解决问题的措施

使用高转子电阻的电动机。高转子电阻异步电动机的机械特性如图 5-7 所示。

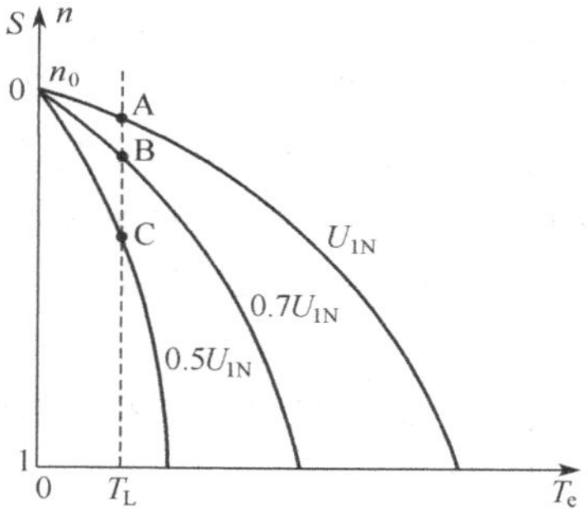

可见恒转矩负载下调速范围大了而转子电流小了。

图 5-7　高转子电阻异步电动机在不同电压下的机械特性

（二）闭环控制的调压调速系统

转子电阻的增大使调速范围扩大，但是机械特性变软，转速静差率变大。解决矛盾的根本方法是：采用带速度负反馈的闭环控制。

图 5-8（a）是带转速负反馈的闭环调压调速系统原理图，图 5-8（b）是相应的调速系统静特性。如果系统带负载 T_L 在 A 点运行，当负载增大引起转速下降时，反馈控制作用将提高定子电压，使转速恢复，即在一条新的机械特性上找到工作点 A′。同理，当负载减小使转速升高时，也可得到新工作点 A″。将工作点 A′、A、A″连接起来便是闭环系统的静特性。尽管异步电动机的开环机械特性和直流电动机的开环机械特性差别很大，但在不同开环机械特性上各取相应的工作点，连接起来得到闭环系统静特性这样的分析方法是完全一致的。所以，虽然交流异步力矩电机的机械特性很软，但由系统放大系数决定的闭环系统静特性却可以很硬。如果采用 PI 调节器，照样可以做到无静差。改变给定信号 U_n^*，则静特性上下平行移动，达到调速的目的。这样的静特性由于具有一定的硬度，所以不但能保证电机在低速下的稳定运行，而且提高了调速的精度，扩大了调速范围，一般可达 10∶1。

和直流变压调速系统不同的是：在额定电压 U_{1N} 下的机械特性和最小输出电压 U_{1min} 下的机械特性是闭环系统静特性左右两边的极限，当负载变化达到两侧的极限时，闭环系统便失去控制能力，回到开环机械特性上工作。

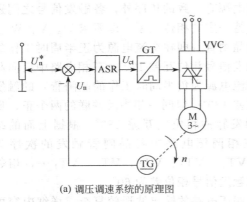

(a) 调压调速系统的原理图

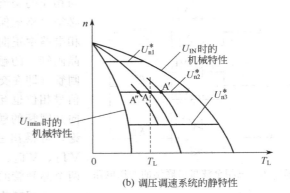

(b) 调压调速系统的静特性

图 5-8　转速闭环调压调速系统

（三）调压调速系统闭环静态结构图

根据图 5-8（a）的系统原理图，可画出系统的静态结构框图，如图 5-9 所示。

它与单闭环直流调速系统的静态结构框图非常相似，只要将单闭环直流调速系统中的晶闸管整流器、直流电动机换成晶闸管交流调压器（即图中的晶闸管调压装置）、异步电动机即可。

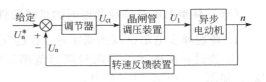

图 5-9　调压调速系统闭环静态结构框图

（四）调压调速系统的可逆运行及制动

1. 可逆运行

实现的办法是：改变定子供电电压的相序，如图 5-10 所示。

图中晶闸管 1~6 供给电动机定子正相序电压；而晶闸管 7~10 及 1、4 供给定子反相序电压。

2. 反接制动与能耗制动

反接制动时，工作的晶闸管为供给反相序电源的 6 个元件。

耗能制动时，可不对称地控制某几个晶闸管工作。

例：使 1、2、6 三个元件导通，其他元件都不工作，这样就可使电机定子绕组中流过直流电流，实现能耗制动。

所以调压调速系统具有良好的制动特性。

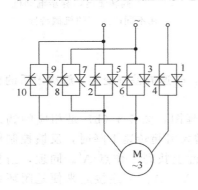

图 5-10　电动机的正、反转及制动电路

（五）调压调速系统中的能耗与效率分析

由异步电动机的运行原理可知：当电动机定子接入三相交流电源后，定子绕组中建立的旋转磁场在转子绕组中感应出电流，两者相互作用产生电磁转矩 T_e 使转子加速，直到稳定于低于同步转速 n_0 的某一转速 n。由于旋转磁场和转子承受同样的转矩，但具有不同的转速，因此传到转子上的电磁功率 P_2 与转子轴上产生的机械功率 P_M 之间存在功率差 P_s，大小为

$$P_s = P_2 - P_M = \frac{1}{9550}T_e n_0 - \frac{1}{9550}T_e n = \frac{1}{9550}T_e(n_0 - n) = sP_2 \tag{5-2}$$

P_s 称为转差功率，它将通过转子导体发热而消耗掉，图 5-11 为异步电动机的能量流程图。其中 P_0 为转子轴上输出功率。P_{Cu1}、P_{Cu2} 为定、转子铜耗，P_{Fe} 为定子铁耗，ΔP_M 为

机械损耗。

由图可以看出，除了转差功率外，电动机中还存在其他能量损耗，不过对调压调速系统来说，特别是在低速时，转差功率占主要成分。因此若忽略其他损耗，则电动机的效率为

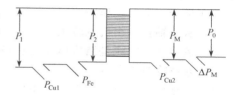

$$\eta = \frac{P_0}{P_1} \approx \frac{P_M}{P_2} = \frac{n}{n_0} = 1-s \qquad (5\text{-}3)$$

图 5-11　异步电动机的能量流程图

讨论：

① 恒转矩负载时：有 $T_e = T_L$ 不变；因 f_1 不变，故 n_0 不变，电磁功率 P_2 也不变。随着转速的降低，转差功率 sP_2 增大，效率降低。

② 风机泵类负载时：有 $T_e = T_L = Kn^2$，T_e、P_2 随转速以平方速率下降，尽管低速时，s 增大，但总的转差功率 $P_s = sP_2$ 下降，损耗变小。

所以，调压调速系统适合于风机、水泵等设备的调速节能。

四、电磁转差离合器调速系统

在交流调速系统中，有一种控制性能与调压调速系统相似的电磁转差离合器调速系统。这种调速系统以其装置简单、运行可靠等优点，广泛应用于工业生产中。

电磁转差离合器调速系统是由笼型异步电动机、电磁转差离合器以及控制装置组合而成，为改善其运行特性，常加上测速反馈环节组成转速负反馈控制系统。笼型电动机作为原动机以恒速带动电磁转差离合器的电枢转动，通过对电磁离合器励磁电流的控制实现对其磁极的转速调节。通常把电磁转差离合器、交流原动机及测速发电机组装成一个整体。

（一）电磁转差离合器的基本结构与工作原理

图 5-12 为电磁转差离合器的结构示意图。

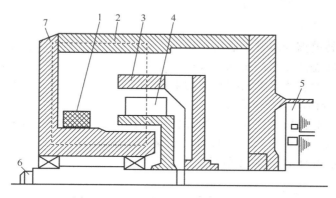

图 5-12　电磁转差离合器原理结构图

1. 电磁转差离合器的组成

它主要由电枢、机座、磁极、励磁绕组、导磁体组成。图中各项含义如下。

① 直流励磁绕组：由控制装置送来的可调压直流电供电，产生固定磁场；

② 机座：它既是离合器的结构体，又是磁路的一部分；

③ 电枢：它是圆筒形实心钢体，兼有导磁、导电作用，它直接套在作为原动机的异步电动机 5 的轴上，作为主动转子，转速与拖动它的异步电动机相同。运行时，在电枢中感应电动势并产生涡流；

④ 磁极：它是齿轮形的，由低碳钢铸成，因此也称齿极。它作为从动转子固定在从动

轴 6 上而输出转矩，在机械上与电枢 3 无连接，借助气隙分开；

　　⑤ 异步电动机：作为原动机可与电磁转差离合器组成一个整体；

　　⑥ 从动轴：输出机械转矩；

　　⑦ 磁导体：它既是结构体又是磁路的一部分。

　　2. 电磁转差离合器的转动原理

　　① 励磁绕组通以直流电产生主磁通，磁路为：机座→气隙→电枢→气隙→磁极→导磁体→机座；

　　② 磁路中，由于磁极断面有齿有槽，在齿凸极部分磁力线较密，在槽间部分磁力线较稀，气隙磁场为空间的脉动磁场；

　　③ 原动机拖动电枢恒速定向旋转，电枢切割脉动磁场，电枢中感生电动势并产生电流（涡流）；

　　④ 涡流为交变涡流，它产生幅向脉动的电枢反应磁场，与主磁通合成并产生转矩；

　　⑤ 此电磁转矩驱动磁极跟着电枢同方向运动，磁极就带着生产机械一同旋转。

　　3. 电磁转差离合器的转速和转向

　　① 从动轴的转速 n 取决于励磁电流的大小；

　　② 从动轴的转向则取决于原动机的转向。

　　电磁转差离合器本身并不是一个电动机，它只是一种传递功率的装置。

　　（二）电磁转差离合器调速系统的组成及机械特性

　　1. 电磁转差离合器的机械特性

　　电磁转差离合器的机械特性如图 5-13，这是不同励磁电流时的一组机械特性。

　　经验公式表达：

$$n = n_1 - K \frac{T_e}{I_L^4}$$

式中　n_1——原动机转速；

　　　　T_e——电磁转差离合器轴上输出转矩；

　　　　I_L——电磁转差离合器的励磁电流；

　　　　K——与电磁转差离合器结构有关的常数。

　　2. 电磁转差离合器闭环调速系统

　　电磁转差离合器的机械特性很软，实际使用时都加上
转速负反馈控制，从而可获得 10∶1 的调速范围。闭环系
统的组成与相应的静特性如图 5-14 所示。

图 5-13　电磁转差离合器的机械特性

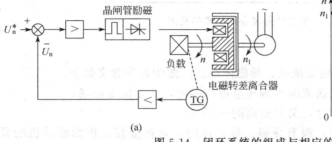
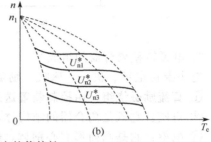

(a)　　　　　　　　　　　　　　　　(b)

图 5-14　闭环系统的组成与相应的静特性

　　由于这种电磁转差离合器调速系统控制简单、价格低廉，因此广泛应用于一般工业设备中。但由于它在低速运行时损耗较大，效率较低（高速时效率仅为 80%～85%）。所以特别

适用于要求有一定的调速范围又经常运行在高速的装置中。

五、交流异步电动机调压调速系统和滑差电机调速系统实例

下面分别介绍成套产品——KJF系列双向晶闸管调压调速装置和JZT₁型单手操作简易式转差离合器控制装置。

（一）KJF系列双向晶闸管调压调速装置

1. 主要技术指标

① 控制对象：三相异步电动机、交流输入三相50Hz，进线电压380V。

② 装置功率：小于40kW。

③ 调速范围：5：1左右，对力矩电机可达10：1。

④ 稳态精度：静态误差不大于2.5%～5.5%。

⑤ 控制电压：0～8V。

⑥ 交流输出：交流三相电压连续可调。

该调压装置既能对异步电动机实现无级平滑调速，也能作为工业加热、灯光控制用的交流调压器。

2. 系统原理图

如图5-15所示。

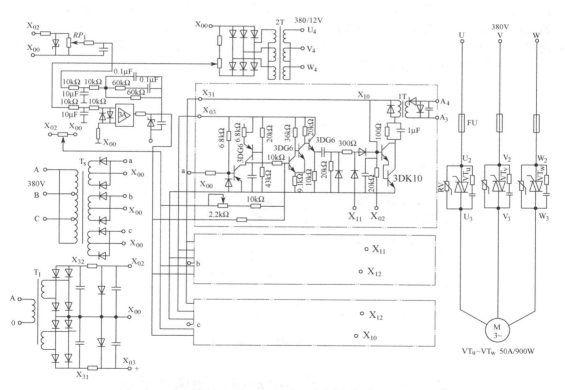

图 5-15　KJF系列双向晶闸管调压调速系统原理图

（1）主电路

本系统采用三只双向晶闸管，它具有体积小，控制极接线简单。U、V、W为交流输入端。U_3、V_3、W_3为输出端——接电动机定子绕组。为了保护晶闸管，在晶闸管两端接有阻容吸收装置和压敏电阻。

（2）控制电路

速度给定电位器 RP_1 所给出的电压经运算放大器 3A 组成的速度调节器送入移相触发电路。3A 还可得到来自测速发电机的转速反馈信号或来自受电器端电压的电压反馈信号。以构成闭环系统。

（3）移相触发器

双向晶闸管有四种触发方式，本系统中采用"Ⅰ"和"Ⅲ"方式，即要求在主电路电压正、负半波时都给出一个负脉冲，因为负脉冲触发所需要的门极电压和电流较小，可保证可靠触发。TS 是同步变压器，为保证晶闸管在正、负半波电压时都能被触发，且又有足够的移相范围，所以 TS 采用 $\Delta/Y\text{-}11$ 的接线方式。

移相触发器电路采用锯齿波同步方式。可产生双脉冲并有强触发脉冲电源（＋40V）经 X_{31} 送到脉冲变压器的初级侧。

（二）ZLT$_1$ 型转差离合器控制装置

目前中国已有电磁转差离合器系列产品，图 5-16 为上海电器成套厂生产的 JZT$_1$ 型单手操作简易式转差离合器控制装置。它由给定比较环节、单结晶体管移相触发电路，晶闸管整流电路等组成。

晶闸管整流电路采用单相半波整流，带续流二极管输出给转差离合器的励磁绕组。并用压敏电阻 RY 与 R_1C_1 阻容元件作过电压保护。给定电压由 38V 电源变压器经整流滤波从电位器 RP_2 上获得，与电位器 RP_4 上的转速信号比较后送到移相触发电路。本装置的触发电路为单结晶体管移相触发电路。还有电压微分反馈电路，该电路由 R_7、RP_1、C_6、C_7 等元件组成，以改善系统的动态稳定性。

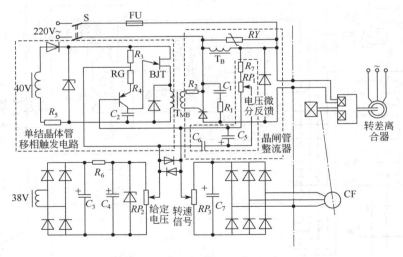

图 5-16　ZLT$_1$ 型控制装置电气原理图

第三节　绕线式异步电动机串级调速系统

绕线式异步电动机串级调速属转差功率回馈型调速。

一、串级调速原理

（一）串电阻调速的原理

众所周知，绕线式异步电动机在转子回路中串接附加电阻可实现调速，其原理如下：

从转子电流表达式：

$$I_2 = \frac{sE_{20}}{\sqrt{(R_2 + R_f)^2 + (sX_{20})^2}}$$

可知，当转子回路串入电阻 R_f 后，转子电流 I_2 瞬时降低，电动机的电磁转矩 T_e 也随转子电流 I_2 值的减小而相应降低，出现电磁转矩小于负载转矩的状态，稳定运行条件被破坏，电动机减速。随着转速的降低，转差率 s 值增大，转子电流回升，电磁转矩也相应回升，当电磁转矩与负载转矩又相等时，减速过程结束，电动机就在新的转速下稳定运转。此时转速已变低，实现了调速。即

串入电阻 $R_f \rightarrow I_2 \downarrow \rightarrow T_e \downarrow \rightarrow T_e < T_L \rightarrow \dfrac{dn}{dt} < 0 \rightarrow n \downarrow \rightarrow s \uparrow \rightarrow sE_{20} \uparrow \rightarrow I_2 \uparrow \rightarrow T_e \uparrow$ 直至 $T_e = T_L$，达到新的平衡，但此时速度已经下降。

串电阻调速方法虽然简单方便，但无论从调速的性能还是从节能的角度来看，这种调速方法的性能都是低劣的。可从串电阻调速的原理获得串级调速的启发。

（二）串级调速原理

从串电阻调速的原理可知，为了改变绕线式异步电动机的转子电流，除了在转子回路串电阻外，还可以在转子回路中串入与转子电势同频率的附加电势，通过改变附加电势的幅值和相位实现调速。这样，在低速运转时，转差功率只有一小部分在转子绕组本身的电阻上消耗掉，而大部分被串入的附加电势所吸收，再利用产生附加电势的装置，设法把所吸收的这部分转差功率回馈给电网（或再送回电动机轴上输出），这样就使电机在低速运转时仍具有较高的效率，这种在绕线式异步电动机转子回路中串入附加电势的高效率调速方法，称为串级调速。串级调速完全克服了转子串电阻调速方法的缺点，它具有高效率、无级平滑调速、较硬的低速机械特性等许多优点。

串级调速的原理如下：

当电动机转子串入的附加电势 E_f 相位与转子感应电势 sE_{20} 的相位相差 $180°$ 时，电动机在额定转速值以下调速，称为次同步调速。

从转子电流表达式

$$I_2 = \frac{sE_{20} - E_f}{\sqrt{{R_2}^2 + (sX_{20})^2}}$$

可以看出，因为串入反相位的附加电势 E_f，引起转子电流减小，而电动机的电磁转矩 T_e 随转子电流的减小也相应减小，出现电磁转矩小于负载转矩的情况，稳定运行条件被破坏，电动机减速，随着转速的降低，s 增大，转子电流回升，电磁转矩也相应回升，当电磁转矩回升到与负载阻转矩相等时，减速过程结束，电机就在新的转速下稳定运转。串入与转子感应电势相位相反的附加电势幅值越大，电机的稳定转速就越低。这就是低于同步转速的串级调速原理。即串入反电势 $E_f \rightarrow I_2 \downarrow \rightarrow T_e \downarrow \rightarrow T_e < T_L \rightarrow \dfrac{dn}{dt} < 0 \rightarrow n \downarrow \rightarrow s \uparrow \rightarrow sE_{20} \uparrow \rightarrow I_2 \uparrow \rightarrow T_e \uparrow$ 直至 $T_e = T_L$，达到新的平衡，但此时速度已经下降。

串级调速除了有同步转速以下的次同步串级调速外，还有高于同步转速的超同步串级调速。实现超同步串级调速系统只要使电机转子回路串入的附加电势 E_f 相位与转子感应电势 sE_{20} 的相位相同即可。其分析方法与次同步串级调速基本相同，读者可自行分析。

（三）串级调速系统主回路中的电源问题

1. 串级调速系统需要的电源

根据串级调速的原理，串级调速系统主回路中串入的附加电势 E_f 应该是与转子感应电

势 sE_{r0} 反相位同频率且频率随转子频率同步变化的交流变频电源。这种类型电源的获取在工程上是非常困难的。

2. 串级调速系统主回路电源的工程实现

工程上，次同步串级调速系统是用不可控整流器将转子电动势 sE_{r0} 整流为直流电动势，并与转子整流回路中串入的直流附加电动势 E_β 进行合成，通过改变 E_β 值的大小，实现低于同步转速的调速运行。而可调直流附加电动势 E_β 在工程上比较容易实现。

晶闸管串级调速系统的基本构成如图 5-17 所示。系统中，直流附加电动势 E_β 是由晶闸管有源逆变器 UI 产生的，改变逆变角就改变了逆变电动势，相当于改变了直流附加电动势 E_β，就可实现串级调速。

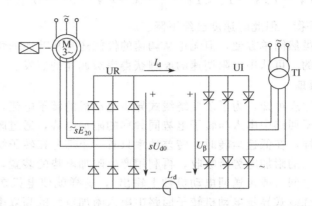

图 5-17　晶闸管串级调速系统的基本构成

电气串级调速系统具有恒转矩调速特性。

次同步晶闸管串级调速系统由于具有效率高、技术成熟、成本低等优点，所以应用广泛。

二、串级调速系统中电动机转子的工作状态

典型的次同步电气串级调速系统主回路框图如图 5-17 所示。它主要由绕线式异步电动机 M、三相桥式二极管转子整流器 UR、三相桥式晶闸管有源逆变器 UI、逆变变压器 TI、滤波电抗器 L_d 等部分组成。该系统的核心部分是有源逆变器和转子整流器。有源逆变器在变流技术中已有讨论，下面主要分析转子整流器的工作状态。

在分析串级调速系统的转子整流器时，应特别注意它与一般整流器有几点不同：

① 转子三相感应电动势的幅值和频率都是转差率 s 的函数。

② 折算到转子侧的漏抗值也是转差率 s 的函数。

③ 由于电动机折算到转子侧的漏抗值较大，换流重叠现象严重，转子整流器会出现"强迫延迟换流"现象，引起转子整流电路的"特殊工作状态"。

现定义转子整流器"特殊工作状态"的三种工作状态：

① 第一工作状态：转子整流器的换流重叠角 $0 < \gamma \leqslant 60°$，二极管元件在自然换流点换流。

② 第二工作状态：换流重叠角保持 $\gamma = 60°$ 不变，出现"强迫延迟换流角"；并且强迫延迟换流角在 $0 < \alpha_p \leqslant 30°$ 间变化。

强迫延迟换流角 α_p：二极管元件的起始换流点从自然换流点向后延迟一段时间，这段时间所对应的 α_p 角。

③ 第三工作状态：$\alpha_p = 30°$ 不变，随 I_d 增大 γ 从 $60°$ 继续增大。

第三工作状态属于故障工作状态。

图 5-18 表示了在不同工作状态下 I_d 与 γ、α_p 间的函数关系。

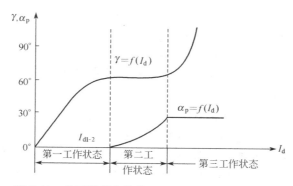

图 5-18 转子整流电路的 $\gamma = f\ (I_d)$、$\alpha_p = f\ (I_d)$

需要说明的是：讨论转子整流器"特殊工作状态"的目的是因为在不同的工作状态下，其电动机的调速特性、机械特性表达式不一样。

三、串级调速系统的调速特性和机械特性

（一）串级调速系统主回路的参数计算

根据图 5-17 所示的串级调速系统图，可画出主回路连接图，如图 5-19（a）所示。下面进行直流主回路的有关参数的计算。其方法是将电动机的定子侧参数折算到转子侧，将变压器的原边参数折算到副边；再将电动机和变压器的交流侧参数折算到直流侧。

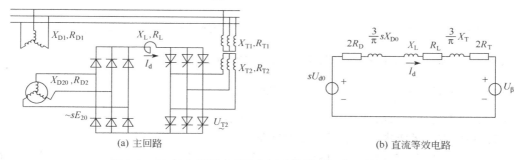

(a) 主回路   (b) 直流等效电路

图 5-19 电气串级调速系统主回路接线图和直流等效电路

（1）电动机的参数计算

图 5-19（a）中，R_{D1} 和 X_{D1} 为电动机的定子电阻和电抗，R_{D2} 和 X_{D20} 为电动机的转子电阻和转子不动时的转子电抗。

① 电动机的定子电抗折算到转子侧后，转子总电抗为

$$X_{D0} = \frac{1}{K_D^2} X_{D1} + X_{D20}$$

式中，X_{D0} 为经过折算后的转子电抗（转子不动时）；K_D 为电动机的定子电压和转子电压之比。转子转动时的转子总电抗为 $X_D = sX_{D0}$。

② 电动机的定子电阻折算到转子侧后，转子总电阻为

$$R_D = s\frac{R_{D1}}{K_D^2} + R_{D2} = sR'_{D1} + R_{D2}$$

③ 电动机转子侧参数折算到直流侧后，直流总电抗为 $\dfrac{3}{\pi}X_D = \dfrac{3}{\pi}sX_{D0}$，直流总电阻为

$$R_d = 3\left(\dfrac{I_2}{I_d}\right)^2 R_D$$

式中，I_2 和 I_d 为转子电流和直流主回路电流。

对转子整流器而言，有 $\dfrac{I_2}{I_d} = \sqrt{\dfrac{2}{3}\left(1 - \dfrac{\gamma}{2\pi}\right)^2}$，$\gamma$ 为换流重叠角，通常 $\gamma = \dfrac{\pi}{6} \sim \dfrac{2\pi}{9}$，此处简化为 $\gamma = 0$，则 $R_d = 2R_D$。

(2) 转子整流器输出整流电压的计算 $2.34sE_{20} = sU_{d0}$；

(3) 平波电抗器的电阻和电感分别为 R_L 和 X_L；

(4) 逆变变压器参数的计算 在图 5-19 (a) 中，R_{T1} 和 X_{T1} 为逆变变压器原边绕组的电阻和电抗，R_{T2} 和 X_{T2} 为变压器副边绕组的电阻和电抗。逆变变压器的参数计算与电动机基本相同。

① 变压器的原边绕组电抗折算到副边后，副边绕组总电抗为

$$X_T = \dfrac{1}{K_T^2}X_{T1} + X_{T2}$$

式中，K_T 为变压器的原边电压和副边电压之比。

② 变压器的原边绕组电阻折算到副边后，副边绕组总电阻为

$$R_T = \dfrac{1}{K_T^2}R_{T1} + R_{T2}$$

③ 变压器副边绕组总电抗折算到直流侧后，直流总电抗为 $\dfrac{3}{\pi}X_T$；

变压器副边绕组总电阻折算到直流侧后，直流总电阻为 $R_t = 3\left(\dfrac{I_{T2}}{I_d}\right)^2 R_T$

式中，I_{T2} 和 I_d 为变压器副边电流和直流主回路电流。

对变压器而言，有 $\dfrac{I_{T2}}{I_d} = \sqrt{\dfrac{2}{3}}$，则 $R_t = 2R_T$。

(5) 逆变器逆变电压的计算 $U_\beta = 2.34U_{T2}\cos\beta$。

(二) 串级调速系统主回路的直流等效电路

在上述参数计算的基础上，忽略导通二极管、晶闸管压降的直流等效电路如图 5-19 (b) 所示。

(三) 串级调速系统的调速特性

根据串级调速系统主回路的直流等效电路，可列出其直流回路电压平衡方程式，推导出改变逆变角 β 时的调速特性 $n = f(I_d)$，然后对它进行分析。

根据图 5-19 (b) 所示的直流等效电路，可列出其转子整流器第一工作状态下的直流回路电压平衡方程式

$$sU_{d0} - U_\beta = 2.34sE_{20} - 2.34U_{T2}\cos\beta = I_d\left(\dfrac{3}{\pi}sX_{D0} + \dfrac{3}{\pi}X_T + 2R_D + 2R_T + R_L\right) \quad (5\text{-}4)$$

式中 U_{T2}——逆变变压器二次侧相电压；

$R_D = sR_1' + R_2$——经过折算后的电动机转子侧每相等效电阻；

         X_{D0}——在 $s = 1$ 时折算到转子侧的电动机每相漏电抗；

$\dfrac{3}{\pi}sX_{D0}$——由转子漏抗引起的换相压降；

R_L——平波电抗器电阻；

$R_T = R'_{T1} + R_{T2}$——折算到副边的逆变变压器每相等效电阻；

$X_T = X'_{T1} + X_{T2}$——折算到副边的逆变变压器每相等效漏抗；

$\dfrac{3}{\pi} X_T$——由逆变变压器每相等效漏抗引起的换相压降。

从式（5-4）中求出转差率 s，再用 $s = 1 - n/n_0$ 代入上式得转速 n 为

$$n = \frac{2.34(E_{20} - U_{T2}\cos\beta) - I_d\left(\dfrac{3}{\pi}X_{D0} + \dfrac{3}{\pi}X_T + 2R_D + 2R_T + R_L\right)}{\dfrac{2.34E_{20} - \dfrac{3}{\pi}X_{D0}I_d}{n_0}}$$

$$= \frac{U^1 - I_d R_\Sigma}{C'_e} \tag{5-5}$$

$$U' = 2.34\ (E_{20} - U_{T2}\cos\beta)$$

式中

$$R_\Sigma = \frac{3}{\pi}X_{D0} + \frac{3}{\pi}X_T + 2R_D + 2R_T + R_L$$

$$C'_e = \frac{2.34E_{20} - \dfrac{3}{\pi}X_{D0}I_d}{n_0}$$

由式（5-5）可见，串级调速系统通过调节逆变角 β 进行调速时，其特性 $n = f(I_d)$ 相当于他励直流电动机调压调速时的调速特性。但由于串级调速系统转子直流回路等效电阻 R_Σ 比直流电动机电枢回路总电阻大，故串级调速系统的调速特性 $n = f(I_d)$ 相对要软一些。

上述结论是在串级调速系统转子整流器为第一工作状态时得到的，转子整流器处于第二工作状态时仍可用相同的方法获得调速特性，其公式如式（5-6）所示，由式（5-6）可见第二工作状态特性更软了。

$$n = \frac{2.34(E_{20}\cos\alpha_p - U_{T2}\cos\beta) - I_d\left(\dfrac{3}{\pi}X_{D0} + \dfrac{3}{\pi}X_T + 2R_D + 2R_T + R_L\right)}{\dfrac{2.34E_{20}\cos\alpha_p - \dfrac{3}{\pi}X_{D0}I_d}{n_0}}$$

$$= \frac{U'' - I_d R_\Sigma}{C''_e} \tag{5-6}$$

$$U'' = 2.34\ (E_{20}\cos\alpha_p - U_{T2}\cos\beta)$$

式中

$$R_\Sigma = \frac{3}{\pi}X_{D0} + \frac{3}{\pi}X_T + 2R_D + 2R_T + R_L$$

$$C''_e = \frac{2.34E_{20}\cos\alpha_p - \dfrac{3}{\pi}X_{D0}I_d}{n_0}$$

（四）串级调速系统的机械特性与最大转矩

由于转子整流器有第一和第二工作状态，相应地，串级调速系统机械特性也有第一和第二两个工作区，由此可以得到串级调速系统在这两个工作区的机械特性和最大转矩，并将它们与绕线式异步电动机固有特性的最大转矩进行比较，可以得出以下重要结论。

串级调速系统的额定工作点常位于机械特性第一工作区；串级调速系统在该区的过载能

力比绕线异步电动机固有特性时的过载能力降低了 17% 左右。下面进行说明。

1. 第一工作区的机械特性及最大转矩

经过推导，可以求得串级调速系统在第一工作区的机械特性表达式为

$$T_e = \frac{E_{d0}^2 (\frac{3}{\pi} s_0 X_{D0} + \frac{3}{\pi} X_T + 2R_D + 2R_T + R_L)}{\omega_0 (\frac{3}{\pi} s X_{D0} + \frac{3}{\pi} X_T + 2R_D + 2R_T + R_L)^2} (s - s_0) \tag{5-7}$$

式中　s_0——理想空载转差率，$s_0 = \frac{U_{T2}}{E_{20}} \cos\beta$。经有关推导可得：

第一、第二工作区分界点电流为 $I_{d1-2} = \frac{\sqrt{6} E_{20}}{4 X_{D0}}$；

第一、第二工作区分界点的转矩为 $T_{e1-2} = \frac{27 E_{20}^2}{8\pi\omega_0 X_{D0}}$；

绕线式异步电动机固有特性的最大转矩为（忽略定子电阻时）$T_{emax} = \frac{3 E_{20}^2}{2\omega_0 X_{D0}}$；

由此可得：$\frac{T_{e1-2}}{T_{emax}} = 0.716$ ，即 $T_{e1-2} = 0.716 T_{emax}$。

由于一般绕线异步电动机的最大转矩为 $T_{emax} \geqslant 2T_{en}$，$T_{en}$ 为绕线异步电动机额定转矩，故 $T_{e1-2} \geqslant 1.432 T_n$。所以串级调速系统在额定转矩下运行时，一般处于机械特性第一工作区。而最大转矩发生在第二工作区。

2. 第二工作区的机械特性及最大转矩

同样经过推导，可以求得串级调速系统在第二工作区的机械特性表达式为

$$T_e = \frac{9\sqrt{3} E_{20}^2}{4\pi\omega_0 X_{D0}} \sin(60° + 2\alpha_p) \tag{5-8}$$

当强迫延迟换流角 $\alpha_p = 15°$ 时，可得串级调速系统机械特性在第二工作区内的最大转矩为

$$T_{e2m} = \frac{9\sqrt{3} E_{20}^2}{4\pi\omega_0 X_{D0}} \tag{5-9}$$

由此可得

$$\frac{T_{e2m}}{T_{emax}} = 0.826 \tag{5-10}$$

式（5-10）说明，采用串级调速后，绕线异步电动机的过载能力降低了 17.4%。在选择串级调速系统绕线异步电动机容量时，应特别考虑这个因素。

此外，在式（5-8）中令 $\alpha_p = 0$，可得机械特性第二工作区的起始转矩 T_{e2in} 为

$$T_{e2in} = T_{e1-2} = \frac{27 E_{20}^2}{8\pi\omega_0 X_{D0}}$$

故两段特性在交点处（$\gamma = 60°$，$\alpha_p = 0$）衔接。

图 5-20 所示为晶闸管串级调速系统的机械特性曲线，由图可见，串级调速系统的机械特性比绕线异步电动机固有机械特性软，最大转矩比固有机械特性小。

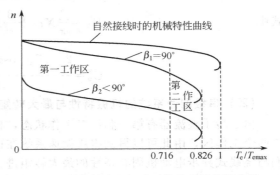

图 5-20　晶闸管串级调速系统的机械特性曲线

四、双闭环控制的串级调速系统

根据生产工艺对调速系统静、动态性能要求的不同，串级调速系统可采用开环控制或闭环控制。当开环控制不能满足调速性能指标要求时，则可以采用闭环控制。其中，由电流闭环和速度闭环组成的双闭环串级调速系统较为常用，也是下面主要讨论的内容。

（一）双闭环串级调速系统的组成和工作原理

双闭环串级调速系统如图 5-21 所示，其结构与双闭环直流调速系统相似，图中，ASR 和 ACR 分别为速度调节器和电流调节器，TG 和 TA 分别为测速发电机和电流互感器，GT 为触发器。为了使系统既能实现速度和电流的无静差调节，又能获得快速的动态响应，两个调节器 ASR 和 ACR 一般都采用 PI 调节器。

通过改变转速给定信号 U_n^* 的值，可以实现调速。例如，当转速给定信号 U_n^* 的值增大时，电流调节器 ACR 的输出电压也逐渐增加，使逆变角 β 逐渐增大，U_β 减小，电动机转速 n 也就随之升高。即：$U_n^* \uparrow \rightarrow U_i^* \uparrow \rightarrow U_{ct} \uparrow \rightarrow \alpha \downarrow \rightarrow \beta \uparrow \rightarrow E_\beta \downarrow \rightarrow I_d \uparrow \rightarrow I_2 \uparrow \rightarrow T_e \uparrow \rightarrow n \uparrow$。

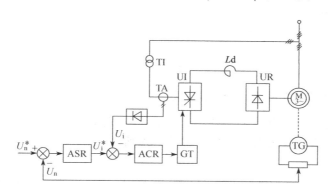

图 5-21　双闭环串级调速系统的组成框图

利用速度调节器 ASR 的输出限幅作用和电流调节器 ACR 的电流负反馈调节作用，可以使双闭环串级调速系统在加速过程中实现恒流升速，获得良好的加速特性。通过转速负反馈实现闭环调速。

（二）双闭环串级调速系统动态结构图

1. 串级调速系统直流主回路的传递函数

转子直流主回路的传递函数为

$$\frac{I_d(s)}{E_{d0} - \dfrac{E_{d0}}{n_0}n(s) - E_\beta(s)} = \frac{K_{Ln}}{T_{Ln}s + 1}$$

式中　$K_{Ln} = \dfrac{1}{R_{s\Sigma}}$——转子直流主回路的放大系数；

$T_{Ln} = \dfrac{L_\Sigma}{R_{s\Sigma}}$——转子直流主回路的时间系数；

E_β——逆变电动势，$E_\beta = 2.34 U_{T2}\cos\beta$；

L_Σ——转子直流主回路总电感，$L_\Sigma = 2L_D + 2L_T + L_d$；

L_D——折算到电动机转子侧的每相漏感；

L_T——折算到逆变变压器二次侧的每相漏感；

L_d——平波电抗器电感；

转差率为 s 时的转子直流主回路等效总电阻 $R_{s\Sigma}=\dfrac{3}{\pi}sX_{D0}+\dfrac{3}{\pi}X_T+2R_D+2R_T+R_L$

2. 异步电动机的传递函数

串调系统额定运行时，处于第一工作区，T_e 与转子主回路直流电流 I_d 的关系为

$$T_e=\frac{\left(E_{d0}-\dfrac{3}{\pi}X_{D0}I_d\right)I_d}{\omega_0}=C_mI_d$$

式中　C_m——串级调速系统的转矩系数，$C_m=\dfrac{\left(E_{d0}-\dfrac{3}{\pi}X_{D0}I_d\right)}{\omega_0}$。

串级调速系统的运动方程式可写为

$$C_m(I_d-I_{dL})=\frac{GD^2}{375}\frac{dn}{dt}$$

式中　I_{dL}——负载转矩 T_L 所对应的等效直流电流。

拉氏变换后可得电动机的传递函数为

$$\frac{n(s)}{I_d(s)-I_{dL}(s)}=\frac{1}{T_Is}$$

式中　T_I——电机环节的非线性积分时间常数，$T_I=\dfrac{GD^2}{375}\dfrac{1}{C_m}$。

双闭环串级调速系统中其他环节的传递函数，与双闭环直流调速系统中的结果是一致的。由此可得双闭环串调系统的动态结构如图 5-22 所示。

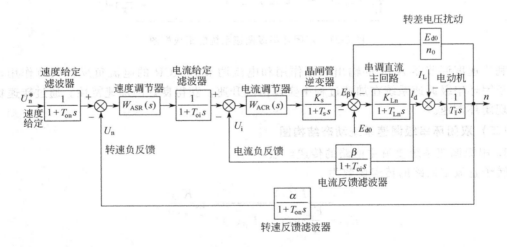

图 5-22　双闭环串级调速系统的动态结构图

双闭环串级调速系统的设计方法与双闭环直流调速系统基本相同，通常也采用工程设计方法。即先设计电流环，然后把设计好的电流环看作是速度环中的一个等效环节，再进行转速环的设计。

在应用工程设计方法进行动态设计时，电流环宜按典型 Ⅰ 型系统设计，转速环宜按典型 Ⅱ 型系统设计，但由于串级调速系统直流主回路中的放大系数 K_{Ln} 和时间常数 T_{Ln} 都是转速 n 的函数，不是常数，所以电流环是一个非定常系统。另外绕线式异步电动机的系数 T_I 也不是常数，而是电流 I_d 的函数，这是和直流调速系统设计的不同之处。

五、串级调速系统的效率和功率因数

（一）串级调速系统的总效率

串调系统的总效率是指电动机轴上输出功率与串级调速系统从电网输入的总有功功率之比。图 5-23 是反映串级调速系统各部分有功和无功功率间关系的单线原理图。

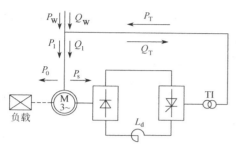

图 5-23 串级调速系统功率关系单线原理图

由图 5-23 可见：

1. 定子输入功率 $P_1 = P_W + P_T$

即定子输入功率 P_1 由电网向整个串调系统提供的有功功率 P_W 及晶闸管逆变器返回到电网的回馈功率 P_T 构成。

2. 旋转磁场传送的电磁功率 $P_2 = P_1 - \Delta P_1 = P_s + P_M$

由定子输入功率 P_1 减去定子损耗 ΔP_1（包括定子的铜耗和铁耗）得到电磁功率 P_2；P_2 中的一部分转变为转差功率 P_s，另一部分转变成机械功率 P_M。

3. 回馈电网的功率

$$P_T = s P_2 - \Delta P_2 - \Delta P_s$$

转差功率减去转子损耗 ΔP_2 和转子整流器、晶闸管逆变器的损耗 ΔP_s，剩下部分即为回馈电网的功率 P_T。

4. 电网向整个系统提供的有功功率

$$P_W = P_1 - P_T = (P_2 + \Delta P_1) - P_T = (1-s)P_2 + \Delta P_1 + \Delta P_2 + \Delta P_s$$

5. 电动机轴上输出功率

$$P_0 = P_M - \Delta P_m = (1-s)P_2 - \Delta P_m$$

电动机轴上输出功率 P_0 则要从机械功率 P_M 中减去机械损耗 ΔP_m 后获得。

$$P_0 = (1-s)P_2 - \Delta P_m$$

6. 串级调速系统的总效率

$$\eta = \frac{P_0}{P_W} = \frac{(1-s)P_2 - \Delta P_m}{(1-s)P_2 + \Delta P_1 + \Delta P_2 + \Delta P_s} \times 100\%$$

由于大部分转差功率被送回电网，使串级调速系统从电网输入的总有功功率并不多，故串级调速系统的效率很高。效率可达 90% 以上。

（二）串级调速系统的总功率因数

晶闸管串级调速系统功率因数低的主要原因如下。

① 逆变变压器和异步电动机都要从电网吸收无功电流，故串级调速系统比固有特性下绕线式异步电动机从电网吸收的无功功率增多，而串级调速系统把转差功率的大部分又回馈给电网，使系统从电网吸收的有功功率减少，这是造成串级调速系统总功率因数降低的主要原因。例如

• 串调系统从电网吸收的有功功率 P_W 等于异步电动机从电网吸收的有功功率 P_1 与通过逆变变压器回馈到电网的有功功率 $-P_T$ 的代数和，即 $P_W = P_1 - P_T$，有功功率减少；

• 串调系统从电网吸收的无功功率 Q_W 等于异步电动机吸收的无功功率 Q_1 与逆变变压器吸收的无功功率 Q_T 之和，即 $Q_W = Q_1 + Q_T$，无功功率增加。

因此，串级调速系统的总功率因数降低为

$$\cos\varphi_s = \frac{P_W}{S} = \frac{P_1 - P_T}{\sqrt{(P_1 - P_T)^2 + (Q_1 + Q_T)^2}}$$

式中　P_W——串调系统从电网吸收的总有功功率；

$\quad\quad S$——串级调速系统的总视在功率。

②　由于串级调速系统中接入转子整流器，不仅出现换流重叠现象，而且使转子电流发生畸变，这些因素将使异步电动机本身的功率因数降低，这是造成串级调速系统总功率因数低的另一个原因。

为了改善串级调速系统的总功率因数，人们提出了各种方法，主要可归为两大类：一类是利用电力电容器补偿；另一类是采用高功率因数的串级调速系统。

六、串级调速系统实例——单片机控制的串级调速系统

图 5-24 所示的是一种用单片微型计算机控制的串级调速系统，该系统由主电路、单片机 8031 及接口电路等部分组成。其中主电路与前面介绍过的串级调速系统主电路完全相同。下面主要介绍单片机和接口电路的组成及其工作原理。

在图 5-24 中，系统所用的单片机是 MCS-51 系列中的 8031，并扩展了 I/O 接口 8155、

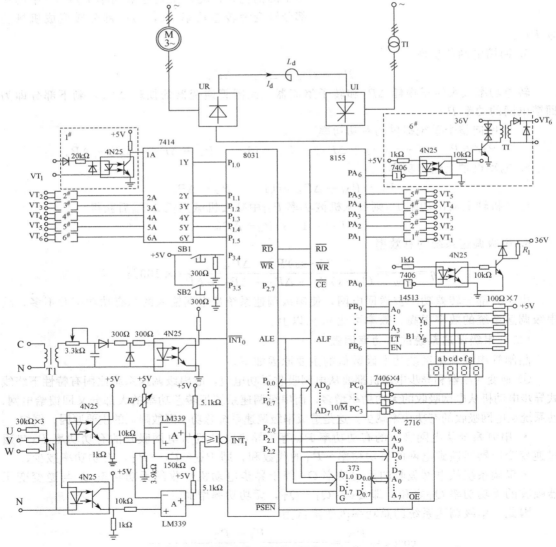

图 5-24　单片机控制的串级调速系统原理图

程序存储器 2716。单片机 8031 中的 P_0 口及 P_2 口用于片外扩展的程序存储器及 I/O 口的数据/地址总线。P_1 口用来接收故障检测输入信号。$P_{3.4}$、$P_{3.5}$ 与升、降速按钮 SB_1、SB_2 相接。8031 内设转速计数器，在运行中查询 $P_{3.4}$、$P_{3.5}$，得到触发器移相控制电压，再配合程序软件实现升、降速。

微机数字触发器的同步信号则是来自电源相电压 U_{WN}，经变压器 TI 降压、二极管整流及光电耦合之后，送给单片机 8031 的外部中断源 $\overline{INT}_0$，使每周期 U_{WN} 为零时产生一次外部中断，作为同步信号。单片机 8031 每周期发 6 对触发脉冲，经过 $8155P_A$ 口、驱动器 7406、光电耦合器 4N25、晶体管 T_1、脉冲变压器 TI 等隔离及功率放大后，作为逆变桥晶闸管的触发脉冲。

图 5-24 的系统可对晶闸管不导通、三相电源严重不对称或同步信号丢失这三种故障状态进行检测。

每当发出触发脉冲后，要检测相应的晶闸管是否已正常导通。即从晶闸管阳、阴极两端取出信号，此信号经光电耦合、施密特触发器整形后送给单片机 8031 的 P_1 口。若晶闸管导通，则管压降很小，施密特触发器输出为低电平；若晶闸管未导通，则施密特触发器输出为高电平。因此，在触发脉冲发出后，检测 P_1 口的状态，可以检测出晶闸管导通与否。

为了检测三相电源是否严重不对称，将三相电源通过三个数值相同的电阻接成星形。三相电源电压对称时，中心点电压 $U_{NN'}=0$，两个电压比较器 LM339 输出均为低电平，外部中断源 $\overline{INT}_1$ 为高电平。当三相电源电压严重不对称时，$U_{NN'}\neq 0$，于是光电耦合器有输出，电压比较器输出翻转，使 $\overline{INT}_1=0$，8031 收到电源严重不对称信号。

为了检测同步信号是否丢失，可在单片机 8031 内设置一脉冲计数器。每当接收到同步信号后，发一个触发脉冲，计数器就加 1。由于在同步信号的一个周期之内只能发 6 个触发脉冲，因此，若计数器的计数值小于 6，则说明同步信号丢失。

当单片机 8031 一旦检测出晶闸管未导通，或三相电源严重不对称，或同步信号丢失的故障时，一方面单片机 8031 由程序软件将逆变角 β 推至最小逆变角 β_{min}，限制主回路电流；另一方面，由 $8155P_A$ 口、驱动器 7406、光电耦合器 4N25、晶体管 T_2 等输出保护信号，使继电器 K（图中未画出）通电动作，由该继电器触点控制有关接触器的通、断电，实现系统主电路从串级调速运行状态到绕线式异步电动机固有特性运行状态的切换。

图 5-24 系统的显示电路可实现对给定转速及故障的显示。其中，用 8155 的 PB 口及译码、驱动器 14513 及发光二极管 LED 实现字形的显示，用 8155 的 PC 口及驱动器 7406 控制 4 位 LED 显示器中每一位输出。

本 章 小 结

由异步电动机的基本原理可知，从定子传入转子的电磁功率中，有一部分是与转差 s 成正比的转差功率 P_s，从能量转换的角度来看，按各种交流调速方法对 P_s 处理方式的不同，可把交流调速系统分为三类：转差功率消耗型，如调压调速、电磁转差离合器调速及绕线式转子异步电动机串电阻调速等；转差功率回馈型，如绕线式异步电动机串级调速；转差功率不变型，如变频调速等。

交流调压调速是一种较简便的调速方法。过去主要通过在定子回路中加自耦变压器或串饱和电抗器来改变电压，设备庞大且笨重；现在则用晶闸管交流调压器替代，晶闸管交流调压器通常采用相位控制方式。三相交流调压电路也有多种接线方式，其中以星形连接的三相调压电路为最好，调压调速的开环机械特性通常不能满足调速要求，调压调速要获得实际应用，必须采用高转子电阻交流电动机或在转子中串入频敏变阻器及采用闭环控制。闭环控制的调压调速控制系统通常采用转速负反馈控制，结构上与直流调压调速系统类似。

串级调速系统是通过在转子回路串入不同的电动势来回收转差功率实现调速的,它可以克服串电阻调速系统效率低与不能平滑调速的缺点。在电气串级调速系统中通过静止式变流装置将转差功率回馈电网。

在串级调速系统中,转子整流电路由于折算到转子侧的电动机每相漏抗比较大,换流重叠角在随 I_d 增大而增大时,可出现整流元件的强迫延迟导通现象,此现象的发生使电动机在串调工作时的最大电磁转矩减小,最大静差率增大,串级调速系统的机械特性更软。

改变逆变角的大小可使串调系统的机械特性(如直流调压调速系统的机械特性)一样平行移动,但由于转子回路接入串级调速装置,最大转矩较之电动机固有特性的最大转矩有明显减小。在低速时串级调速系统的效率较之绕线式异步电动机转子串电阻调速系统明显提高,但功率因数较低。

串级调速系统采用转速电流双闭环控制后,可改善静特性硬度和加快启动过程。系统的动态校正也可采用工程设计方法,但由于系统是非定常的,故需进行一定处理。

习题与思考题

5-1 根据交流电动机的转速关系,说明目前交流调速主要有哪些方法?各有什么特点?

5-2 异步电动机从定子输入转子的电磁功率中,有一部分是与转差成正比的转差功率,根据对其处理方式的不同,可把交流调速系统分成哪几类?并举例说明。

5-3 在交流调压电路中,相位控制和通断控制各有什么优缺点?

5-4 交流调压调速系统的开环机械特性通常不能满足调速要求,要想获得实际应用,必须具备哪两个条件?

5-5 交流电动机进行调压调速时,电机为什么不能长期运行于低速状态?通常用什么方法来加以改善?

5-6 电磁转差离合器调速系统输出轴的转速能否与原动机的转速相等?为什么?如果要改变输出轴的旋转方向,如何实现?

5-7 试述绕线式异步电动机串级调速的基本原理。

5-8 简述次同步串级调速系统的优缺点和适用场合。

5-9 简述由晶闸管-绕线式异步电动机组成的串级调速系统的主电路构成。

5-10 在串级调速系统中为什么要在转子回路中串入一个外加电势,外加电势与电机转速的关系是怎么在实际系统中实现的?

5-11 次同步串级调速系统能否实现快速启动和制动,为什么?

5-12 绕线式异步电动机转子所接整流电路的工作特点是什么?

5-13 在晶闸管串级调速系统中,转子整流器在第一工作状态与第二工作状态时的主要区别是什么?

5-14 与异步电动机运行在自然接线时的情况相比,运行在串级调速时的机械特性有什么不同?

5-15 试从物理意义上说明串级调速系统机械特性比其固有特性要软的原因。

5-16 试定性比较晶闸管串级调速系统与转子串电阻调速系统的总效率。

5-17 串级调速适用于哪一类电动机?串级调速系统的调速性能怎样?为什么串级调速系统能提高电源的利用率?

5-18 试分析次同步串级调速系统总功率因数低的主要原因,并指出提高系统总功率因数的主要方法。

第六章　交流异步电动机变频调速系统

【内容提要】

本章首先介绍变频调速的基本控制方式，并分析基本控制方式下的机械特性；然后重点讨论变频器，首先概述变频器的一般问题，然后重点分析交-直-交电压型、电流型变频器和 SPWM 变频器，进而分析变频调速系统所用的控制环节，利用变频器及变频控制环节组成变频调速系统。本章还对近年发展起来的矢量控制变频调速作了概要介绍。

第一节　变频调速的基本控制方式和机械特性简介

异步电动机的变频调速属于转差功率不变型调速，是异步电动机各种调速方案中效率最高、性能最好的调速方法，是交流调速的主要发展方向。

一、变频调速的基本控制方式

根据异步电动机的转速表达式

$$n = \frac{60f_1}{p}(1-s) = n_0(1-s)$$

可知，只要平滑调节异步电动机的供电频率 f_1，就可以平滑调节同步转速 n_0，从而实现异步电动机的无级调速，这就是变频调速的基本原理。

表面看来，只要改变定子电压的频率 f_1 就可以调节转速大小了，但事实上仅改变 f_1 并不能正常调速，在实际系统中，是在调节定子电源频率 f_1 的同时调节定子电压 U_1，通过 U_1 和 f_1 的协调控制实现不同类型的变频调速。这是为什么呢？

由电机学知

$$E_g = 4.44 f_1 N_1 K_{N1} \Phi_m \tag{6-1}$$

$$T_e = C_m \Phi_m I_2' \cos\phi_2 \tag{6-2}$$

式中　E_g——定子每相绕组中气隙磁通感应电动势有效值，V；

　　　N_1——定子每相绕组串联匝数；

　　K_{N1}——基波绕组系数；

　　Φ_m——每极气隙主磁通量，Wb；

　　　T_e——电磁转矩，N·m；

　　C_m——转矩常数；

　　I_2'——转子电流折算至定子侧的有效值，A；

　$\cos\phi_2$——转子电路的功率因数。

如果忽略定子上的电阻压降，则有

$$U_1 \approx E_g = 4.44 f_1 N_1 K_{N1} \Phi_m$$

式中　U_1——定子相电压，V。

于是，主磁通

$$\Phi_m = \frac{E_g}{4.44 f_1 N_1 K_{N1}} \approx \frac{U_1}{4.44 f_1 N_1 K_{N1}}$$

假设现在只改变 f_1 调速，当 U_1 不变时：

（1）$f_1 \uparrow \rightarrow \Phi_m \downarrow \rightarrow T_e \downarrow$，电动机的拖动能力会降低；

（2）$f_1\downarrow\ \to\Phi_m\uparrow\ \to f_1<f_{1N}$ 时，则 $\Phi_m>\Phi_{me}$。由于在电机设计时，主磁通 Φ_m 的额定值一般选择在定子铁心的临界饱和点，所以当在额定频率以下调频时，将会引起主磁通饱和，这样励磁电流急剧升高，使定子铁芯损耗 $I_m{}^2R_m$ 急剧增加。这两种情况都是实际运行中所不允许的。

在交流异步电动机中，磁通 Φ_m 是定子和转子合成磁势产生的，怎样才能保持磁通恒定呢？

在实际调速过程中常采用下列变频控制方式。

（一）基频以下的变频控制方式

基频以下常采用恒磁通变频控制方式。由式（6-1）知，若要保持 Φ_m 不变，则当频率 f_1 从额定值 f_{1N} 向下调节时，必须同时降低 E_g，使

$$E_g/f_1 = 常数$$

即采用：气隙磁通感应电动势与频率之比为常数的控制方式。

然而，绕组中的气隙磁通感应电动势是难以直接控制的，当电动势值较高时，可忽略定子绕组的阻抗压降，而认为定子相电压 $U_1\approx E_g$，则得

$$U_1/f_1 = 常数$$

这就是恒压频比的变频控制方式。

恒压频比的变频控制在低频时，由于 U_1 和 E_g 都较小，定子阻抗压降所占的分量就比较显著，不能忽略。这时，可以人为地把电压 U_1 抬高一些，以便近似地补偿定子压降。带定子阻抗压降补偿的恒压频比控制特性示于图 6-1 中的 b 线，无补偿的控制特性则为 a 线。

（二）基频以上的变频控制方式

在基频以上调速时，频率可以从 f_{1N} 往上增高，但电压 U_1 却不能增加得比额定电压 U_{1N} 大，一般保持在电动机允许的最高额定电压 U_{1N}。由式（6-1）可知，这样只能迫使磁通与频率成反比地降低，相当于直流电机弱磁升速的情况，即

$$\Phi_m = \frac{U_{1N}}{4.44f_1N_1K_{N1}}\Big|_{f_1>f_{1N}}$$

把基频以下和基频以上两种情况结合起来，可得图 6-2 所示的异步电动机变频调速控制特性。在基频以下，属于"恒转矩调速"；而在基频以上，基本属于"恒功率调速"。

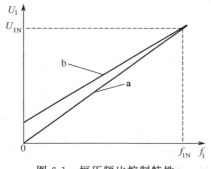

图 6-1 恒压频比控制特性

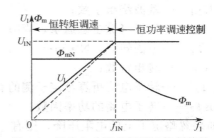

图 6-2 异步电动机变频调速控制特性

二、变频调速的机械特性简介

1. 恒 E_g/ω_1 控制（$E_g/\omega_1=$恒值）

当 E_g/ω_1 为恒值（$\omega_1=2\pi f_1$）时，T_{emax} 恒定不变，随着频率的降低，恒 E_g/ω_1 控制的机械特性是一组形状与恒压恒频机械特性相同，且平行下移的特性。见图 6-3。

2. 恒压频比控制（$U_1/\omega_1=$恒值）

由于 E_g 是电机内部参数，恒 E_g/ω_1 控制难以实现，工程上通常采用恒压频比控制（$U_1/\omega_1 =$ 恒值）。恒压频比机械特性如图 6-4 所示。

在恒压频比的条件下改变频率时，机械特性基本上是平行移动的，而 T_{emax} 随着 ω_1 降低而减小的。

低频时，T_{emax} 将限制调速系统的带负载能力。需采用定子阻抗电压补偿以增强带负载能力。图 6-4 中虚线特性就是采用提高定子电压后的特性。

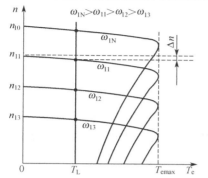 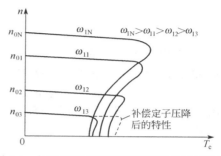

图 6-3　恒 E_g/ω_1 控制变频调速时的机械特性　　　图 6-4　恒压频比控制变频调速时的机械特性

3. 基频以上变频调速时的机械特性

在基频 f_{1N} 以上变频时，电压 $U_1 = U_{1N}$ 不变。基频以上变频调速机械特性如图 6-5 所示。可见，当角频率 ω_1 提高时，同步转速 n_0 随之提高，最大转矩减小，机械特性上移；转速降落随角频率的提高而增大，特性斜率稍变大，但其他形状基本相似。

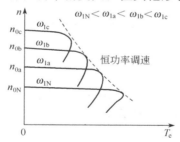

图 6-5　基频以上变频调速时的机械特性

第二节　变频器的分类及特点

一、变频器的分类

将直流电能变换成交流电能供给负载的过程称为无源逆变，实现无源逆变的电路称为无源逆变（变频）电路，实现变频的装置叫变频器。

变频器的基本分类如下：

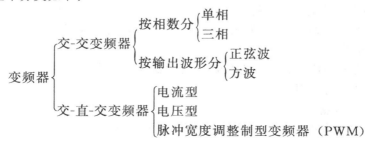

二、交-交(直接)变频电路及其特点

交-交变频器的构成如图 6-6 所示,交-交变频电路是不通过中间直流环节而把工频交流电直接变换成不同频率交流电的变流电路,故又称为直接变频器或周波变换器。因为没有中间直流环节,仅用一次变换就实现了变频,所以效率较高。大功率交流电动机调速系统所用的变频器主要是交-交变频器。

图 6-6 交-交变频器的主要构成环节

(一) 单相交-交变频电路

1. 单相交-交变频电路的基本结构

图 6-7(a)是单相交-交变频电路的原理图。电路由两组反并联的晶闸管可逆变流器(一般采用三相变流器)构成,和直流可逆调速系统用的四象限变流器完全一样,两者的工作原理也非常相似。

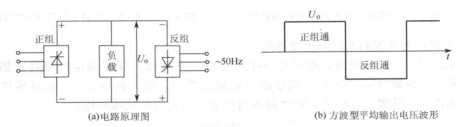

(a)电路原理图   (b) 方波型平均输出电压波形

图 6-7 单相交-交变频器的主电路及输出电压波形

2. 工作原理

(1) 方波型交-交变频器

在图 6-7(a) 中,负载由正组与反组晶闸管整流电路轮流供电。各组所供电压的高低由移相控制角 α 控制。当正组供电时,负载上获得正向电压;当反组供电时,负载获得负向电压。

如果在各组工作期间 α 角不变,则输出电压 U_o 为矩形波交流电压,如图 6-6 (b) 所示。改变正反组切换频率可以调节输出交流电的频率,而改变 α 的大小即可调节矩形波的幅值,从而调节输出交流电压 U_o 的大小。

(2) 正弦波型交-交变频器

正弦波型交-交变频器的主电路与方波形的主电路相同,但 α 按什么规律变化才能使输出电压平均值的变化规律成为正弦型呢?

实践证明:在正组桥整流工作时,设法使控制角 α 由大到小再变大,如从 $\pi/2 \rightarrow 0 \rightarrow \pi/2$,必然引起输出平均电压由低到高再到低的变化,如图 6-8(a)所示。而在正组桥逆变工作时,使控制角由小变大再变小,如从 $\pi/2 \rightarrow \pi \rightarrow \pi/2$,就可以获得图 6-8(b)所示的平均值可变的负向逆变电压。

正弦波型交-交变频器克服了方波型交-交变频器输出波形高次谐波成分大的缺点,它比方波型交-交变频器更为实用。

3. 交-交变频器特点

交-交变频器由于采用直接变换方式,所以效率较高,可方便地进行可逆运行。但主

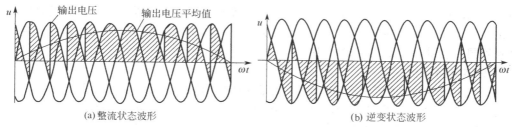

(a) 整流状态波形　　　　　　　　　　(b) 逆变状态波形

图 6-8　正弦波形交-交变频器的输出电压波形

要缺点是：①功率因数低。②主电路使用晶闸管元件数目多，控制电路复杂。③变频器输出频率受到其电网频率的限制，最大变频范围在电网频率二分之一以下。因此，交-交变频器一般只适用于球磨机、矿井提升机、电动车辆、大型轧钢设备等低速大容量拖动场合。

（二）三相交-交变频电路

三相交-交变频电路由三组输出电压相位互差120°的单相交-交变频电路组成，三相交-交变频电路主要有两种接线方式。即公共交流母线进线方式和输出星形联结方式。

1. 公共交流母线进线方式

图 6-9 是采用公共交流母线进线方式的三相交-交变频电路原理图，它由三组彼此独立的、输出电压相位互相差开120°的单相交-交变频电路组成，它们的电源进线通过电抗器接在公共的交流母线上。因为电源进线端公用，所以三组单相变频电路的输出端必须隔离。为此，交流电动机的三个绕组必须拆开，共引出六根线。公共交流母线进线方式的三相交-交变频电路主要用于中等容量的交流调速系统。

2. 输出星形联结方式

图 6-10 是输出星形联结方式的三相交-交变频电路原理图。三组单相交-交变频电路的输出端星形联结，电动机的三个绕组也是星形联结，电动机的中性点不和变频器的中性点接在一起，电动机只引出三根线即可。图 6-10 为三组单相变频器连接在一起，其电源进线必须隔离，所以三组单相变频器分别用三个变压器供电。

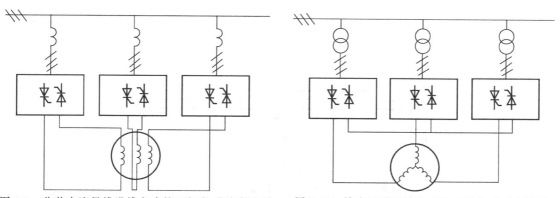

图 6-9　公共交流母线进线方式的三相交-交变频电路　　图 6-10　输出星形联结方式的三相交-交变频电路

由于变频器输出端中性点不和负载中性点相连接，所以在构成三相变频器的六组桥式电路中，至少要有不同相的两组桥中的四个晶闸管同时导通才能构成回路，形成电流。同一组桥内的两个晶闸管靠双脉冲保证同时导通。两组桥之间靠足够的脉冲宽度来保证同时有触发脉冲。每组桥内各晶闸管触发脉冲的间隔约为60°，如果每个脉冲的宽度大于30°，那么无脉冲的间隔时间一定小于 30°。这样，如图 6-10 所示，尽管两组桥脉冲之间的相对位置是任意变化的，但在每个脉冲持续的时间里，总会在其前部或后部与另一组桥的脉冲重合，使四个晶闸管同时有脉冲，形成导通回路。

3. 具体电路结构

下面列出了两种三相交-交变频电路的电路结构。图 6-11 为三相桥式整流器组成的三相-三相交-交变频电路，采用公共交流母线进线方式；图 6-12 为三相桥式整流器组成的三相-三相交-交变频电路，给电动机负载供电，采用输出星形联结方式（负载未画出）。

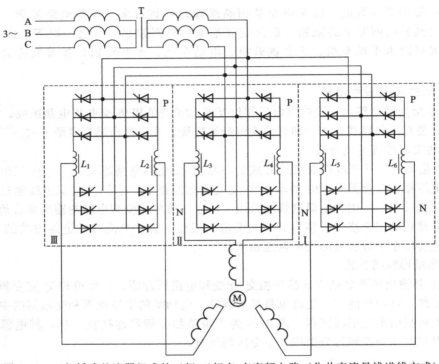

图 6-11　三相桥式整流器组成的三相-三相交-交变频电路（公共交流母线进线方式）

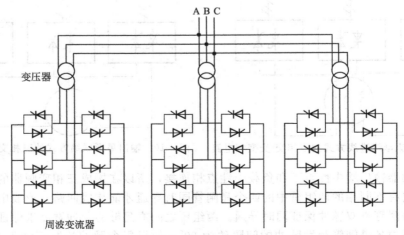

图 6-12　三相桥式整流器组成的三相-三相交-交变频电路（星形联结方式）

三、交-直-交（间接）变频电路

（一）交-直-交变频电路的基本结构

交-直-交变频器的构成如图 6-13（a）所示。交-直-交变频器先把交流电转换为直流电，经过中间滤波环节后，再把直流电逆变成变频变压的交流电，故又称为间接变频器。

按照不同的控制方式，间接变频器又有图 6-13 中（b）、（c）、（d）三种情况。

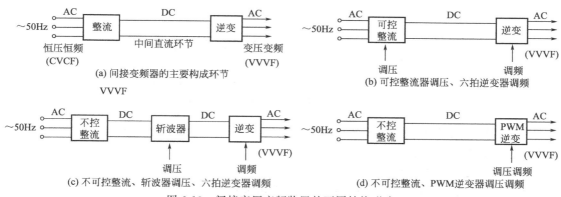

(a) 间接变频器的主要构成环节
VVVF

(b) 可控整流器调压、六拍逆变器调频

(c) 不可控整流、斩波器调压、六拍逆变器调频

(d) 不可控整流、PWM逆变器调压调频

图 6-13 间接变压变频装置的不同结构形式

1. 用可控整流器调压、逆变器调频的交-直-交变压变频器

在图 6-13(b)中，调压和调频在两个环节上分别进行，其结构简单，控制方便。但由于输入环节采用晶闸管可控整流器，当电压调得较低时，电网端功率因数低，而输出环节采用由晶闸管组成的三相六拍逆变器，每周期换相六次，输出谐波较大。这是这类装置的主要缺点。

2. 用不可控整流器整流、斩波器调压、再用逆变器调频的交-直-交变压变频器

在图 6-13(c)的装置中，输入环节采用不可控整流器，只整流不调压，再增设斩波器进行脉宽调压。这样虽然多了一个环节，但输入功率因数提高，克服了图 6-13(b)电路功率因数低的缺点。由于输出逆变环节未变，仍有输出谐波较大的问题。

3. 用不可控整流器整流、脉宽调制（PWM）逆变器同时调压调频的交-直-交变压变频器

这类装置如图 6-13(d)。由图可见，输入用不可控整流器，则输入功率因数高；用 PWM 逆变，则输出谐波可以减少。但 PWM 逆变器需要全控型电力电子器件，其输出谐波减少的程度取决于 PWM 的开关频率，而开关频率则受器件开关时间的限制。采用 P-MOS-FET 或 IGBT 时，开关频率可达 10kHz 以上，输出波形已经非常逼近正弦波，因而又称之为正弦脉宽调制（Sinusoidal PWM——SPWM）逆变器。这是当前最有发展前途的一种装置形式，后面将对其进行详细分析。

（二）交-直-交变频电路的类型

交-直-交变频器就是通过整流器把工频交流电整成直流，然后通过逆变器，把直流电逆变成频率可调的交流电。根据交-直-交变压变频器的中间滤波环节是采用电容性元件还是电感性元件，可以将交-直-交变频器分为电压型变频器和电流型变频器两大类。两类变频器的区别主要在于中间直流环节采用什么样的滤波元件。

1. 交-直-交电压型变频器

在交-直-交电压变频装置中，当中间直流环节采用大电容滤波时，直流电压波形比较平直，在理想情况下是一个内阻抗为零的恒压源，输出交流电压是矩形或阶梯波，这类变频装置叫做电压型变频器，如图 6-14。图示的交-直-交变频器输入采用了二极管不可控整流，输

出为采用 BJT 的六拍逆变。

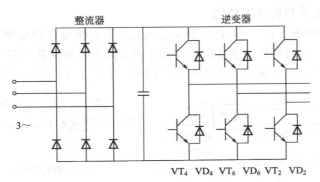

图 6-14　三相桥式交-直-交电压型变频器

　　一般的交-交变压变频装置虽然没有滤波电容，但供电电源的低阻抗使它具有电压源的性质，它也属于电压型变频器。

　　2. 交-直-交电流型变频器

　　当交-直-交变压变频装置的中间直流环节采用大电感滤波时，直流电流波形比较平直，因而电源内阻抗很大，对负载来说基本上是一个恒流源，输出交流电流是矩形波或阶梯波，这类变频装置叫做电流型变频器，如图 6-15。

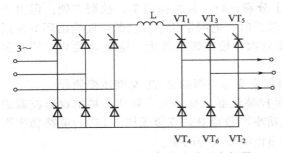

图 6-15　三相桥式交-直-交电流型变频器

　　有的交-交变压变频装置用电抗器将输出电流强制变成矩形波或阶梯波，具有电流源的性质，它也是电流型变频器。

　　3. 交-直-交电压型和电流型变频器比较

　　电流型变频器供电的变压变频调速系统，其显著特点是容易实现回馈制动。图 6-16 绘出了电流型变压变频调速系统的电动和回馈制动两种运行状态。以由晶闸管可控整流器 UR 和六拍电流型逆变器 (Current Source Inverter，CSI) 构成的交-直-交变压变频装置为例，当可控整流器 UR 工作在整流状态（$\alpha < 90°$）、逆变器工作在逆变状态时，电机在电动状态下运行，如图 6-16 (a) 所示。这时，直流回路电压的极性为上正下负，电流由 U_d 的正端流入逆变器，电能由交流电网经变频器传送给电机，电机处于电动状态；如果降低变频器的输出频率，使转速降低，同时使可控整流器的控制角 $\alpha > 90°$，则异步电动机进入回馈制动发电状态，且直流回路电压 U_d 立即反向，而电流 I_d 方向不变。于是，逆变器变成整流器，而可控整流器 UR 转入有源逆变状态，电能由电机回馈给交流电网。如图 6-16(b)。

　　由此可见，虽然电力电子器件具有单向导电性，电流 I_d 不能反向，而可控整流器的输出电压 U_d 是可以迅速反向的，电流型变压变频调速系统容易实现回馈制动。与此相反，采用电压型变频器的调速系统要实现回馈制动和四象限运行却比较困难，因为其中间直流环节大电容上的电压极性不能反向，所以在原装置上无法实现回馈制动。若确实需要制动时，只有采用在直流环节中并联电阻的能耗制动，或者与可控整流器反并联设置另一组反向整流器，并使其工作在有源逆变状态，以通过反向的制动电流，实现回馈制动。这样做，设备就要复杂多了。

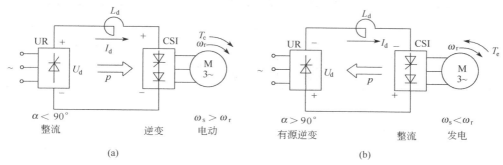

图 6-16 电流型变压变频调速系统的电动和回馈制动两种运行状态

第三节 交-直-交变频器主电路及其变频调速系统

对传统的晶闸管交-直-交变频器本节只分析最基本的两种形式，即 180°导电型的交-直-交电压型变频器和 120°导电型的交-直-交电流型变频器。

一、交-直-交电压源型变频器

（一）主电路组成

变频器的主电路由整流器、中间滤波电容及晶闸管逆变器组成，图 6-17 是三相串联电感式电压型变频器逆变部分主电路，图中只画出了电容滤波器及晶闸管逆变器部分。整流器可采用单相或三相整流电路。C_d 为滤波电容，逆变器中 $VT_1 \sim VT_6$ 为主晶闸管，$VD_1 \sim VD_6$ 为反馈二极管，提供续流回路，R_A、R_B、R_C 为衰减电阻，$L_1 \sim L_6$ 为换流电感，$C_1 \sim C_6$ 为换流电容，Z_A、Z_B、Z_C 为变频器的三相对称负载。

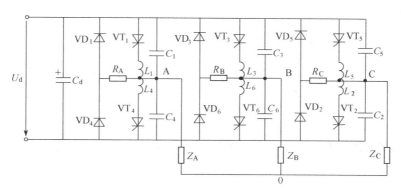

图 6-17 三相串联电感式电压型变频器逆变部分主电路

该逆变器部分没有调压功能，调压靠前级的可控整流电路完成。6 个晶闸管按一定的导通规则通断，将滤波电容 C_d 送来的直流电压 U_d 逆变成频率可调的交流电。

（二）晶闸管导通规则及输出波形分析

逆变器中 6 个晶闸管的导通顺序为 $VT_1 \rightarrow VT_2 \rightarrow VT_3 \rightarrow VT_4 \rightarrow VT_5 \rightarrow VT_6 \rightarrow VT_1 \cdots$，各晶闸管的触发脉冲间隔为 60°。电压型逆变器通常采用 180°导电型，即每个晶闸管导通 180°电角度后被关断，由同相的另一个晶闸管换流导通。每组晶闸管导电间隔为 120°。按照每个晶闸管触发间隔为 60°，触发导通后维持 180°才被关断的特征（180°导电型），可以得到 6 个晶闸管在 360°区间里的导通情况，如表 6-1 所示。

表 6-1 逆变器中晶闸管的导通情况（180°电压型）

晶闸管 ＼ 区间	0°～60°	60°～120°	120°～180°	180°～240°	240°～300°	300°～360°
VT₁	导通	导通	导通	×	×	×
VT₂	×	导通	导通	导通	×	×
VT₃	×	×	导通	导通	导通	×
VT₄	×	×	×	导通	导通	导通
VT₅	导通	×	×	×	导通	导通
VT₆	导通	导通	×	×	×	导通

根据每 60°间隔中晶闸管的导通情况，可以作出每个 60°区间内负载连接的等效电路，如图 6-18 所示。由此可求出输出相电压和线电压，而线电压等于相电压之差。

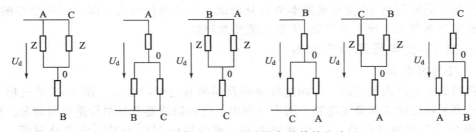

图 6-18 每个 60°区间内的负载等效电路

由表 6-1 知，在 0°～60°区间，VT_5、VT_6、VT_1 同时导通，等效电路如图 6-18 所示，三相负载分别为 Z_A、Z_B、Z_C，且 $Z_A=Z_B=Z_C=Z$。则

输出相电压为：

$$U_{A0}=U_d \frac{Z_A//Z_C}{(Z_A//Z_C)+Z_B}=\frac{1}{3}U_d$$

$$U_{B0}=-U_d \frac{Z_B}{(Z_A//Z_C)+Z_B}=-\frac{2}{3}U_d$$

$$U_{C0}=U_{A0}=\frac{1}{3}U_d$$

输出线电压为：

$$U_{AB}=U_{A0}-U_{B0}=U_d$$

$$U_{BC}=U_{B0}-U_{C0}=-U_d$$

$$U_{CA}=U_{C0}-U_{A0}=0$$

在 60°～120°区间，有 VT_6、VT_1、VT_2 同时导通，该区间相、线电压计算值为

$$U_{A0}=\frac{2}{3}U_d$$

$$U_{B0}=-\frac{1}{3}U_d$$

$$U_{C0}=-\frac{1}{3}U_d$$

$$U_{AB}=U_d$$

$$U_{BC}=0$$

$$U_{CA}=-U_d$$

同理，可求出后四个区间的相电压和线电压计算值，如表 6-2 所示。

表 6-2 逆变器的相电压和线电压计算值（180°电压型）

相、线电压 ＼ 区间	0°～60°	60°～120°	120°～180°	180°～240°	240°～300°	300°～360°
U_{A0}	$\frac{1}{3}U_d$	$\frac{2}{3}U_d$	$\frac{1}{3}U_d$	$-\frac{1}{3}U_d$	$-\frac{2}{3}U_d$	$-\frac{1}{3}U_d$

续表

相、线电压＼区间	0°～60°	60°～120°	120°～180°	180°～240°	240°～300°	300°～360°
U_{B0}	$-\dfrac{2}{3}U_d$	$-\dfrac{1}{3}U_d$	$\dfrac{1}{3}U_d$	$\dfrac{2}{3}U_d$	$\dfrac{1}{3}U_d$	$-\dfrac{1}{3}U_d$
U_{C0}	$\dfrac{1}{3}U_d$	$-\dfrac{1}{3}U_d$	$-\dfrac{2}{3}U_d$	$-\dfrac{1}{3}U_d$	$\dfrac{1}{3}U_d$	$\dfrac{2}{3}U_d$
U_{AB}	U_d	U_d	0	$-U_d$	$-U_d$	0
U_{BC}	$-U_d$	0	U_d	U_d	0	$-U_d$
U_{CA}	0	$-U_d$	$-U_d$	0	U_d	U_d

　　按表6-2，将各区间的电压连接起来后即可得到交-直-交电压型变频器输出的相电压波形和线电压波形。如图6-19所示。三个相电压是相位互差120°电角度的阶梯状交变电压波形，三个线电压波形则为矩形波，三相交变电压为对称交变电压。

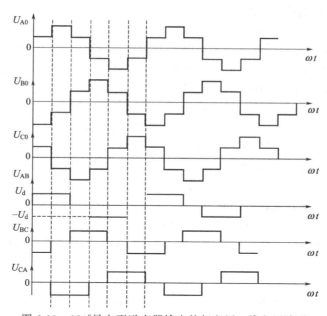

图6-19　180°导电型逆变器输出的相电压、线电压波形

　　图6-19所示相、线电压波形的有效值为

$$U_{A0}=U_{B0}=U_{C0}=\sqrt{\frac{1}{2\pi}\int_0^{2\pi}u_{A0}^2\,\mathrm{d}\omega t}=\frac{\sqrt{2}}{3}U_d$$

$$U_{AB}=U_{BC}=U_{CA}=\sqrt{\frac{1}{2\pi}\int_0^{2\pi}u_{AB}^2\,\mathrm{d}\omega t}=\sqrt{\frac{2}{3}}U_d$$

$$U_1=\sqrt{3}U_p$$

　　即线电压为$\sqrt{3}$倍相电压。由上分析可知，线电压、相电压及二者关系的结论与正弦三相交流电是相同的。

　　现将180°导电型逆变器工作规律总结如下。

① 每个脉冲触发间隔 60°区间内有 3 个晶闸管元件导通，它们分属于逆变桥的共阴极组和共阳极组。

② 在 3 个导通元件中，若属于同一组的有 2 个元件，则元件所对应相的相电压为 $\frac{1}{3}U_d$，另 1 个元件所对应相的相电压为 $\frac{2}{3}U_d$。

③ 共阳极组元件所对应相的相电压为正，共阴极组元件所对应相的相电压为负。

④ 三个相电压相位互差 120°；相电压之和为 0。

⑤ 线电压等于相电压之差；三个线电压相位互差 120°；线电压之和为 0。

⑥ 线电压为 $\sqrt{3}$ 倍相电压。

除了上述串联电感式逆变器外，晶闸管交-直-交电压型逆变器还有串联二极管式、采用辅助晶闸管换流等典型接线形式，由于晶闸管元件没有自关断能力，这些逆变器都需要配置专门的换流元件来换流，装置的体积与重量大，输出波形与频率均受限制。随着各种全控式开关元件（如电力晶体管 GTR、可关断晶闸管 GTO、电力场效应管 MOSFET、绝缘栅双极型晶体管 IGBT）的研制与应用，在三相变频器中已越来越少采用普通晶闸管作变流器件了。

二、交-直-交电流型变频器

在 180°导电型的电压型逆变器中，晶闸管的换流是在同一相中进行的。换流时，若应该关断的晶闸管没能及时关断，它就会和换流后同一相上的晶闸管形成通路，使直流电源发生短路，带来换流安全问题；另外，需要外接换流衰减电阻、换流电感、换流电容等元件才能完成换流，使得逆变器体积增加、成本提高、换流损耗加大。为此，引入 120°导电型的电流型逆变器，该逆变器晶闸管的换流是在同一组中进行的，不存在电源短路问题，也不需要换流衰减电阻和换流电感等元件。这是因为三相变频器的负载通常是感应电动机，可以用感应电动机负载中的定子电感来代替换流电路中的换流电感，并且省去衰减电阻。下面分析一个串联二极管式交-直-交电流型变频器带异步电动机负载的例子，它利用电动机绕组的电感作为换流电感。为此，先讨论电动机的等效电路。

（一）异步电动机等效电路的简化

图 6-20(a)为三相异步电动机一相等效电路，其中 R_s、L_{ls} 分别为定子相电阻及漏感，R'_r、L'_{lr} 分别为折合到定子侧的转子相电阻及漏感，L_m 为定子每相绕组所产生的气隙主磁通对应的励磁电感。

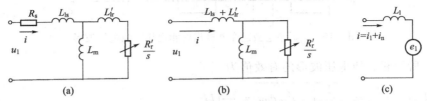

图 6-20 三相异步电动机一相等效电路及近似等效电路

为了简化分析，可以忽略定子电阻 R_s，并且将励磁电抗 L_m 移至 L'_{lr} 之后，形成如图 6-20（b）所示的近似等效电路。如果将流入三相异步电动机的相电流 i 分解为基波 i_1 与谐波 i_n 两部分 $i = i_1 + i_n$，则 i_1 和 i_n 都要在该相产生感应电动势。在串联漏电感 $L_{ls} + L'_{lr} = L_1$ 上，基波 i_1 与谐波 i_n 电流都会产生感应电动势，而在 L_m 与 R'_r/s 的并联支路中，却只有基波电流 i_1 的感应电动势 e_1 存在（由于电机主磁通分布是正弦的，故感应电动势只有基波分量而没有谐波），于是电动机的一相等效电路可进一步简化为图 6-20(c)。于是，电

动机各相等效电路电压表达式可以写成

$$u_{相} = L_1 \frac{di}{dt} + e_1$$

（二）主电路的组成

三相串联二极管式电流型变频器的主电路如图 6-21 所示。图中 L_d 为整流与逆变两部分电路的中间滤波环节——直流平波电抗器，$VT_1 \sim VT_6$ 为主晶闸管，C_{13}、C_{35}、C_{51}、C_{46}、C_{62}、C_{24} 为换流电容，$VD_1 \sim VD_6$ 为隔离二极管。电动机的电感和换流电容组成换流电路。

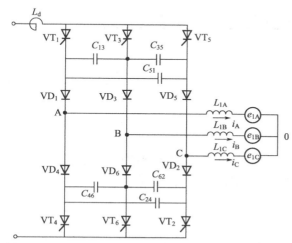

图 6-21　三相串联二极管式电流型逆变器的主电路结构

以 e_{1A}、e_{1B}、e_{1C} 分别表示电动机各相基波电流感应电动势，L_{1A}、L_{1B}、L_{1C} 表示各相漏电感，则

$$u_A = L_{1A} \frac{di_A}{dt} + e_{1A}$$

$$u_B = L_{1B} \frac{di_B}{dt} + e_{1B}$$

$$u_C = L_{1C} \frac{di_C}{dt} + e_{1C}$$

该变频器的输入端采用了可控整流，滤波电感 L_d 将整流器的输出强制变成恒定直流电流 I_d。逆变器部分没有调压功能，调压靠输入端的可控整流器。6 个晶闸管按一定的导通规则通断，将滤波电感 L_d 送来的恒流 I_d 逆变成频率可调的交流电。

（三）晶闸管导通规则及输出波形分析

逆变器中 6 个晶闸管的导通顺序为 $VT_1 \rightarrow VT_2 \rightarrow VT_3 \rightarrow VT_4 \rightarrow VT_5 \rightarrow VT_6 \rightarrow VT_1 \cdots$，各晶闸管的触发间隔为 60°。电流型逆变器通常采用 120°导电型，即每个晶闸管导通 120°电角度后被关断，由同一组的另一个晶闸管换流导通。按照每个晶闸管触发间隔为 60°，触发导通后维持 120°才被关断的特征（120°导电型），可以得到 6 个晶闸管在 360°区间里的导通情况，如表 6-3 所示。

表 6-3　逆变器中晶闸管的导通情况（120°电流型）

晶闸管 ＼ 区间	0°～60°	60°～120°	120°～180°	180°～240°	240°～300°	300°～360°
VT_1	导通	导通	×	×	×	×
VT_2	×	导通	导通	×	×	×
VT_3	×	×	导通	导通	×	×
VT_4	×	×	×	导通	导通	×
VT_5	×	×	×	×	导通	导通
VT_6	导通	×	×	×	×	导通

根据每 60°间隔中晶闸管的导通情况，可以作出每个 60°区间内负载连接的等效电路，如图 6-22 所示。由此可求出输出的相电流和线电流。从表 6-3 和图 6-22 的等效电路可以很容易得到表 6-4 的逆变器相电流计算值。此处 Z 表示由 L_1 和 e_1 构成的负载。

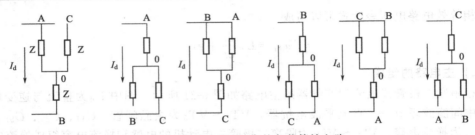

图 6-22 每个 60°区间内的负载等效电路

表 6-4 逆变器的相电流计算值（120°电流型）

区间 相电流	0°～60°	60°～120°	120°～180°	180°～240°	240°～300°	300°～360°
I_{A0}	I_d	I_d	0	$-I_d$	$-I_d$	0
I_{B0}	$-I_d$	0	I_d	I_d	0	$-I_d$
I_{C0}	0	$-I_d$	$-I_d$	0	I_d	I_d

按表 6-4，将各区间的相电流连接起来后即可得到电流型变频器输出的相电流波形。如图 6-23 所示。三个相电流是相位互差 120°电角度的矩形交变电流波形。

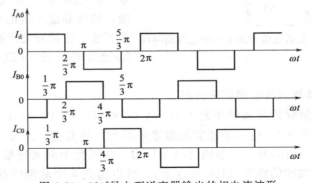

图 6-23 120°导电型逆变器输出的相电流波形

在星形对称负载中，线电流等于相电流；若是三角形对称负载，其线电流与相电流关系的分析与正弦电路类似。

与 180°导电型类似，将 120°导电型导电规律总结如下。

① 每个脉冲触发间隔 60°内，有 2 个晶闸管元件导通，它们分属于逆变桥的共阴极组和共阳极组。

② 在 2 个导通元件中，每个元件所对应相的相电流为 I_d。而不导通元件所对应相的相电流为 0。

③ 共阳极组中元件所通过的相电流为正，共阴极组元件所通过的相电流为负。

④ 每个脉冲间隔 60°内的相电流之和为 0。

三、晶闸管变频调速系统

仅有前面介绍的晶闸管变频器，还不能组成晶闸管变频调速系统，还必须加上相应的控制环节。为此，下面首先介绍晶闸管变频调速系统的主要控制环节，然后再配上相应的晶闸管变频器组成晶闸管变频调速系统。

（一）晶闸管变频调速系统中的主要控制环节

1. 给定积分器

给定积分器又称软启动器，它是用来减缓突加阶跃给定信号造成的系统内部电流、电压的冲击，提高系统的运行稳定性。其输入输出信号对比如图 6-24 所示。

2. 绝对值运算器

绝对值运算器是把给定积分器送来的输入信号（正值或负值）均转换为正值。其输入输出关系为 $u_o = |u_i|$。其输入输出信号关系如图 6-25 所示。

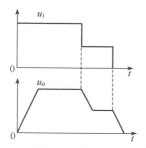

图 6-24　给定积分器输入输出波形

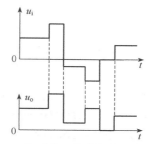

图 6-25　绝对值运算器的输入输出波形

3. 电压-频率变换器

转速给定信号是以电压形式给出的，而用晶闸管逆变桥实现变频必须将其转换成频率的形式，电压-频率（U/F）变换器就是用来将电压给定信号转换成脉冲信号的装置，输入电压越高，脉冲频率越高；输入电压越低，则脉冲频率越低。该脉冲频率是逆变器（六拍逆变器）输出频率的 6 倍。其输入输出信号关系如图 6-26 所示。

电压-频率变换器的种类很多，有单结晶体管压控振荡器、555 时基电路构成的压控振荡器，还有各种专用集成压控振荡器构成的电路。

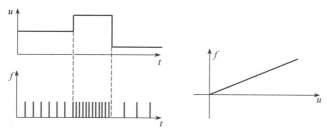

图 6-26　电压-频率变换器输入输出关系

4. 环形分配器

环形分配器又称 6 分频器，它将 U/F 变换器送来的压控振荡脉冲，每 6 个为一组，分为 6 路输出，依次送给逆变桥的 6 个晶闸管元件。其输入输出信号波形如图 6-27(a)、(b) 所示。

在图 6-27(a) 中，输入信号为频率变化的脉冲序列，环形分配器的输出脉冲特征是：①各路脉冲发出的时间间隔为 60°电角度；②各路脉冲的宽度为 60°（因为带感性负载的晶闸管元件需要宽脉冲触发）；图 6-27(b) 是环形分配器的输出波形。

5. 脉冲功率放大与脉冲输出级

（1）脉冲功率放大的作用

① 根据逻辑开关发出的指令，使功率放大管按照 $T_1 \rightarrow T_2 \rightarrow \cdots \rightarrow T_6 \rightarrow T_1 \cdots$ 或 $T_6 \rightarrow$

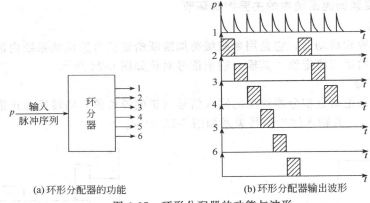

(a) 环形分配器的功能   (b) 环形分配器输出波形

图 6-27　环形分配器的功能与波形

$T_5 \rightarrow \cdots T_1 \rightarrow T_6 \cdots$ 的顺序导通，且导通 $120°$；并将环形分配器送来的脉冲进行功率放大；

② 将宽度为 $60°$ 的脉冲拓宽为 $120°$ 的宽脉冲；

③ 将环形分配器送来的脉冲进行功率放大。

图 6-28(a)是脉冲功率放大与输出级的功能原理图，图 6-28(b)是脉冲功率放大器的输出波形。

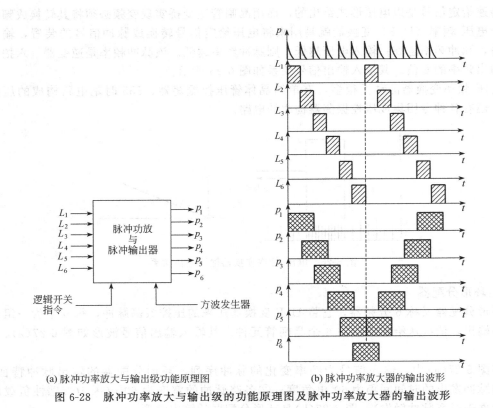

(a) 脉冲功率放大与输出级功能原理图   (b) 脉冲功率放大器的输出波形

图 6-28　脉冲功率放大与输出级的功能原理图及脉冲功率放大器的输出波形

（2）脉冲输出级的作用

① 将脉冲功率放大器送来的宽脉冲调制成触发晶闸管所需的脉冲列（用方波发生器产生的脉冲进行脉冲列调制）；

② 用脉冲变压器隔离输出级与晶闸管的门极。脉冲输出级的输出波形见图 6-29。

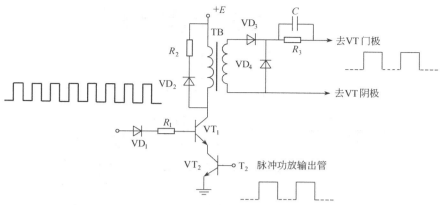

图 6-29　脉冲输出级的输出波形

脉冲输出级包括方波发生器、功放与解调两个部分。当 VT_1、VT_2 管的基极均为高电平，在脉冲变压器 TB 的原边得到调制后的信号，解调后得到原信号，然后供晶闸管 VT 触发之用。

6. 函数发生器

函数发生器的作用有两个：① 在 $f_{1min} \sim f_{1N}$ 的调频范围内，为确保恒转矩调速，将频率给定信号正比例转换为电压给定信号，并在低频下将电压给定信号适当提升，进行低频电压补偿，以保证 $E_g/f_1 =$ 常数；② 在 f_{1N} 以上，无论频率给定信号如何上升，电压给定信号应保持不变，使输出电压 U_1 保持 U_{1N} 不变。函数发生器的输入与输出关系如图 6-30 所示。

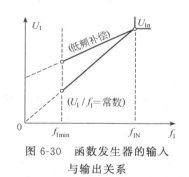

图 6-30　函数发生器的输入
与输出关系

7. 逻辑开关

逻辑开关电路的作用是根据给定信号为正、负或零来控制电动机的正转、反转或停车。如给定信号为正，则控制脉冲输出级按正相序触发，如给定信号为负，则控制脉冲输出级按负相序触发，相应控制调速电动机的正、反转。如给定信号为零，则逻辑开关将脉冲输出级的正负脉冲都封锁，使电动机停车。

（二）晶闸管变频调速系统

1. 转速开环的电压型变频调速系统

图 6-31 为晶闸管交-直-交电压型变频器供电的转速开环变频调速系统结构图。该系统是没有测速反馈的转速开环变频调速。适用于调速要求不高的场合。

系统中电动机对变频器的要求如下。

① 在额定频率 f_{1N} 以下，对电动机进行恒转矩调速，即要求在变频调速过程中，在改变频率的同时改变供电电压，保证变频器以恒压频比 $U_1/f_1 =$ 常数来控制电机。

② 在额定频率 f_{1N} 以上，对电动机进行近似恒功率调速，即要求变频器保持输出额定电压不变，只改变频率调速。

下面对转速开环的晶闸管变频调速系统组成作一说明：

① 该系统的控制分上、下两路，上路实现对晶闸管整流桥的变压控制，下路实现对晶闸管逆变桥的变频控制；

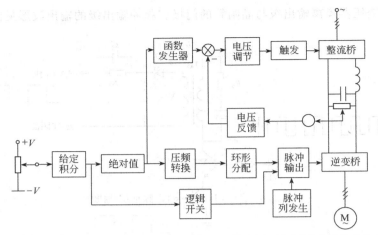

图 6-31　晶闸管交-直-交电压型变频器供电的转速开环变频调速系统结构图

　　② 主电路采用晶闸管交-直-交电压型变频器；

　　③ 控制电路有两个控制通道：上面是电压控制通道，采用电压闭环去控制可控整流器的输出直流电压；下面是频率控制通道，控制电压型逆变器的输出频率。电压和频率控制采用同一控制信号（来自绝对值运算器），以保证二者之间的协调。由于转速控制是开环的，不能让阶跃的转速给定信号直接加到控制系统上。为了解决这个问题，设置了给定积分器将阶跃信号转变成合适的斜坡信号，从而使电压和转速都能平缓地升高或降低，其次，由于系统是可逆的，而电机的旋转方向只取决于变频电压的相序，并不需要在电压和频率的控制信号上反映极性，因此，在后面再设置绝对值运算器将给定积分器的输出变换成只输出其绝对值的信号。

　　电压控制环一般采用电压、电流双闭环的控制结构。内环设电流调节器，以限制动态电流；外环设电压调节器，以控制变频器输出电压。简单的小容量系统也可用单电压环控制（如图 6-31 结构）。电压-频率控制信号加到电压环以前，应由函数发生器补偿定子阻抗压降，以改善调速时（特别是低速时）的机械特性，提高带负载能力。

　　频率控制环节主要由压-频变换器、环形分配器和脉冲放大器三部分组成，将电压-频率控制信号转变成具有所需频率的脉冲列，再按 6 个脉冲一组依次分配给逆变器，分别触发桥臂上相应的 6 个晶闸管。

　　2. 转速开环的电流型晶闸管变频调速系统

　　转速开环的电流型晶闸管变频调速系统结构原理图如图 6-32。

　　与前面所述的电压型变频器调速系统的主要区别在于主电路采用了大电感滤波的电流型逆变器。在控制系统上，两类系统结构基本相同，都是采用电压-频率协调控制。是"电压型"还是"电流型"取决于滤波环节；而采用"电压控制"或"电流控制"，则要看控制目的。无论是电压型还是电流型变频调速系统，都要用电压-频率协调控制，因此都必须采用电压控制系统，只是电压反馈环节有所不同。电压型变频器直流电压的极性是不变的，而电流型变频器在回馈制动时直流电压要反向，因此后者的电压反馈不能从直流电压侧引出，而要改从逆变器的输出端引出。

　　图 6-32 中所用各控制环节基本上与电压型变频器调速系统类似，图中电流型逆变器采用电压闭环，能使电机调速时保持恒磁通，但会引起系统不稳定。为了克服这种不稳定因素，在图 6-32 中增加了一个瞬态校正环节（图中虚线所示），瞬态校正中一般采用微分校正。

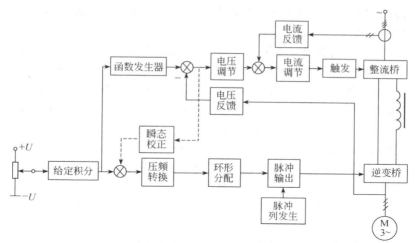

图 6-32　晶闸管交-直-交电流型变频器转速开环变频调速系统结构图

第四节　正弦波脉宽调制（SPWM）变频器及其调速系统

晶闸管交-直-交变频器存在着下列问题：

① 变压与变频需要两套可控的晶闸管变换器，开关元件多，控制线路复杂；

② 晶闸管可控整流器在低频低压下功率因数低；

③ 逆变器输出的阶梯波形中交流谐波成分较大。

所谓脉宽调制（Pulse Width Modulation，PWM）技术是指利用全控型电力电子器件的导通和关断把直流电压变成一定形状的电压脉冲序列，实现变压、变频控制并且消除输出谐波的技术，简称 PWM 技术。

变频调速系统采用 PWM 技术不仅能够及时、准确地实现变压变频控制要求，而且更重要的意义是能抑制逆变器输出电压或电流中的谐波分量，从而降低或消除了变频调速时电机的转矩脉动，提高了电机的工作效率，扩大了调速系统的调速范围。

目前，实际工程中主要采用的 PWM 技术是正弦 PWM（SPWM），这是因为采用这种技术的变频器输出的电压或电流波形接近于正弦波形。

SPWM 方案多种多样，归纳起来可分为电压正弦 PWM、电流正弦 PWM 和磁通正弦 PWM 等三种基本类型，其中电压正弦 PWM 和电流正弦 PWM 是从电源角度出发的 SPWM，磁通正弦 PWM（也称为电压空间矢量 PWM）是从电机角度出发的 SPWM 方法。

PWM 型变频器的主要特点是：

① 主电路只有一个可控的功率环节，开关元件少，控制线路结构简单；

② 整流侧使用了不可控整流器，电网功率因数与逆变器输出电压无关，基本上接近于 1；

③ VVVF 在同一环节实现，与中间储能元件无关，变频器的动态响应加快；

④ 通过对 PWM 控制方式的控制，能有效地抑制或消除低次谐波，实现接近正弦形的输出交流电压波形。

一、电压正弦脉宽调制的变频调速系统

（一）电压正弦脉宽调制原理

顾名思义，电压 SPWM 技术就是希望逆变器输出电压是正弦波形，它通过调节脉冲宽度来调节平均电压的大小。

电压正弦波脉宽调制法的基本思想是用与正弦波等效的一系列等幅不等宽的矩形脉冲波形来等效正弦波，如图 6-33 所示。具体是把一个正弦半波分作 n 等分〔在图 6-33(a)中 $n=12$〕，然后把每一等分正弦曲线与横轴所包围的面积都用一个与之面积相等的矩形脉冲来代替，矩形脉冲的幅值不变，各脉冲的中点与正弦波每一等分的中点相重合，见图 6-33（b）。这样，由 n 个等幅不等宽的矩形脉冲所组成的波形就与正弦波的半周波形等效，称作 SPWM 波形。同样，正弦波的负半周也可用相同的方法与一系列负脉冲等效。这种正弦波正、负半周分别用正、负脉冲等效的 SPWM 波形称作单极式 SPWM。

图 6-33(b)所示的一系列等幅不等宽的矩形脉冲波形，就是所希望逆变器输出的 SPWM 波形。由于每个脉冲的幅值相等，所以逆变器可由恒定的直流电源供电，也就是说，这种交-直-交变频器中的整流器采用不可控的二极管整流器就可以了。当逆变器各功率开关器件都是在理想状态下工作时，驱动相应功率开关器件的信号也应为与图 6-33（b）形状一致的一系列脉冲波形。

图 6-34 绘出了单极式 SPWM 电压波形，其等效正弦波为 $U_m\sin\omega_s t$，而 SPWM 脉冲序列波的幅值为 $U_d/2$，各脉冲不等宽，但中心间距相同，都等于 π/n，n 为正弦波半个周期内的脉冲数。

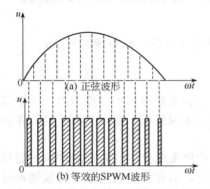

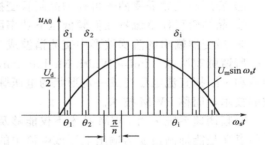

图 6-33　与正弦波等效的等幅不等宽的矩形脉冲波形

图 6-34　单极式 SPWM 电压波形

令第 i 个脉冲的宽度为 δ_i，其中心点相位角为 θ_i，则根据面积相等的等效原则，得到

$$\delta_i \approx \frac{2\pi U_m}{n U_d}\sin\theta_i \tag{6-3}$$

这就是说，第 i 个脉冲的宽度与该处正弦波值近似成正比。因此，与半个周期正弦波等效的 SPWM 波是两侧窄、中间宽、脉宽按正弦规律逐渐变化的序列脉冲波形。

原始的脉宽调制方法是利用正弦波作为基准的调制波（Modulation Wave），受它调制的信号称为载波（Carrier Wave），在 SPWM 中常用等腰三角波当作载波。当调制波与载波相交时（见图 6-35），由它们的交点确定逆变器开关器件的通断时刻。具体的做法是，当 A 相的调制波电压 u_{ra} 高于载波电压 u_t 时，使相应的开关器件 VT$_1$ 导通，输出正的脉冲电压，如图 6-35（b）；当 U_{ra} 低于 u_t 时使 VT$_1$ 关断，输出电压为零。在 u_{ra} 的负半周中，可用类似的方法控制下桥臂的 VT$_4$，输出负的脉冲电压序列。改变调制波的频率时，输出电压基波的频率也随之改变；降低调制波的幅值时，如 u'_{ra}，各段脉冲的宽度都将变窄，从而使输出电压基波的幅值也相应减小。

上述的单极式 SPWM 波形在半周内的脉冲电压只在"正"或"负"和"零"之间变化，主电路每相只有一个开关器件反复通断。如果让同一桥臂上、下两个开关器件交替地导通与关断，则输出脉冲在"正"和"负"之间变化，就得到双极式的 SPWM 波形。图 6-36 绘出了三

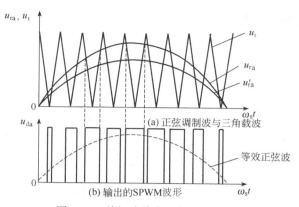

(a) 正弦调制波与三角载波

等效正弦波

(b) 输出的SPWM波形

图 6-35　单极式脉宽调制波的形成

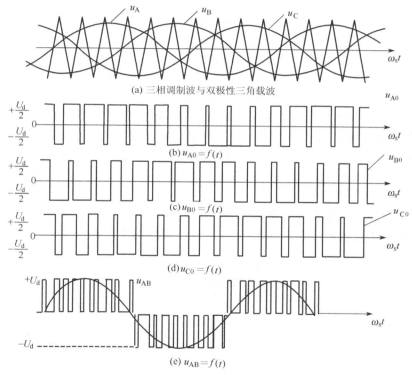

(a) 三相调制波与双极性三角载波

(b) $u_{A0} = f(t)$

(c) $u_{B0} = f(t)$

(d) $u_{C0} = f(t)$

(e) $u_{AB} = f(t)$

图 6-36　三相双极式 SPWM 波形

相双极式的正弦脉宽调制波形，其调制方法和单极式相似，只是输出脉冲电压的极性不同。

当 A 相调制波 $u_{rA} > u_t$ 时，VT_1 导通，VT_4 关断，使负载上得到的相电压为 $u_{A0} = +U_s/2$；当 $u_{rA} < u_t$ 时，VT_1 关断而 VT_4 导通，则 $u_{A0} = -U_d/2$。所以 A 相电压 $u_{A0} = f(t)$ 是以 $+U_d/2$ 和 $-U_d/2$ 为幅值作正、负跳变的脉冲波形。同理，图 6-36（c）的 $u_{B0} = f(t)$ 是由 VT_3 和 VT_6 交替导通得到的，图 6-36（d）的 $u_{C0} = f(t)$ 是由 VT_5 和 VT_2 交替导通得到的。由 u_{A0} 和 u_{B0} 相减可得逆变器输出的线电压波形 $u_{AB} = f(t)$，见图 6-36(e)，其脉冲幅值为 $+U_d$ 和 $-U_d$。

双极性 SPWM 与单极性 SPWM 方法一样，对输出交流电压的大小调节要靠改变控制波的幅值来实现，而对输出交流电压的频率调节则要靠改变控制波的频率来实现。

(二) SPWM 变频器的主电路

图 6-37 是 SPWM 变压变频器主电路的原理图。

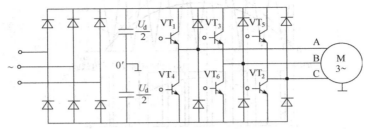

图 6-37 SPWM 变压变频器主电路的原理图

图中整个逆变器由三相不可控整流器供电,所提供的直流恒值电压为 U_d。为分析方便起见,认为异步电机定子绕组 Y 连接,其中 0 点与整流器输出端滤波电容器的中点 $0'$ 相连,因而当逆变器任一相导通时,电机绕组上所获得的相电压为 $U_d/2$。滤波电容器起着平波和中间储能的作用,提供电感性负载所需的无功功率。

$VT_1 \sim VT_6$ 是逆变器的 6 个全控型功率开关器件,它们各有一个续流二极管反并联接。$VT_1 \sim VT_6$ 工作于开关状态,其开关模式取决于供给基极的 PWM 控制信号,输出交流电压的幅值和频率通过控制开关脉宽和切换点时间来调节。$VD_1 \sim VD_6$ 用来提供续流回路。以 A相负载为例:当 VT_1 突然关断时,A 相负载电流靠 VD_2 续流,而当 VT_2 突然关断时,A 相负载电流又靠 VD_1 续流,B、C 两相续流原理同上。由于整流电源是二极管整流器,能量不能向电网回馈,因此当电机突然停车时,电机轴上的机械能将转化为电能通过 $VD_1 \sim VD_6$ 的整流向电容充电,储存在滤波电容 C_d 中,造成直流电压 U_d 的升高,该电压称为泵升电压。必须设置泵升电压限制电路。

(三) 电压型 SPWM 变频调速系统

电压型 SPWM 变频调速系统如图 6-38 所示,系统的主电路由不可控三相桥式整流器

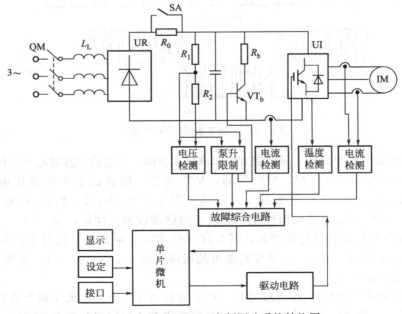

图 6-38 电压型 SPWM 变频调速系统结构图

UR、三相桥式 SPWM 逆变器 UI 和中间直流环节等三部分组成。对于电压型变频器而言，其中间直流环节采用大电容 C 进行滤波和中间储能。

二极管整流虽然是全波整流电路，但由于整流桥接滤波电容，只有当交流电压超过电容电压时，整流电路才进行充电（往往在交流电压的峰值处才进行充电）。交流电压小于电容电压时，电流为零，这将导致在电网上产生谐波。为了抑制谐波，通常在电网和变频器之间加一个进线电抗器 L_L。

由于电容量很大，合闸突加电压时，电容器相当于短路，将产生很大的充电电流，损坏整流二极管。为了限制充电电流，采用限流电阻 R_0 和延时开关 SA 组成的预充电电路对电容 C 进行充电，电源合闸后，延时数秒，通过 R_0 对电容 C 进行充电。电容的电压升高到一定值后，闭合开关 SA 将限流电阻 R_0 短路，避免正常运行时的附加损耗。

由于二极管整流的电压型 SPWM 变频器不能再生制动，对于小容量的通用变频器一般都用电阻吸收制动能量。制动时，变频器整流桥处于整流，逆变器也处于整流状态，此时异步电动机进入发电状态，整流桥和逆变器都向电容 C 充电，当中间直流电压（称为泵升电压）升高到一定值时，通过开关器件 VT_b 接通 R_b，将电动机的动能消耗于电阻 R_b 上。

二、电流正弦脉宽调制的变频调速系统

交流电机的控制性能主要取决于转矩或者电流的控制质量（在磁通恒定的条件下），为了满足电机控制的良好动态响应，经常采用电流正弦 PWM 技术。电流正弦 PWM 技术本质上是电流闭环控制，实现方法很多，主要有 PI 控制、滞环控制及无差拍预测控制等几种，都具有控制简单，动态响应快和电压利用率高的特点。

目前，实现电流控制的常用方法是 A·B·Plunkett 提出的电流滞环 SPWM，即把正弦电流参考波形和电流的实际波形通过滞环比较器进行比较，其结果决定逆变器桥臂上、下开关器件的导通和关断。这种方法的主要优点是控制简单、响应快、瞬时电流可以被限制，功率开关器件得到自动保护。这种方法的主要缺点是相对的电流谐波较大。下面重点介绍电流滞环跟踪控制的 SPWM 技术及其控制系统。

电流滞环控制是一种非线性控制方法，电流滞环控制型逆变器一相（A 相）电流控制原理框图如图 6-39(a) 所示。正弦电流信号发生器的输出信号作为相电流给定信号，与实际的相电流信号相比较后送入电流滞环控制器。设滞环控制器的环宽为 2ε，t_0 时刻，$i_A^* - i_A \geqslant \varepsilon$，则滞环控制器输出正电平信号，驱动上桥臂功率开关器件 VT_1 导通，使 i_A 增大。当 i_A 增大到与 i_A^* 相等时，虽然 $\Delta i_A = 0$，但滞环控制器仍保持正电平输出，VT_1 保持导通，i_A 继续增大，直到 t_1 时刻，$i_A = i_A^* + \varepsilon$，滞环控制器翻转，输出负电平信号，关断 VT_1，并经保护延时后驱动下桥臂器件 VT_2。但此时 VT_2 未必导通，因为电流 i_A 并未反向，而是通过续流二极管 VD_2 维持原方向流通，其数值逐渐减小。直到 t_2 时刻，i_A 降到滞环偏差的下限值，又重新使 VT_1 导通。VT_1 与 VD_2 的交替工作使逆变器输出电流与给定值的偏差保持在 $\pm \varepsilon$ 范围之内，在给定电流上下作锯齿状变化。当给定电流是正弦波时，输出电流也十分接近正弦波，如图 6-39(b) 所示。与此类似，负半周波形是 VT_2 与 VD_1 交替工作形成的。

显然，滞环控制器的滞环宽度越窄，则开关频率越高，可使定子电流波形更逼近给定基准电流波形，从而将有效地使电动机定子绕组获得电流源供电效果。

了解一相电流滞环控制型 SPWM 逆变器原理之后便可以组成三相电流滞环控制型 SPWM 变频调速系统，如图 6-40 所示。

需要指出的是，电流滞环控制型对于给定的滞环宽度，其开关频率随着电机运行状态的

变化而变化。当开关频率超过功率器件的允许开关频率，将不利于功率器件的安全工作；当开关频率过低将会造成电流波形畸变，导致电流谐波成分加大。因此，最好能使逆变器的开关频率在一个周期内基本保持一定。

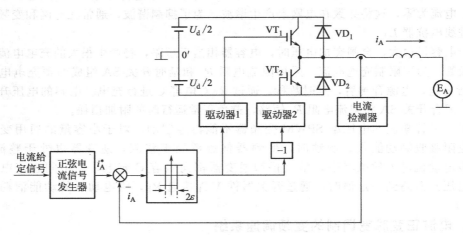

(a) 滞环电流跟踪型PWM逆变器一相结构示意图

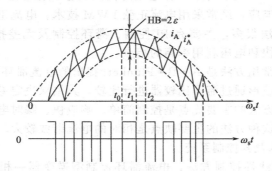

(b) 滞环电流跟踪型PWM逆变器输出电流、电压波形图

图 6-39 电流滞环控制逆变器一相电流控制框图及波形图

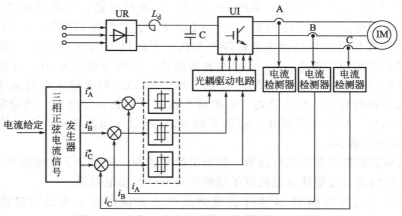

图 6-40 异步电动机电流滞环控制变频调速系统

第五节 异步电动机矢量控制的变频调速系统

一、矢量控制的基本概念

直流他励电动机之所以具有良好的静动态特性，是因为定子励磁电流 i_m 及电枢电流 i_a 两个参数分别由电动机的励磁回路和电枢回路独立产生，且在空间正交，是两个可以独立控制的变量。只要控制定子励磁电流使磁通恒定，则电磁转矩就正比于电枢电流。即

$$T_e = K_m \Phi_m i_a$$

式中的磁通 Φ_m 由励磁电流 i_m 产生，若忽略磁路非线性的影响，则 Φ_m 与 i_m 成正比而与 i_a 无关。在直流调速系统中（弱磁升速除外），一般主磁通 Φ_m 可以先建立，而不参与系统的动态调节。由直流电机的运动方程式 $T_e - T_L = \dfrac{GD^2}{375} \dfrac{dn}{dt}$ 可知，当负载转矩发生变化时，只要调节电枢电流 i_a，就可以获得满意的动态特性。

对于交流异步电动机，情况就不那么简单了，由转矩公式可知：

$$T_e = C_m \Phi_m I_2 \cos\varphi_2$$

在交流异步电动机中，异步电动机的气隙磁通、转子电流与转子功率因数都是转差率 s 的函数，而且都是难以直接控制的。比较容易控制的是定子电流 I_1。而它又是 I_2 的折算值与励磁电流 I_0 的矢量和。因此，要在动态中精确地控制转矩显然要困难得多。

（一）矢量变换控制的基本思想

从交流异步电动机的转矩公式可知：异步电动机的气隙磁通、转子电流与功率因数都影响拖动转矩，而这些量又都与转速有关，因此，交流异步电动机的转矩控制问题就变得相当复杂。

要解决这个问题，一种办法是从根本上改造交流电机，改变其产生转矩的规律，但到目前为止，这方面的研究未见成效；另一种方法是在普通的三相交流电动机上设法模拟直流电机控制转矩的规律。1971 年由联邦德国 F. Blaschke 等人首先提出的矢量变换控制就是这种控制思想的实现。

矢量变换控制的基本思路是按照产生同样的旋转磁场这一等效原则建立起来的。

众所周知，三相固定的对称绕组 U、V、W，通以三相正弦对称交流电流 i_U、i_V、i_W，即产生转速为 ω_1 的旋转磁场，如图 6-41（a）所示。

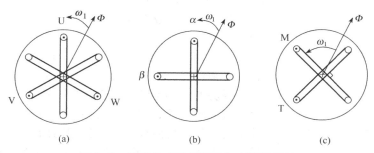

图 6-41 等效的交流机绕组与直流机绕组

产生旋转磁场不一定非要三相对称绕组，除单相绕组以外，两相绕组、三相绕组、四相绕组……任意的多相对称绕组，通以多相对称电流，都能产生旋转磁场。例如图 6-41（b）是两相固定绕组 α 和 β（空间位置上差 90°），通以两相对称交流电流 i_α 和 i_β（时间相位上差 90°）时，也能产生旋转磁场 Φ。若这旋转磁场的大小与转向都与图 6-41（a）所示的三相绕组

产生的合成磁场相同时，则图 6-41(b) 的两相绕组 α 和 β 与 6-41(a) 的三相绕组等效。

图 6-41(c) 中有两个匝数相等、互相垂直的绕组 M 和 T，分别通以直流电流 i_M 和 i_T，产生位置固定的磁通 Φ。如果这个磁通 Φ 与图 6-41(a)、(b) 交流电机产生的合成磁场相同，且这两个绕组也同时按交流电机同步转速 $ω_1$ 旋转，则磁通 Φ 自然随着旋转起来，M、T 绕组也就和图 6-41(a)、(b) 中的绕组等效。当观察者站在铁芯上和绕组一起旋转时，在他看来，是两个通以直流电的互相垂直的固定绕组，如果取磁通 Φ 的位置和 M 绕组的平面正交，就与等效的直流电动机绕组没有差别了，如图 6-42 所示。其中 F_a 是电枢磁动势，F_1 是励磁磁动势，绕组 1-1′ 是等效的励磁绕组，绕组 a-a′ 是与换向器等效的电枢绕组。这时，图 6-41(c) 中的 M 绕组相当于励磁绕组，T 绕组相当于电枢绕组。

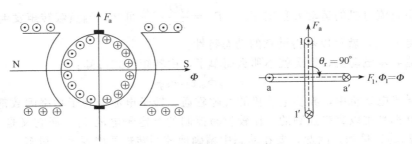

图 6-42 直流电动机的磁通和电枢磁动势

这样，以产生同样的旋转磁场为准则，图 6-41(b) 的两相绕组和图 6-41(c) 的直流绕组等效，i_U、i_V、i_W 与 $i_α$、$i_β$ 及 i_M、i_T 之间存在着确定的关系，即矢量变换关系。要保持 i_M 和 i_T 为某一定值时，则 i_U、i_V、i_W 必须按一定的规律变化。只要按照这个规律去控制三相电流 i_U、i_V、i_W，就可以等效地控制 i_M 和 i_T，达到控制转矩的目的，从而可得到和直流电机一样的控制性能。

（二）矢量变换矩阵

矢量变换是三相交流异步电机实现矢量变换控制思想的基本方法。矢量变换有：三相/二相变换（3S/2S）、矢量旋转变换（VR）和直角坐标/极坐标变换（K/P）三种。下面分别叙述其基本规律。

1. 三相/二相变换（简称 3S/2S）或二相/三相变换（简称 2S/3S）

所谓 3S/2S 或 2S/3S 变换。就是通过数学上的坐标变换方法，把三相交流电流与二相交流电流进行等效变换。图 6-43 表示三相绕组 U、V、W 和与之等效的二相绕组 α、β 各相脉动磁动势矢量的空间位置。为简单起见，令三相的 U 轴与等效二相的 α 轴重合。必须注意，图中矢量仅表示空间位置，并不表示其大小，磁势的大小是随时间变化的。在任何时刻各相磁势幅值一般并不相等。假设磁动势波形是正弦分布的，或只计其基波分量。按照合成磁动势相同的变换原则，两套绕组瞬时磁动势在 α、β 轴上的投影应该相等，即

$$F_α = F_U - F_V \cos 60° - F_W \cos 60° = F_U - \frac{1}{2}F_V - \frac{1}{2}F_W$$

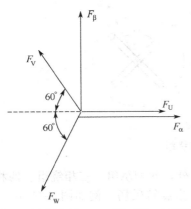

图 6-43 三相绕组和二相绕组磁动势
矢量的空间位置

$$F_β = F_V \sin 60° - F_W \sin 60° = \frac{\sqrt{3}}{2}F_V - \frac{\sqrt{3}}{2}F_W$$

已知，各相磁动势均为有效匝数与其瞬时电流的乘

积。设三相系统每相绕组的有效匝数为 N_3，二相系统每相绕组的有效匝数为 N_2，且三相绕组为星形接法，即 $i_U + i_V + i_W = 0$ 或 $i_W = -i_U - i_V$ 。则有

$$N_2 i_\alpha = N_3 (i_U - \frac{1}{2} i_V - \frac{1}{2} i_W) = \frac{3}{2} N_3 i_A$$

$$N_2 i_\beta = N_3 (\frac{\sqrt{3}}{2} i_V - \frac{\sqrt{3}}{2} i_W) = N_3 [\frac{\sqrt{3}}{2} i_V + \frac{\sqrt{3}}{2} (i_U + i_V)] = N_3 (\frac{\sqrt{3}}{2} i_U + \sqrt{3} i_V)$$

可以证明，为了保持变换前后功率不变，变换后的二相绕组每相有效匝数 N_2 应为原三相绕组每相有效匝数 N_3 的 $\sqrt{\dfrac{3}{2}}$ 倍。于是三相电流变换为二相电流的关系为

$$i_\alpha = \sqrt{\frac{3}{2}} i_U \qquad i_\beta = \sqrt{\frac{1}{2}} i_U + \sqrt{2} i_V \qquad (6\text{-}4)$$

写成矩阵形式得

$$\begin{bmatrix} i_\alpha \\ i_\beta \end{bmatrix} = \begin{bmatrix} \sqrt{\dfrac{3}{2}} & 0 \\ \dfrac{1}{\sqrt{2}} & \sqrt{2} \end{bmatrix} \begin{bmatrix} i_U \\ i_V \end{bmatrix} \qquad (6\text{-}5)$$

将上式逆变换可得到二相/三相变换式为

$$\begin{bmatrix} i_U \\ i_V \end{bmatrix} = \begin{bmatrix} \sqrt{\dfrac{2}{3}} & 0 \\ -\dfrac{1}{\sqrt{6}} & \dfrac{1}{\sqrt{2}} \end{bmatrix} \begin{bmatrix} i_\alpha \\ i_\beta \end{bmatrix} \qquad (6\text{-}6)$$

同理，电压和磁链的变换式均与电流变换式相同。

2. 矢量旋转变换

所谓矢量旋转变换就是交流二相 α、β 绕组和直流二相 M、T 绕组之间电流的变换，它是一种静止直角坐标系与旋转直角坐标系之间的变换，简称 VR 变换。把两个坐标系画在一起，如图 6-44 所示。图中，静止坐标系的两相电流 i_α 和 i_β 和旋转坐标系的两个直流电流 i_M 和 i_T 均以同步转速 ω_1 旋转，产生合成磁动势为 $\boldsymbol{F}_1$。由于各相绕组匝数相等，可以消去合成磁动势中的匝数，而直接标上电流，例如 $\boldsymbol{F}_1$ 可直接标成 $\boldsymbol{i}_1$。但必须注意，在这里，矢量 $\boldsymbol{i}_1$ 以其分量 i_α、i_β 和 i_M、i_T 所表示的实际上是空间磁动势矢量，而不是电流的时间相量。

在图 6-44 中，M 轴、T 轴和矢量 $\boldsymbol{i}_1$ 都以转速 ω_1 旋转，因此 i_M 和 i_T 分量的长短不变，相当于 M、T 绕组的直流磁动势。但 α 轴与 β 轴是静止的，α 轴与 M 轴的夹角 φ 随时间而变化，因此 $\boldsymbol{i}_1$ 在 α 轴与 β 轴上的分量 i_α 和 i_β 的长短也随时间变化，相当于 α、β 绕组交流磁动势的瞬时值。由图可见，i_α、i_β 和 i_M、i_T 之间存在着下列关系

$$i_\alpha = i_M \cos\varphi - i_T \sin\varphi$$
$$i_\beta = i_M \sin\varphi + i_T \cos\varphi \qquad (6\text{-}7)$$

二相旋转坐标系到二相静止坐标系的矩阵形式为

$$\begin{bmatrix} i_\alpha \\ i_\beta \end{bmatrix} = \begin{bmatrix} \cos\varphi & -\sin\varphi \\ \sin\varphi & \cos\varphi \end{bmatrix} \begin{bmatrix} i_M \\ i_T \end{bmatrix} \qquad (6\text{-}8)$$

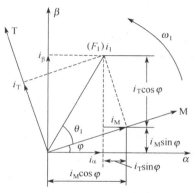

图 6-44　二相静止和旋转坐标系与磁动势空间矢量

由式（6-8）也可求出二相静止坐标系到二相旋转坐标系的逆变换关系为

$$\begin{bmatrix} i_M \\ i_T \end{bmatrix} = \begin{bmatrix} \cos\varphi & \sin\varphi \\ -\sin\varphi & \cos\varphi \end{bmatrix} \begin{bmatrix} i_\alpha \\ i_\beta \end{bmatrix} \tag{6-9}$$

同理，电压和磁链的旋转变换也与电流旋转变换相同。

3. 直角坐标/极坐标变换

在图 6-44 中，令矢量 i_1 和 M 轴的夹角为 θ_1，已知 i_M、i_T 求 i_1、θ_1，就是直角坐标-极坐标变换，简称 K/P 变换。众所周知，直角坐标与极坐标的关系是

$$i_1 = \sqrt{i_M^2 + i_T^2}$$
$$\theta_1 = \tan^{-1}\frac{i_T}{i_M} \tag{6-10}$$

当 θ_1 在 $0° \sim 90°$ 之间取不同值时，$|\tan\theta_1|$ 的变化范围是 $0 \sim \infty$，变化幅度太大，很难在实际变换器中实现，因此常改用下列公式来表示 θ_1 值

$$\sin\theta_1 = \frac{i_T}{i_1} \tag{6-11}$$

或

$$\tan\frac{\theta_1}{2} = \frac{\sin\theta_1}{1 + \cos\theta_1} = \frac{i_T}{i_1 + i_M}$$

则

$$\theta_1 = 2\tan^{-1}\frac{i_T}{i_1 + i_M} \tag{6-12}$$

二、异步电动机的数学模型

（一）异步电动机动态数学模型的性质

首先，异步电动机的变频调速需要进行电压（或电流）和频率的协调控制，因而有电压（或电流）和频率两个独立的控制变量。其次异步电动机只通过定子供电，而磁通和转速的变化是同时进行的，所以，输出变量除转速外，还应包括磁通。因此，异步电动机的数学模型是一个多变量系统；另外电压（或电流）、频率、磁通、转速之间互相影响，异步电动机的数学模型是强耦合的多变量系统；再次，在异步电动机中，磁通与电流的乘积产生转矩，转速与磁通之积得到旋转感应电动势，由于它们都是同时变化的，在数学模型中就会有两个变量的乘积项。因此，异步电动机的数学模型是非线性的；最后，三相异步电动机定子有三个绕组，转子也可等效为三个绕组，每个绕组产生的磁通都有自己的电磁惯性，再加上运动系统的机电惯性，异步电动机的数学模型必定是一个高阶系统。综上所述，异步电动机的数学模型是一个高阶的、非线性、强耦合的多变量系统。

（二）异步电动机在二相同步旋转坐标系上按转子磁场定向的数学模型

矢量控制的基本概念及矢量变换规律表明，三相交流电动机模型可以等效地变换成类似直流电动机的模式，这样就可以模仿直流电动机去控制交流电动机。

异步电动机定子三相绕组和转子三相绕组经过 3S/2S 变换可以变换成等效的静止坐标系上的二相绕组。等效二相绕组由于两轴互相垂直，它们之间没有互感的耦合关系。静止坐标系上的两相模型再经过旋转变换后，就变成二相同步旋转坐标系上的模型，如果原来三相坐标变量是正弦函数，则经过 3S/2S 及旋转变换后等效的二相变量即为直流量。在此基础上，如果再将二相同步旋转坐标系按转子磁场定向，即采用 M、T 坐标系——转子总磁链 ψ_2 矢量的方向为 M 轴，逆时针转 90°与 ψ_2 垂直的方向为 T 轴，则异步电动机数学模型中多变量之间部分得到解耦，此时的电压方程为

$$\begin{bmatrix} u_{M1} \\ u_{T1} \\ u_{M2} \\ u_{T2} \end{bmatrix} = \begin{bmatrix} R_s + L_s p & -\omega_1 L_s & L_m p & -\omega_1 L_m \\ \omega_1 L_s & R_s + L_s p & \omega_1 L_m & L_m p \\ L_m p & 0 & R_r + L_r p & 0 \\ \omega_2 L_m & 0 & \omega_2 L_r & R_r \end{bmatrix} \begin{bmatrix} i_{M1} \\ i_{T1} \\ i_{M2} \\ i_{T2} \end{bmatrix} \tag{6-13}$$

式中　R_s，R_r——分别为定子绕组和转子绕组的电阻；

$\quad\quad L_m$——二相坐标系中同轴等效定子与转子绕组间的互感；

$\quad\quad L_s$——二相坐标系中等效二相定子绕组的自感；

$\quad\quad L_r$——二相坐标系中等效二相转子绕组的自感；

$\quad\quad p$——微分算子；

$\quad\quad \omega_1$——同步角速度；

$\quad\quad \omega_2$——转差角频率。

由于 M 轴与矢量 ψ_2 重合，T 轴与矢量 ψ_2 垂直，所以 $\psi_{M2} = \psi_2$，$\psi_{T2} = 0$，写成电流表达式为

$$\psi_{M2} = \psi_2 = L_m i_{M1} + L_r i_{M2}$$
$$\psi_{T2} = L_m i_{T1} + L_r i_{T2} = 0 \tag{6-14}$$

对于笼型异步电动机，转子短路，则 $u_{T2} = u_{M2} = 0$，电压方程可写为

$$\begin{bmatrix} u_{M1} \\ u_{T1} \\ 0 \\ 0 \end{bmatrix} = \begin{bmatrix} R_s + L_s p & -\omega_1 L_s & L_m p & -\omega_1 L_m \\ \omega_1 L_s & R_s + L_s p & \omega_1 L_m & L_m p \\ L_m p & 0 & R_r + L_r p & 0 \\ \omega_2 L_m & 0 & \omega_2 L_r & R_r \end{bmatrix} \begin{bmatrix} i_{M1} \\ i_{T1} \\ i_{M2} \\ i_{T2} \end{bmatrix} \tag{6-15}$$

$$T_e = n_p L_m (i_{T1} i_{M2} - i_{M1} i_{T2})$$

而异步电动机在二相同步旋转坐标系上按转子磁场定向时的电磁转矩为

$$T_e = n_p \frac{L_m}{L_r} i_{T1} \psi_2 \tag{6-16}$$

式中，n_p 为电机的极对数，关系式（6-16）比较简单，而且和直流电机的转矩方程非常相似。

三、矢量变换控制方程式

在矢量控制系统中，被控制的是定子电流，因此必须从数学模型中找到定子电流的两个分量与其它物理量的关系。用式（6-14）第一式和式（6-15）中第三行联立求解可得

$$i_{M1} = \frac{T_2 p + 1}{L_m} \psi_2 \tag{6-17}$$

或

$$\psi_2 = \frac{L_m}{T_2 p + 1} i_{M1} \tag{6-18}$$

式中　$T_2 = L_r / R_r$ 为转子励磁时间常数；$P = \mathrm{d}/\mathrm{d}t$ 为微分算子。

式（6-18）表明转子磁链 ψ_2 仅由 i_{M1} 产生，而和 i_{T1} 无关，因而 i_{M1} 被称为定子电流的励磁分量。ψ_2 的稳态值由 i_{M1} 决定。

再由式（6-16）看出，当 i_{M1} 不变，即 ψ_2 不变时，如果 i_{T1} 变化，转矩 T_e 立即随之成正比地变化，没有滞后。可以认为，i_{T1} 是定子电流的转矩分量。

总之，由于 M、T 坐标按转子磁场定向，在定子电流的两个分量之间实现了解耦，i_{M1} 唯一决定了磁链 ψ_2 的稳态值，i_{T1} 只影响转矩，与直流电动机中的励磁电流和电枢电流相对应，这样就大大简化了多变量强耦合的交流变频调速系统的控制问题。

根据式（6-14）中第二式可求得 T 轴上定子电流 i_{T1} 和转子电流 i_{T2} 的动态关系为

$$i_{T2} = -\frac{L_m}{L_r}i_{T1} \tag{6-19}$$

由式（6-15）中的第四行可得

$$0 = \omega_2(L_m i_{M1} + L_r i_{M2}) + R_r i_{T2} = \omega_2\psi_2 + R_r i_{T2}$$

所以

$$\omega_2 = -\frac{R_r}{\psi_2}i_{T2} \tag{6-20}$$

将式（6-19）代入式（6-20）并考虑到 $T_2 = L_r/R_r$，则可求得转差和 T 轴上定子电流 i_{T1} 的关系为

$$\omega_2 = \frac{L_m}{T_2\psi_2}i_{T1} \tag{6-21}$$

转差频率控制系统可根据此式来实现。

四、矢量控制的变频调速系统

（一）矢量变换控制系统构想

根据前面分析，以产生同样的旋转磁动势为准则，在三相坐标系下的定子交流电流 i_A、i_B、i_C 通过 3 相／2 相变换，可以等效成两相静止坐标系下的交流电流 i_α、i_β；再通过按转子磁场定向的旋转变换，可以等效成同步旋转坐标系下的直流电流 i_M、i_T。如果观察者站在铁芯上与坐标一起旋转，他所看到的便是一台直流电动机。原交流电动机的转子总磁通 Ψ_2 就是等效直流电动机的磁通，M 绕组相当于直流电动机的励磁绕组，i_{M1} 相当于励磁电流；T 绕组相当于电枢绕组，i_{T1} 相当于与转矩成正比的电枢电流。

把上述等效关系用结构图形式画出来，即得到图 6-44 双线方框内的结构图。从整体上看，U、V、W 三相为输入，转速 ω 为输出，是一台异步电动机。从内部看，经过三相二相变换和同步旋转变换，异步电动机变换成一台由 i_{M1}、i_{T1} 输入，ω 输出的直流电动机。

既然异步电动机经过坐标变换可以等效成直流电动机，那么，模仿直流电动机的控制方法，求得直流电动机的控制量，再经过相应的坐标反变换，就能够控制异步电动机了。所构想的矢量变换控制系统如图 6-45 所示。

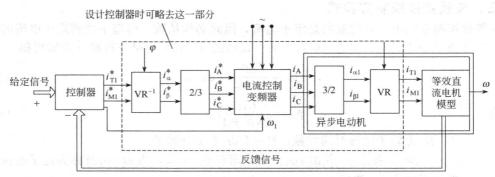

图 6-45 矢量变换控制系统的构想

φ—M 轴与 α 轴的夹角

图中给定和反馈信号经过类似于直流调速系统所用的控制器，产生励磁电流的给定分量 i_{M1}^* 和电枢电流的给定分量 i_{T1}^*，经过旋转反变换 VR^{-1} 得到 i_α^* 和 i_β^*，再经过二相／三相变换得到 i_U^*、i_V^*、i_W^*。把这三个电流控制信号和由控制器直接得到的频率控制信号 ω_1 加到带电流控制的变频器上，就可以输出异步电动机调速所需的三相变频电流。

在设计矢量控制系统时，可以认为，在控制器后面引入的旋转反变换 VR^{-1} 与电动机内部的旋转变换环节 VR 抵消，2/3 变换器与电动机内部的 3/2 变换环节抵消，如果再忽略变频器中可能产生的滞后，则如图 6-45 中虚线框内的部分可以完全删去，剩下的部分就和直流调速系统非常相似了。可以想象，矢量控制交流变频调速系统的静、动态性能应该完全能够与直流调速系统相媲美。

（二）直接磁场定向矢量控制变频调速系统

异步电动机变频调速的矢量控制系统近年来发展迅速。其理论基础虽然是成熟的，但实际系统却种类繁多，各有千秋，这里介绍两种，便于读者得到一个完整的系统概念。

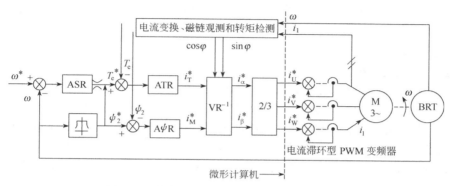

图 6-46　直接磁场定向矢量控制变频调速系统

ASR—转速调节器；ATR—转矩调节器；AψR—磁链调节器；BRT—转速传感器

图 6-46 为一种直接磁场定向矢量控制变频调速系统。整个系统与图 6-45 的矢量变换控制系统构想很相近。图中带"＊"号的是各量的给定信号，不带"＊"号的是各量的实测信号。系统主电路采用电流跟踪控制 PWM 变换器。系统的控制部分有转速、转矩和磁链三个闭环。磁通给定信号由函数发生环节获得，转矩给定信号同样受到磁通信号的控制。

直接磁场定向矢量控制变频调速系统的磁链是闭环控制的，因而矢量控制系统的动态性能较高。但它对磁链反馈信号的精度要求很高，如何获得较为准确的磁链信号后面再加以讨论。

（三）间接磁场定向矢量变换控制变频调速系统

图 6-47 是另一种矢量控制变频调速系统——暂态转差补偿矢量控制系统。该系统中磁链是开环控制的，由给定信号并靠矢量变换控制方程确保磁场定向，没有在运行中实际检测转子磁链的相位，这种情况属于间接磁场定向。由于没有磁链反馈，这种系统结构相对简

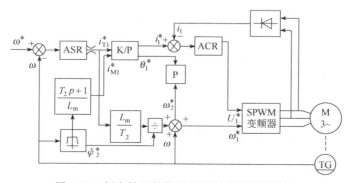

图 6-47　暂态转差补偿矢量控制变频调速系统

单。但这种系统在动态过程中实际的定子电流幅值及相位与给定值之间总会存在偏差，从而影响系统的动态性能。为了解决这个问题，可采用参数辨识和自适应控制或智能控制方法。

图 6-47 所示系统中，主电路采用由 IGBT 构成的 SPWM 变换器，控制结构完全模仿了直流电动机的双闭环调速系统。系统的外环是转速环，转速给定与实测转速比较后，经过转速调节器 ASR 输出转矩电流给定信号 i_{T1}^*。同时实测转速角速度 ω 经函数发生器输出转子磁链给定值 ψ_2^*，经过式（6-17）运算得励磁电流给定值 i_{M1}^*。i_{T1}^*、i_{M1}^* 经坐标变换（K/P）输出定子电流的给定值 i_1^* 和定子电流相角给定值 θ_1^*，对 θ_1^* 微分后作为暂态转差补偿分量。ψ_2^*，i_{T1}^* 按式(6-21) 运算后得到 ω_2^*，加上 ω，再加上暂态转差补偿分量，得到频率给定信号 ω_1^*，作为 SPWM 信号的频率给定。i_1^* 与反馈电流 i_1 比较后经电流调节器 ACR 输出信号 U_1^*，作为 SPWM 的幅值给定信号。

五、磁通观测器

最早提出矢量变换控制时，是用直接测得的磁通作为反馈信号。直接检测磁通的方法：一种是在电动机槽内埋设探测线圈，另一种是利用贴在定子内表面的霍尔片或其他电磁元件。从理论上说，直接检测应该比较准确。但实际上，埋设线圈和磁感元件都遇到不少工艺和技术问题，特别是由于齿槽的影响，测得的磁通脉动较大，尤其是在低速运行时，使得实际应用有困难。因此，现在的实用系统中，多采用各种间接检测磁通的方法，即根据容易测得的电压、电流或转速等物理量，利用转子磁通（磁链）观测模型实时计算磁通（磁链）的幅值和相位。

磁通（磁链）观测模型也有多种，下面介绍一种较为典型的磁通观测器模型。即图 6-46 系统中所采用的利用定子电流 i_1 和转速 ω 来间接测得磁通（磁链）。图 6-46 系统中的"电流变换、磁链观测和转矩检测"环节的模型如图 6-48 所示。由于定子三相对称，只要测得其中两相定子电流即可。三相定子电流 i_A、i_B、i_C 经 3S/2S 变换为二相静止坐标的电流 i_α、i_β，再经过同步旋转变换 VR，并按转子磁场定向，得到 M、T 坐标上电流 i_M、i_T；再利用矢量控制方程式(6-18) 和式(6-21)，可获得 ψ_2 和 ω_2 信号，由 ω_2 信号与实测转速信号 ω 相加得到定子频率信号 ω_1，再积分便得到转子磁链的相位信号 φ，这个相位同时就是同步旋转变换的旋转相位角。转矩反馈信号是根据式(6-16) 由转子磁链 ψ_2 和定子电流的 T 轴分量 i_{T1} 运算而得的。转速反馈直接由转速传感器测得。

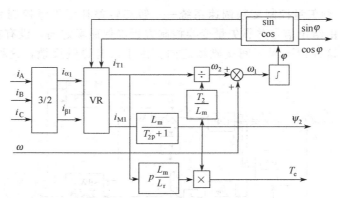

图 6-48　"电流变换、磁链观测和转矩检测"环节的模型

六、异步电动机的无速度传感器技术

为了得到高性能的调速系统，需采用转速闭环控制，因而需要检测异步电动机转子的旋

转速度。常用的速度检测方法有：用测速发电机检测转速、用光电方法测速等，这些利用速度传感器的测速方法不可避免地要在电机上安装硬件装置。对于直流电动机、同步电动机这类电机，因其本身较复杂，再附加上一个速度传感器硬件，到也无所谓。对笼形感应电动机而言，速度传感器的安装将破坏电动机本身坚固、简单、低成本的优点。因此，无速度传感器技术成为笼形感应电动机调速系统优先采用的技术。

各国学者在这方面已作了大量的工作，研究出许多无速度传感器速度估计方法。国外从20世纪70年代末就开始了无速度传感器的研究工作，各国学者在这方面已作了大量的工作，较为典型的转速估计方法有以下几种：

① 从电机的物理模型出发直接根据电机的电压、电流、等效电路参数估算电机的转速或转差。

这方面较早期的工作是在1975年，A. Abbondant从电机稳态数学模型推导出的计算转差频率的方法，但这种形式的估计在动态过程中很难跟踪真实转差。

② 采用模型参考自适应方法（MRAS）估算电机的转速。

这种方法在1987年由S. Tamai首先引入，其后被频繁地用于参数和转速的辨识，建立的参考模型和可调模型也各式各样。国内外学者在这方面做了大量的工作。

模型参考自适应辨识速度的主要思想是将不含未知参数的方程作为参考模型，而将含有待估计参数的方程作为可调模型，两个模型应该具有相同物理意义的输出量，利用两个模型的输出量的误差构成合适的自适应率来实时调节可调模型的参数，以达到控制对象的输出跟踪参考模型的目的。MARS应用到转速估计方面较有影响的工作是Schauder提出的转速MARS辨识方法，将不含有真实转速的磁链方程（电压模型）作为参考模型，含有待辨识转速的磁链方程（电流模型）作为可调模型，以转子磁链作为比较输出量，采用比例积分自适应律进行速度估计。这种方法由于仍采用电压模型法来估计转子磁链，引入了纯积分环节，使得在低速时转速的误差较为明显。其后Y. Hori和P. F. Zheng等对该方法作了改进，其出发点是在选择不同的参考模型和可调模型的比较输出上。其中，P. F. Zheng利用电机的反电动势作为模型输出，避免了纯积分环节。但其低速性能受到了定子电阻的影响，因而他又从无功功率的角度出发，成功地在参考模型中消去了定子电阻，从而避免了其影响，由此获得了更好的低速性能和更强的鲁棒性。

模型参考自适应法解决了速度辨识上的理论问题，动态性能好，是目前用得较多的速度辨识方法。但参数变化对辨识结果的影响还没有完全解决，另外还存在着稳态不稳的现象，低速时也存在偏差。

③ 基于PI控制器法。

这种方法适用于按转子磁场定向的矢量控制系统，其基本思想是利用某些量的误差项使其通过PI调节器而得到转速信息。T. Ohtani利用了转矩电流的误差项，而M. Tsuji则利用了转子q轴磁通的误差项。这两种方法都利用了自适应的思想，电机参数变化的鲁棒性比直接计算的方法有所增强，结构上又比MARS法简单，不失为一种结构简单、性能良好的速度估算方法。

④ 采用扩展的卡尔曼滤波器（EKF）估算电机转速。

卡尔曼滤波器（EKF）是一种基于状态方程的强有力的状态估算法。近几年也用于电机的参数估算和转速估算。以定子电流和转子磁链为状态变量，转速为参数的状态方程，将状态方程线性化后，就可以按卡尔曼滤波器的递推公式进行计算。实验结果表明，转速估算值与实际值非常接近，即使在极低速时，估算误差只有几转范围，由估算值构成的闭环系统在宽范围内仍具有良好的特性。

⑤ 基于人工神经网络的转速估算。

作为实现智能控制途径之一的人工神经网络，由于具有自适应性、自学习性，与线性系统的自适应控制有许多相似之处，因此将神经网络技术引入到电机参数估计与转速估算是很自然的一步。受并联形式模型参考自适应速度估算的启发，L. B. brahim 等提出，用神经网络方法实现异步电机的速度估计，国内也有学者进行了这方面的研究。总的说来，神经网络理论在交流电气传动控制系统中的应用尚属起步阶段，各种方案仍处在不断探索与完善之中，离工程应用还有一段路要走。

本 章 小 结

异步电动机变频调速属于转差功率不变型调速，是异步电动机调速方案中性能最好的一种调速方法。交流异步电动机的磁通 Φ_m 是由定、转子磁动势合成产生的，从定子每相电动势有效值 $E_g = 4.44 f_1 N_1 K_{N1} \Phi_m$ 可知，在基频以下调速时，要使 Φ_m 不变，可令 E_g / f_1 保持常量，即通过恒压频比控制获得恒转矩调速。在基频以上调速时，由于 U_1 不能升高只能保持额定常值，故迫使磁通 Φ_m 与频率成反比下降，从而得到恒功率调速。

定子电压有效值 U_1 和频率 f_1 是变频调速系统中两个独立的控制变量。在基频以下，保持 U_1 / f_1 为恒值的控制时，机械特性的特点是：变频时的特性平行下移，硬度较好，但是低频时 T_{emax} 减小，会影响调速系统的带负载能力。若采用低频补偿，使恒 U_1 / f_1 控制趋向恒 E_g / f_1 控制，可以做到稳态时 Φ_m 为恒值，从而扩大机械特性的线性工作范围，改善稳态调速性能。

静止式变频装置是实现变频调速所必需的变频电源，因结构不同可将其分为两类：间接变频装置（或称交-直-交变频装置）与直接变频装置（交-交变频装置）。间接变频装置因调压与调频环节有差别，又有许多种类。最简单的是采用可控整流器调压与六拍逆变器调频的间接变频装置，其主要缺点是在电压与频率调得较低时，输入功率因数低且输出谐波大。用不可控整流器整流、斩波器调压与六拍逆变器调频的间接变频装置，由于采用斩波脉宽调压故使功率因数提高，但输出谐波大的缺点仍未得到改善。采用不可控整流器整流，用 PWM 逆变器同时调压调频的交-直-交变频装置则克服了上述两个缺点，成为当前最有发展前途的一种交-直-交变频装置结构形式。交-交变频装置只用一个变换环节就将恒压恒频电源变成变压变频电源，因为只有一次换能过程，故效率较高，但所用元件多，电网功率因数低，且输出频率受限制，通常只适用于低速大功率拖动系统。

从电源的性质出发，静止式变频装置可分为两类：电压型或电流型变频装置。中间直流环节采用大电容滤波的交-直-交变频器属电压型变频装置，采用大电感滤波的交-直-交变频器则属于电流型变频装置。在变频调速系统中，中间直流环节所使用的大电容或大电感是电源与异步电动机之间交换无功功率所必需的储能缓冲元件。两类变频装置由于采用不同的贮能元件，在输出波形、输出动态阻抗、动态响应速度、过流与短路保护难易、对开关元件要求以及线路结构复杂程度等方面具有不同的特点，因而适用于不同的使用对象。

在 SPWM 逆变器中，以参考正弦波作为调制波，以等腰三角形作为载波来获得控制主电路 6 个功率器件开关的信号。通过改变调制波的频率与幅值来平滑调节逆变器输出的基波频率与幅值。

在转速开环恒压频比控制的变频调速系统中，无论采用的交-直-交变频器是电压型还是电流型，控制部分在结构上均由电压控制、频率控制以及两者协调控制三部分组成。电压控制一般采用具有电流内环和电压外环的双闭环控制，主要由函数发生器、电压调节器、电流调节器以及晶闸管触发装置组成。电流信号从变频电源交流输入端测得，电压信号在采用电压源的调速系统里直接取自中间直流环节，在电流源系统中则从变频器输出端测取。系统的频率控制是开环的，在采用晶闸管的逆变器中，频率控制部分主要由压-频变换器、环形分配器、脉冲放大器等组成。协调控制部分主要由给定积分器和绝对值变换器组成，产生同时控制电压和频率的信号以保证两者变化取得协调。

要建立较准确地描述异步电动机的动态模型，就得考虑各变量间的耦合与非线性关系。首先列出三相定、转子电压方程、磁链方程和运动方程，然后在磁动势等效和功率不变的原则下作出三相静止到两相旋转坐标系的转换，最后获得异步电动机在两相同步旋转坐标系上按转子磁场定向的数学模型。它是一个以励磁电流为输入、角速度为输出的等效直流电动机模型，由它可以推导出矢量控制方程式。根据矢量控制方程可以构成矢量控制的变频调速系统，按定子电流的转矩分量和励磁分量进行控制。

习题与思考题

6-1　交流变频调速的静止式变频装置主要有哪几种类型？

6-2　变频调速时为什么要维持恒磁通控制？恒磁通控制的条件是什么？

6-3　保持 Φ_m 为常数的恒磁通控制系统，在低速空载时会发生什么问题，采用何种控制的变频系统可以克服这个问题？

6-4　试述交-交变频器与交-直-交变频器各自的特点。

6-5　指出电压型变频器和电流型变频器各自的特点。为什么电压型变频器没有回馈制动能力？

6-6　电压型与电流型逆变器在构成上有什么区别？在性能上各有什么特点？

6-7　如何控制交-交变频器的正、反组晶闸管，以获得按正弦规律变化的平均电压？

6-8　采用电压闭环控制的交-直-交电压源变频调速系统，电压反馈信号可从何处取出，为什么？

6-9　采用电流、电压闭环控制的交-直-交电流源型变频调速系统，电流、电压反馈信号应从何处取出，为什么？

6-10　电流源型交-直-交变频调速系统能否采用转速、电压、电流均开环控制，为什么？

6-11　简述异步电动机矢量变换控制的基本思路，并分析矢量变换控制方法的优缺点。

6-12　采用矢量变换控制需要满足哪些基本方程式？

第七章 无换向器电动机调速系统

【内容提要】

无换向器电动机属于一种自控式同步电动机，它由磁极位置检测器、同步电动机和半导体变频器共同组成电动机系统，即用半导体变频器和磁极位置检测器代替了机械式整流器和碳刷。根据无换向器电动机所用的变频器型式不同，又可分为直流无换向器电动机系统（即交-直-交电动机系统）和交流无换向器电动机系统（即交-交电动机系统）。由它组成的调速系统具有同步电动机的效率高、功率因数可调等优点，特别是大容量低转速时更为突出，并且没有同步电动机的启动困难、重载时易振荡失步等问题，因而得到广泛的应用。

本章主要讨论无换向器电动机的工作原理，变频器的换流方法、基本特性以及由它组成的双闭环调速系统、四象限运行的原理。

第一节 概述

无换向器电动机调速系统属于同步电动机调速系统。同步电动机的本质特点是其转速与电源频率保持严格的同步关系，所以只要电源频率不变，同步电动机的转速就保持不变。同步电动机的这一特点使其在许多领域都有广泛的应用。但是，同步电动机也存在启动困难和重载时失步的缺点，这方面的问题在很大程度上限制了它的应用领域。

电力电子技术和计算机技术的发展使得同步电动机在电机调速领域的应用得到了推广。变频装置作为同步电动机的软启动设备解决了同步电动机启动困难的问题；以微处理器为核心的转速和频率的闭环控制，又解决了同步电动机的失步问题。这两个问题的解决从根本上改变了同步电动机在调速系统这一领域的地位。无换向器电动机实际上就是由此发展起来的一种新型的同步电动机系统。

为了更明确这一类电动机的特点，首先将同步电动机和异步电动机的区别进行归纳，然后对同步电动机变频调速系统进行分类。

一、异步电动机与同步电动机的区别

① 异步电动机的磁场靠定子供电产生，而同步电动机除定子磁动势外，在转子侧有独立的直流励磁或永久磁铁，其磁场可视为恒定。

② 异步电动机转速 n 与电源的频率 f_1 之间的关系为

$$n = \frac{60f_1}{p}(1-s) \tag{7-1}$$

也就是说异步电动机的实际转速永远不能达到其同步转速。而同步电动机的转速 n 与电源频率 f_1 之间保持严格的同步关系，即

$$n = \frac{60f_1}{p} \tag{7-2}$$

③ 异步电动机总是在滞后的功率因数下运行。而同步电动机的功率因数可用励磁电流来调节，可以滞后，也可以超前。也就是说，同步电动机除了拖动机械负载外，还可以负担无功功率的调节。

④ 异步电动机的气隙都是均匀的，而同步电动机则有显极式和隐极式之分。隐极式气

隙是均匀的；而显极式的气隙不均匀，磁极直轴磁阻小，极间交轴磁阻大，因而会产生磁阻转矩分量。

二、同步电动机变频调速系统的分类

同步电动机变频调速系统按其结构的不同可分为两大类：他控式变频调速系统和自控式变频调速系统。他控式变频调速系统是由独立的变频装置给同步电动机提供变压变频电源，而自控式变频调速系统是由电动机的转子位置检测器来产生变频装置的触发脉冲，从而给同步电动机提供变压变频电源，由于变频装置取代了电机中机械式的换向器，故这种自控式同步电动机变频调速系统习惯上称为无换向器电动机变频调速系统。无换向器电动机变频调速系统转子轴上的位置检测器能够保证逆变器的输出电源频率和电动机转速保持同步，这是无换向器电动机区别于其他类型同步电动机的最显著的结构特点。

无换向器电动机变频调速系统在国外发展很快，应用也十分广泛。从几瓦级的小型无刷直流电动机到单机容量为上万千瓦的高炉送风机都已有实际应用。中国上海宝山钢铁公司一号高炉的大型鼓风机驱动用的 48MW 同步电动机系统就是采用了无换向器电动机。近年来，由于大功率晶体管（GTR）、门极可关断晶闸管（GTO）、电力场效应管（MOSFET）以及绝缘门极晶体管（IGBT）等具有自关断能力的大功率半导体器件制造水平的不断提高，使得以此为基础的同步电动机变频调速技术也有了长足的进步。与异步电动机变频调速系统相比，在低压小容量和功率在兆瓦级以上的大型调速领域，无换向器电动机占有举足轻重的地位。而新技术的不断应用使得无换向器电动机的开发与应用有着更加诱人的前景。

第二节　无换向器电动机的工作原理

一、无换向器电动机的类型

无换向器电动机根据它的容量不同，可以分为晶体管电动机和晶闸管电动机两种。一般的低压小容量电动机多是晶体管电动机，由于晶体管的集电极负载电流直接受基极电流控制，具有自关断能力，所以晶体管调速系统的逆变器一般不存在换流问题，这可以大大简化电动机的控制方法。这一类无换向器电动机广泛应用于计算机交流伺服系统和各种电子设备的冷却风扇、磁盘驱动器、磁带记录仪、录像设备等。对于容量较大、电压较高的，一般采用晶闸管电动机。由于晶闸管耐压高，电流容量大，价格也相对较低，所以目前大功率的无换向器电动的电源装置基本上都是晶闸管构成的。

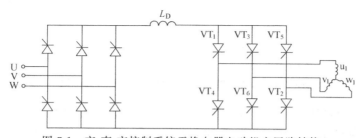

图 7-1　交-直-交控制系统无换向器电动机主回路结构

无换向器电动机变频调速系统根据所用的变频器的型式不同，又可分为直流无换向器电动机调速系统（即交-直-交电动机调速系统）和交流无换向器电动机调速系统（即交-交电动机调速系统）。交-直-交电动机调速系统是用交-直-交变频器将交流电整流成直流，然后再逆变为频率可调的交流电作为同步电动机的电源，主回路结构如图 7-1 所示。而交-交电动机调速系统是利用交-交变频装置直接把 50Hz 的交流电转变成可变频率的交流电作为同步电动机的电源，主回路结构如图 7-2 所示。

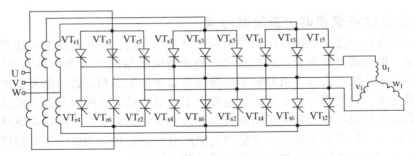

图 7-2 交-交控制系统无换向器电动机主回路结构

二、无换向器电动机的工作原理

从磁场的观点看，电动机的运动是主磁场和电枢磁场相互作用的结果。在直流电动机中，主磁场在空间是静止的，电枢是旋转的，通过整流子及电刷换向，保持电枢电流方向不变，使电枢磁场与主磁场在空间的相互位置不变，夹角 $\varphi = 90°$。异步电动机定子磁场与转子磁场在空间的位置也不变，从空载到额定负载，由于转子 $\cos\varphi_2$ 变化大，磁场夹角 φ 近于 $90°$。同步电动机在稳定运行时，φ 角随负载而变化，空载时 $\varphi = 0$，负载愈大，φ 角愈大，当 φ 超过 $60°$ 以后，将失步停转，启动时由于没有恒定 φ 角，所以没有启动转矩。可见，两磁场之间的关系，很大程度上决定了电动机的运行性能。

无换向器电动机相当于有三个换向片的直流电动机，只不过换向是由晶闸管（或晶体管）来进行的，因结构上的限制，电枢绕组及变流器静止不动，而磁极是旋转的，如图 7-3 所示。其工作原理可用图 7-4 说明，图 7-4(a) 为直流电动机电枢依次转过 $60°$ 的几个位置的

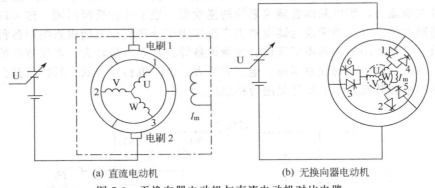

(a) 直流电动机   (b) 无换向器电动机

图 7-3 无换向器电动机与直流电动机对比电路

情形，根据运动的相对性，可以认为电枢和整流子不动，磁极和电刷向相反方向依次转过 $60°$，电枢中各导体的电流不变，如图 7-4(b) 所示。现在，进一步将机械的换向器用半导体"开关"来代替，并依次触发相应的晶闸管，如图 7-4(c) 所示，顺次地使晶闸管 $1\rightarrow6$、$1\rightarrow2$、$3\rightarrow2$、$3\rightarrow4$、$5\rightarrow4$、$5\rightarrow6$ 导通，则磁极（转子）也将会依次转过 $60°$。下面从磁场角度看电动机运动情形，当晶闸管 1、6 导通时，电流从电源正极→晶闸管 1→U 相绕组→V 相绕组→晶闸管 6→电源负极这条回路流通，此时电枢磁势方向是垂直于 W 相绕组轴线的位置，如图 7-4(c)① 中 F_a 所示，而此时磁极位置如图中 F_0 方向，则励磁磁场 F_0 与电枢磁场 F_a 夹角为 $120°$，转子向顺时针方向旋转，当转子转到 F_{01} 位置时，F_{01} 与 F_a 的夹角为 $90°$，

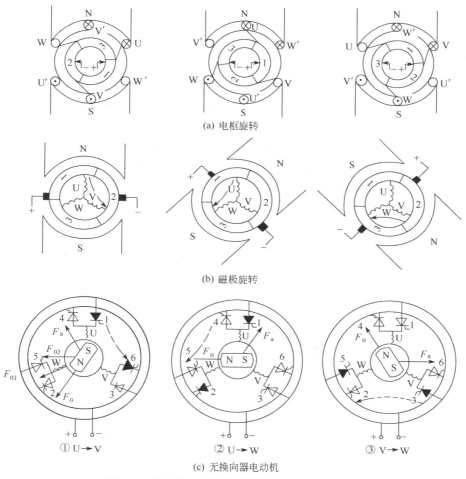

(a) 电枢旋转

(b) 磁极旋转

① U→V　　　② U→W　　　③ V→W

(c) 无换向器电动机

图 7-4　从直流电动机到无换向器电动机的转化

电动机产生的转矩最大。转子继续旋转，当转到 F_{02} 位置即夹角为 60°时，通过控制电路，触发晶闸管 2 使其导通，同时关断晶闸管 6，电枢电流转换到从电源正极→晶闸管 1→U 相→W 相→晶闸管 2→电源负极这条回路流通，F_a 转过 60°，变成图 7-4(c) 中②所示情形，此时 F_0 与 F_a 的夹角又变为 120°，如此重复进行，F_0 与 F_a 的夹角始终在 60°～120°范围变化，使电动机转子得以连续旋转。

电动机正反向转动时晶闸管的导通情况及电枢绕组的电流方向如表 7-1、表 7-2 所示。

表 7-1　正转时电枢电流方向与晶闸管导通顺序

时间(电角度)	0°		120°		240°		360°
电枢绕组电流方向	U→V	U→W	V→W	V→U	W→U	W→V	U→V
(＋)侧导通的晶闸管	1		3		5		1
(－)侧导通的晶闸管	6		2		4		6

表 7-2　反转时电枢电流方向与晶闸管导通顺序

时间(电角度)	0°		120°		240°		360°
电枢绕组电流方向	U→V	W→V	W→U	V→U	V→W	U→W	W→V

续表

时间（电角度）	0°		120°		240°		360°
（＋）侧导通的晶闸管	1		5		3		1
（一）侧导通的晶闸管		6		4		2	6

综上可以看出，每只晶闸管的导通时间是 120°电角度，关断时间是 60°电角度，而每转过 60°电角度就有一只晶闸管换流。为此要求随转子的旋转，周期性地触发或关断相应的晶闸管，才能使得电枢磁场和励磁磁场保持同步。此任务一般由磁极位置检测器来完成。图 7-5 所示为直流无换向器电动机的原理图。它是一个受控于位置检测器 PS 的自控式晶闸管变流器和同步电动机组成的调速系统。由于电动机定子电枢换流是直接由转子转速控制的，这样，电动机速度降低时，位置检测器输出信号的频率也降低，电枢电流频率及其旋转磁场速度随之降低，使电枢磁场和励磁磁场（转子）相对位置关系保持不变，电动机就不会失步。这就是自控式同步电动机的特点。所以无换向器电动机又称为频率自控式同步电动机。

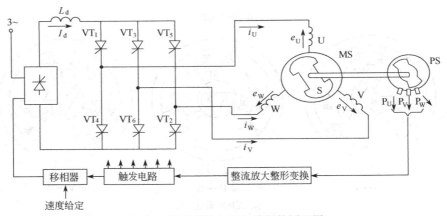

图 7-5 直流无换向器电动机的原理图

三、无换向器电动机的转子位置检测器

转子位置检测器是无换向器电动机的重要组成部分。常用的转子位置检测器可以分为电磁感应式、光电式、霍尔开关式和接近开关式等。下面对常用的前三种转子位置检测器进行介绍。

1. 电磁感应式转子位置检测器

电磁感应式位置检测器又称差动变压器式位置检测器，是由一个带缺口的导磁圆盘（转子）和三个小型开口变压器（定子）组成。其转子圆盘按 180°电角度切成扇形导磁圆盘（对应于圆心角是 90°），并固定于转子轴上。对于四极无换向器电动机，其位置检测器的具体结构如图 7-6(a)所示。

检测器的定子是三只开口的 E 形变压器（P_U、P_V、P_W），这三只变压器在空间相隔 120°电角度，在 E 形铁芯的中芯柱上绕有二次线圈，外侧两铁芯上绕有一次线圈，并由外加 1～5kHz 高频电源供电，结构如图 7-6(b)所示。当圆形盘 π 角度的缺口正处在变压器下时，E 形变压器的三芯柱气隙相同，中芯柱合成的磁通为零，二次线圈无感应电流。反之，当圆盘的 π 电角度的凸出部分处在变压器某侧两芯柱下时，磁导变大，磁阻变小，而另一侧芯柱下的磁阻不变，由于 E 形变压器的两侧磁路不对称，二次线圈便有感应信号输出。当电动机旋转时，位置检测器圆盘的凸起部分依次扫过变压器 P_U、P_V 和 P_W，于是就产生了三个

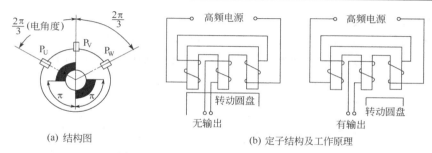

(a) 结构图　　　　　　　　　　(b) 定子结构及工作原理

图 7-6　电磁感应式位置检测器结构图

相差 120°、脉宽为 180°电角度的感应信号输出，经过滤波整流后，输出三路矩形波信号，从而为逆变器提供了触发参考信号。

2. 光电式位置检测器

光电式位置检测器也是由定子、转子组成。它的转子部分是一个按 π 电角度开有缺口的圆盘，其缺口数等于电动机的极对数；它的定子部分是由发光二极管和光敏三极管组合而成的一种"π"形光电耦合器件，称为槽光耦，每个槽光耦的槽臂上一侧嵌有一只红色发光二极管，另一侧槽臂上嵌有光敏三极管，组成的光电式位置检测器如图 7-7 所示。

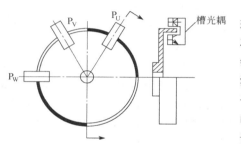

图 7-7　光电式位置检测器结构图

当光电式位置检测器圆盘的凸出部分处在槽光耦的槽部时，光线被圆盘挡住，光敏三极管呈高阻状态；当圆盘的缺口部分处在槽光耦的槽部时，光敏三极管接受二极管的红外光，呈低阻态。位置检测器的圆盘固定在电动机的转子轴上，随电动机转子旋转，圆盘的凸出部分依次扫过光耦，通过转换电路输出电平信号。对于三相无换向器电动机来说，其位置检测器的定子部分有三只槽光耦，在空间相隔 120°电角度分布，发出脉宽为 180°电角度，相差为 120°电角度的三路电平信号，从而作为无换向器电动机驱动电路的参考信号。

3. 霍尔开关式位置检测器

霍尔组件是一种最常用的磁敏组件，在霍尔组件的输入端通以控制电流。当霍尔组件受外磁场作用时，其输出端便有电势信号输出；当没有外界磁场作用时，其输出端无电势信号。通常把霍尔组件嵌在定子电枢铁心的表面，根据霍尔组件输出的信号便可判断转子的磁极位置，将信号放大整形后便可作为无换向器电动机驱动电路的参考信号。

目前，高性能的无换向器电动机的转子位置检测器还有光电码盘、磁电码盘和旋转变压器等，有专门的文献资料介绍这方面的结构原理和有关的技术指标，这里不再展开讨论。

第三节　无换向器电动机的换流

在无换向器电动机上，由于采用了晶闸管（或晶体管）代替直流电动机中的换向器，从根本上解决了直流电动机的换向问题，但是，随之而来的就是必须可靠地解决晶闸管的变流器换流问题。在稳定和高速运行时，无换向器电动机一般利用反电势换流；在启动或低速时，由于直流无换向器电动机的反电势小甚至无反电动势，常用电流断续法换流，而对于交流无换向器电动机，由于电动机侧的频率低，此时应采用电源换流法换流。

一、反电动势换流法

无换向器电动机高速运行时利用绕组反电动势换流，这不仅大大简化了电路的复杂程度，而且降低了系统对晶闸管的关断时间和耐压等级的要求。这是无换向器电动机的突出优点。

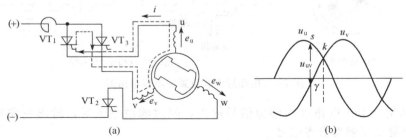

图 7-8　无换向器电动机反电动势换流的原理图

在利用电动机的反电动势进行换流时，对晶闸管的触发相位应有严格的要求。图 7-8 是无换向器电动机反电动势换流的原理图。设在换流以前是晶闸管 VT_1、VT_2 导通，电流回路是晶闸管 VT_1→u 相绕组→w 相绕组→晶闸管 VT_2，当需要将电流由晶闸管 VT_1 转移到 VT_3 时，可以利用电动机的绕组反电动势自然换流，其条件是 $e_u > e_v$。要满足这个条件，即换流的时刻应比 u、v 二相绕组反电动势电压波形的交点 k 适当提前一个换流超前角 γ，见图 7-8(b)中的 s 点。在该点 $u_u > u_v$，即 $u_{uv} = u_u - u_v > 0$，若在此时由转子位置检测器所产生的触发信号使晶闸管 VT_3 导通，则在两个导通的晶闸管 VT_1、VT_3 和电动机的 u、v 二相绕组之间会出现一个短路电流 i，其方向如图 7-8(a)中虚线所示。当这个短路电流 i 达到原来通过晶闸管 VT_1 的负载电流 I_d 时，晶闸管 VT_1 就会因流过的实际电流下降到零而关断，负载电流就由 VT_1 全部转移到晶闸管 VT_3，u、v 二相之间的换流过程就此完成。如果换流的时刻不是发生在交点 k 之前，而是发生在交点 k 之后，则换流超前角 γ 为负，这时 $u_v > u_u$，在晶闸管 VT_1、VT_3 和电动机的两相绕组 u、v 之间的短路电流 i 的方向与图 7-8(a)中的方向相反，这个电流阻止 VT_3 导通而使 VT_1 继续通电，造成换流失败。

无换向器电动机利用绕组反电动势自然换流原理简单，实现也比较容易，但在具体实现时要解决以下两个方面的问题。

① 晶闸管之间的换流要保证有足够的时间，使即将截止的晶闸管承受足够的负偏压时间而可靠关断。由于电动机带负载运行时，电枢反应和换流重叠角的影响，会使实际的换流超前角 γ 减小，晶闸管上承受的负偏压时间变短。为了保证可靠换流，通常要求实际的换流超前角 γ 至少应保持在 $10°\sim15°$ 之间。为了满足这个要求，可适当增大空载时的换流超前角 γ_0 或限制电动机的最大瞬时负载，也可以采用空载换流超前角 γ_0 随负载而调节的办法。

② 无换向器电动机在启动和低速运行时绕组反电动势很小，甚至无反电动势，在这种情况下利用反动势换流就不可能了。所以，要另外寻找无换向器电动机在启动和低速运行时的换流问题。目前在启动和低速运行时解决换流的办法有两种：电流断续法换流和利用电网电源换流法，后一种只适用于交-交系统。

二、电流断续换流法

所谓电流断续换流法，就是每当晶闸管需要换流时，设法让流过逆变器的电流迅速下降至零，使逆变器的所有晶闸管均暂时关断，然后再给应该导通的晶闸管加上触发脉冲，使其在断流后导通，让负载电流流经换流后导通的晶闸管，从而实现从一相到另一相的换流。现在通常采用的断流方法是封锁电源或者让三相电源侧的整流桥也进入逆变状态，使通过电动机绕组的电流迅速衰减，在短时间内实现断流。

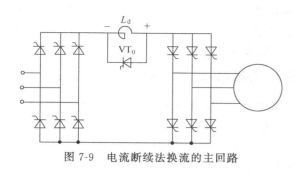

图 7-9　电流断续法换流的主回路

在无换向器电动机交-直-交系统中，为了抑制电流纹波，在直流回路中通常都有平波电抗器 L_d，由于它的存在具有较大的时间常数，使断流以及恢复正常工作时电流重新建立的速度大为减慢，造成换流中正常导电相电流的较大缺口，导致转矩降低，脉动加剧，电动机的损耗加大，为解决这一问题，必须加速断流和快速恢复电流的过程，通常在平波电抗器的两端反向并联一个续流晶闸管 VT_0，如图 7-9 所示。当回路电流衰减时，电抗器两端电压极性如图中所示，这时触发 VT_0 使其导通，电抗器将储能通过 VT_0 续流而迅速释放，从而不影响逆变桥的断流过程。只要电源侧的封锁一旦解除，输入电流开始增长时，电抗器两端电压的极性就会发生变化，续流晶闸管 VT_0 就会自动关断，不会影响电抗器在电路正常工作时的滤波功能。

当电动机中晶闸管采用电流断续法换流时，电动机侧逆变器的空载换流超前角 γ_0 对换流已不再起决定性作用。为了增大启动转矩，减小转矩脉动，一般取 $\gamma_0 = 0°$。当电动机进入高速运转阶段时，γ_0 则根据负载进行控制（γ_0 可取 $60°$），使晶闸管利用绕组反电动势自然换流。

三、电源换流法

在交—交无换向器电动机系统中，电动机启动和低速运行时，由于电动机侧的频率低，在电动机侧一相通电的过程中，电源侧往往要经历几次换流过程。下面以图 7-10 所示的无换向器电动机中晶闸管 VT_{u1} 到 VT_{u3} 和 VT_{v3} 的换流过程为例来讨论这一问题。

换流以前的状态是 VT_{u1} 和 VT_{w2} 导通。现在在 VT_{u3} 的控制极上加触发信号。如果换流超前角选择得当，且电动机在高速运行，则可利用绕组反电动势完成组间、组内自然换流过程。如果电动机运行在启动或低速状态下，则 $e_u \approx 0$，$e_v \approx 0$，反电动势 e_{uv} 不可能产生足够的换相电流，使 VT_{u1} 的电流下降至零，所以在触发 VT_{u3} 时不能使 VT_{u1} 关断，于是出现了 VT_{u1} 继续导电的情况。但这个连续导电的情况最多只能持续相当于三分之一电源周期的时间，在此之后，VT_{v3} 就会触发导通。由于电动机电动运行时，交-交变频器是工作在整流状态，VT_{v3} 触发导通时电网电源 $e_v > e_u$，所以在电网电动势 $e_{vu} = e_v - e_u$ 的作用下，电流一方面在电源 V 相、VT_{v3}、VT_{u3} 和电源 U 相中形成环流 i_{sc}，使 VT_{v3} 导通，VT_{u3} 关断，如图 7-10(a) 所示；另一方面，电流也在电源 U 和 V 二相、VT_{v3}、电动机绕组 v_1、u_1 二相及 VT_{u3} 之间产生环流 i_{sl}，如图 7-10(b) 所示。这一环流将使 VT_{u1} 中的电流下降至零而关断，从而完成电流由电机的 u_1 相过渡到 v_1 相的换流过程。这就是无换向器电动机晶闸管依靠电网电源换流的过程。

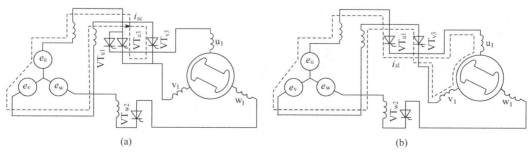

图 7-10　电网电源换流原理图

交-交电动机调速系统组间、组内依靠电网电源换流的方式只适用于系统在低频工作的情况，用以解决电动机在启动和低速运行时的换流问题。当电动机达到稍高转速时，通过控制电路，使电动机进入利用绕组反电动势自然换流的运行方式。

第四节　无换向器电动机的基本特性

无论是交-直-交型还是交-交型的无换向器电动机，它们的基本特性都是相同的。下面以图 7-11 所示的交-直-交型无换向器电动机为例对其性能进行讨论。图中 R_Σ 是主回路等效总电阻，包括平波电抗器的电阻、晶闸管导通压降等效电阻和电动机的两相电枢绕组电阻；U_d、I_d 分别是三相可控整流桥输出的直流平均电压和电流；U_d' 是逆变桥的直流侧输入平均电压。

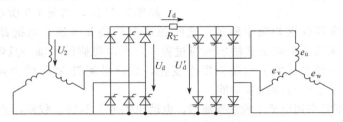

图 7-11　交-直-交型无换向器电动机主电路

一、无换向器电动机的调速特性

从所学过的半导体变流技术可知，在考虑到换流重叠角的情况下，三相可控整流桥输出的直流平均电压 U_d 为

$$U_d = 2.34 U_2 \cos\left(\alpha + \frac{\mu}{2}\right)\cos\frac{\mu}{2} \tag{7-3}$$

式中　U_2——三相交流电源相电压有效值；

　　　μ——换流重叠角；

　　　α——桥式整流电路的控制角。

逆变桥的直流侧输入的平均电压 U_d' 与电动机相电动势 E_m 之间的关系为

$$U_d' = 2.34 E_m \cos\left(\gamma - \frac{\mu}{2}\right)\cos\frac{\mu}{2} \tag{7-4}$$

而　　　　　　　　　　　　　　$E_m = C_e n\Phi \tag{7-5}$

电动机的电动势常数，$C_e = \sqrt{2}\,\dfrac{p\pi}{60}N_1 K_1$

式中　γ——逆变桥的实际换流超前角；

　　　p——极对数；

　　　N_1——相绕组匝数；

　　　K_1——绕组分布系数；

　　　n——电动机的转速；

　　　Φ——电动机的气隙合成磁通。

而整流桥的输出电压 U_d 与逆变桥直流侧电压 U_d' 之间有下列数学关系

$$U_d' = U_d - R_\Sigma I_d \tag{7-6}$$

将式（7-6）和式（7-5）代入式（7-4），可得到无换向器电动机的转速表达式为

$$n = \frac{U_d - I_d R_\Sigma}{2.34 C_e \Phi \cos\left(\gamma - \dfrac{\mu}{2}\right)\cos\dfrac{\mu}{2}} \tag{7-7}$$

这与直流电动机的转速特性 $n = \dfrac{U - R_a I_a}{C_e \Phi}$ 十分相似。

从式（7-7）所示的转速公式可以看出，无换向器电动机的调速方式主要有两种：一种是调节直流电压 U_d 调速；另一种是调节励磁磁通 Φ 调速。如果无换向器电动机的转子磁极是由永磁体构成的，则磁通 Φ 是基本不变的，主要利用第一种调速方式调速。此外，改变换流超前角 γ 也可以改变电动机的转速，但是 γ 角在无换向器电动机中是随负载的变化而自动调节的，调节 γ 角会使电动机运行出现不稳定状态，故很少采用。

二、无换向器电动机的电磁转矩

根据同步电动机理论可以推出无换向器电动机的电磁转矩公式具有如下的形式

$$T = C_t I_{1m} - C_R I_{1m}^2 \tag{7-8}$$

式中　C_t——基本转矩系数，$C_t = 3\psi_f \cos\left(\gamma_0 - \dfrac{\mu}{2}\right)$；

C_R——反应转矩系数，$C_R = \dfrac{3}{2}(L_d - L_q)\sin 2\left(\gamma_0 - \dfrac{\mu}{2}\right)$；

I_{1m}——电动机电枢电流的基波分量；

ψ_f——转子励磁所产生的定子磁链；

L_d，L_q——电动机的直轴电感和交轴电感；

γ_0——空载换流超前角，它与电动机的功率因数角 φ 的关系为 $\varphi = \gamma_0 - \dfrac{\mu}{2}$。

从无换向器电动机的转矩特性公式来看，其转矩由基本电磁转矩和反应电磁转矩两部分合成，反应电磁转矩也称为磁阻转矩。当电动机的直轴电感和交轴电感相等时，即在圆周方向上电动机的磁阻是均匀的，则电动机的反应电磁转矩为零，只有基本电磁转矩。或者，在不计换流重叠角 μ 时，使空载换流超前角 γ_0 为零，则 $C_R = 0$，反应电磁转矩为零，这时电动机的基本电磁转矩就是其总的电磁转矩，在这两种情况下，无换向器电动机的电磁转矩公式与直流电动机的电磁转矩特性公式具有相同的形式，从而也就具有相同的特性。

实际上采用 GTO 等具有自关断能力的器件构成的无换向器电动机很容易做到 γ_0 为零，从而使整个电动机系统达到与直流电动机相同的机械特性与控制性能。所以，随着电力电子技术和控制技术的不断发展和应用，无换向器电动机将在许多领域得以应用并逐步取代传统的有刷直流电动机。

三、无换向器电动机的机械特性

前已述及无换向器电动机具有与直流电动机相似的转速特性，当驱动电路采用自关断器件时能保证空载换流超前角 $\gamma_0 = 0°$，则无换向器电动机的特性便与直流电动机相同了。以下就是以这种典型的状态为例来讨论无换向器电动机的机械特性。

当空载换流超前角 $\gamma_0 = 0°$ 且忽略换流重叠角 μ 时，无换向器电动机的反应电磁转矩系数为 $C_R = 0$，其电磁转矩表达式变为

$$T = C_t I_{1m} \tag{7-9}$$

对于交-直-交型无换向器电动机，对其电流进行傅里叶级数分析，电枢绕组电流基波 I_{1m} 与直流侧平均电流 I_d 之间存在有以下固定的系数关系

$$I_{1m} = K I_d \tag{7-10}$$

式中，K 为波形系数。将式（7-10）代入式（7-9）得

$$T = C_m I_d \tag{7-11}$$

式中 $C_m = \dfrac{T}{I_d} = C_t K$，称为无换向器电动机的转矩电流比。将式（7-11）代入无换向器电动

机转速公式(7-7) 并考虑到 $\cos\left(\gamma-\dfrac{\mu}{2}\right)=1$，$\cos\dfrac{\mu}{2}=1$，便得到其机械特性的表达式为

$$n=\frac{U_{\mathrm{d}}}{2.34C_{\mathrm{e}}\Phi}-\frac{R_{\Sigma}T}{2.34C_{\mathrm{e}}C_{\mathrm{m}}\Phi} \tag{7-12}$$

如果无换向器电动机的气隙磁通在运行时保持不变，则转矩电流比 C_{m} 可以写成转矩常数 C_{T} 与磁通 Φ 的乘积形式，即

$$C_{\mathrm{m}}=C_{\mathrm{T}}\Phi \tag{7-13}$$

所以机械特性表达式也可以写为如下形式

$$n=\frac{U_{\mathrm{d}}}{2.34C_{\mathrm{e}}\Phi}-\frac{R_{\Sigma}T}{2.34C_{\mathrm{e}}C_{\mathrm{T}}\Phi^{2}} \tag{7-14}$$

可见，无换向器电动机的机械特性公式与直流电动机的机械特性公式十分相似，所以它有着良好的运行特性和伺服控制性能。图 7-12 所示为无换向器电动机的机械特性曲线，需要注意的是在接近堵转时的机械特性曲线出现了非线性区域，这是由于整个系统的非线性在接近堵转时所表现出来的。

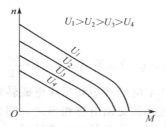

图 7-12　无换向器电动机的机械特性曲线

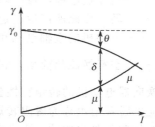

图 7-13　δ 角随负载的变化曲线

四、无换向器电动机的过载能力

利用反电动势自然换流的无换向器电动机的一个突出问题是其过载能力受到逆变器换流能力的限制。如果电动机在空载运行时换流超前角为 γ_0，当电动机在负载运行时，由于电动机的电枢反应所产生的功角 θ 和换流重叠角 μ 的存在，使得晶闸管承受反压的时间缩短，一般用换流剩余角 δ 来表示晶闸管换流时所承受反压的时间，这里的换流剩余角 $\delta=\gamma_0-\theta-\mu$。由于 θ 角和 μ 角均随负载的增大而增加，所以换流剩余角 δ 将随负载的增大而减小，如图 7-13 所示。当换流剩余角不能满足晶闸管的关断时间 t_{off} 时，逆变器就达到了换流极限，无换向器电动机的负载便不能增加了，所以逆变器的换流能力决定了无换向器电动机的过载能力。一般无换向器电动机的过载能力只有 1.5 倍左右。

工程上一般可适当增加空载换流超前角 γ_0（但 γ_0 不能太大，否则会使电机的转矩减小，转矩脉动分量增大，一般 γ_0 不宜超过 70°，实际应用中可取 60°）、减小功角 θ、减小换流重叠角 μ、强迫励磁的方法来提高无换向器电动机的过载能力。

第五节　无换向器电动机调速系统

一、交-直-交无换向器电动机调速系统

(一) 交-直-交无换向器电动机调速系统的组成

典型的交-直-交无换向器电动机调速系统的原理框图如图 7-14 所示。它与直流电动机双闭环调速系统有很多相似之处，但两者在控制正反转的方法上又有很大的区别。首先，无换向器电动机的主回路电流不管是正转还是反转，其方向总是不变；其次，无换向器电动机可

逆运行不需要在电枢回路或励磁回路内进行切换，进行回馈制动时也不必像可逆直流调速系统那样采用两组整流桥反并联连接，只要改变电动机侧逆变器的触发信号即可实现。

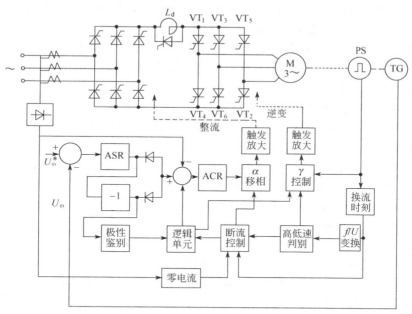

图 7-14　无换向器电动机调速系统的原理框图

由图 7-14 可见，此系统包括整流侧的转速控制和电动机侧的四象限运行控制两大部分。转速控制部分采用转速和电流双闭环系统，逻辑单元用来控制电动机侧逆变器的触发脉冲分配，以进行四象限运行。零电流检测单元是用来实现电动机低速运行时电流断续法换流的。无换向器电动机本身的控制系统主要包括转子位置检测器 PS 和 γ 脉冲控制器，根据四象限运行要求，把相应脉冲分配到各触发放大器，经放大后去触发逆变器中的相应晶闸管。

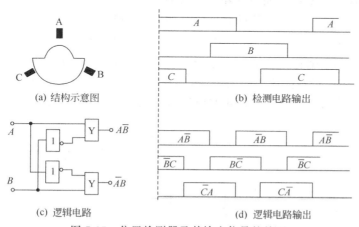

图 7-15　位置检测器及其输出信号的处理

无换向器电动机的位置检测器 PS 由三个相隔 120°电角度的位置检测组件和一个带缺口为 180°电角度的铁盘组成，如图 7-15(a)所示。由于三个检测组件的位置在空间各差 120°电角度，从这三个检测组件可以获得三个在时间上相差 120°、宽度为 180°的电信号 A、B、C，如图 7-15(b)所示。将这三个电信号经过图 7-15(c)所示的逻辑线路进行变换，即可得到六个宽度为 120°、相互间隔为 60°电角度的脉冲信号。例如在图 7-15(c)中，输入为 A 和 B，输出为 $A\overline{B}$ 和 $\overline{A}B$，它们的宽度为 120°，在时间上相差 180°的电信号；同理，若把 B、C 和 C、A 经过相应逻辑线路进行变换，可以得到 $B\overline{C}$、$\overline{B}C$ 和 $C\overline{A}$、$\overline{C}A$ 脉冲信号，如图 7-15(d) 所示。从图中可以看到，经变换而得到的这六个信号，它们的宽度是 120°，而相互间在时间上相差恰好是 60°，正好满足六个晶闸管触发的需要。用这个办法获得的信号，不仅所需检测组件少，结构简单，且不管转子处在什么位置，始终只产生两个信号，保证两个晶闸管触发导通，使电动机能顺利启动。

（二）电动机不同运行情况时的触发脉冲分配

电动机在启动和低速运行时，为了获得较大的启动转矩并减小其脉动，应将逆变器的空载换流超前角调节到 $\gamma_0 = 0$°的位置，此时靠电流断续法换流；当转速上升至高速运行时，系统通过高低速判别器产生相应信号对断流控制器进行封锁，并使逆变桥空载换流超前角调节到 $\gamma_0 = 60$°处，使逆变桥中晶闸管依靠电动机绕组的反电势自然换流。这样，当要求电动机作四象限运行时，就有八种不同的运行方式，即：低速正向电动；高速正向电动；高速正向制动；低速正向制动；低速反向电动；高速反向电动；高速反向制动；低速反向制动。

1. 电机正转的情况

同步电动机电枢绕组空载反电势的相位是和转子的位置直接相联系的。当磁极的轴线和电枢绕组的轴线相重合时，电枢绕组的电势为零；当转子转过一个 θ 角时，电枢反电势的相位也将相应地变化 θ 角。当电机低速运行在 $\gamma_0 = 0$°的情况下，每当某相反电势相位 θ 为 30°时，就触发该相的晶闸管，使其通入电流，这时磁极的轴线应该和该相绕组的轴线沿着转子旋转的方向相差一个 30°电角度。图 7-16（a）中给出了当电动机按顺时针方向正转时，在 $\gamma_0 = 0$°的情况下，U 相晶闸管触发瞬间的转子位置图。这时位置检测器圆盘缺口边缘恰好对准检测组件 A，而 U 相绕组中反电势 e 的方向如图所示。由图可见，输入电流 i 的方向在电动机正转的情况下与反电势 e 方向相反，应使晶闸管 VT₁ 通电。根据这个道理，从现在这个瞬间开始，位置检测器系统所产生的各输出信号应如图 7-16（b）所示。其中第一个输出信号 $A\overline{B}$ 用来触发晶闸管 VT₁，而与此相差 60°的第二个信号 $\overline{C}A$ 可用来触发晶闸管 VT₂。依次类推可以得出 $\gamma_0 = 0$°时各晶闸管的触发信号如表 7-3 所示。

若电动机高速运行在 $\gamma_0 = 60$°，则触发信号要相应地提前 60°，也就是说，如在 $\gamma_0 = 0$°时，信号 $A\overline{B}$ 输送到晶闸管 VT₁，则当 $\gamma_0 = 60$°时，该信号应该输送到晶闸管 VT₂。依次类推，不难求得 $\gamma_0 = 60$°时各晶闸管触发信号；同样，在 $\gamma_0 = 120$°，$\gamma_0 = 180$°的正向制动情况下，也可以按上述原则求得各晶闸管触发信号的分配关系，见表 7-3。

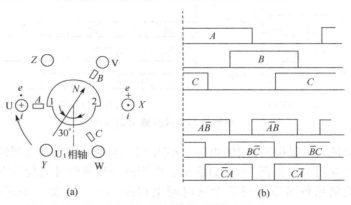

图 7-16 电机正转时位置检测器及其输出信号（$\gamma_0 = 0$°）

2. 电动机反转的情况

设在最初的瞬间转子所处的位置如图 7-17(a)所示。现在电动机按逆时针方向运转。在这个瞬间，磁极的轴线与 W 相绕组的轴线沿着电动机旋转的方向相差 30°。因此在这一瞬间，若电动机按 $\gamma_0=0°$ 反转低速运行，则应是 W 相开始导通。由于这时 W 相绕组的感应电势 e 的方向是从 W 端进入，Z 端出来，因此 W 相的电流 i 应该从 W 端流出，所以在这个瞬间应该开始触发的是晶闸管 VT_2。

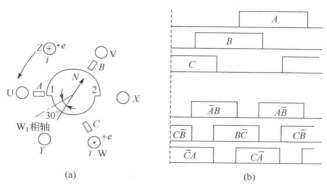

(a)　　　　　　　　　　(b)

图 7-17　电动机反转时位置检测器及其输出信号（$\gamma_0=0°$）

表 7-3　各晶闸管的触发信号

	项目	VT	VT_1	VT_2	VT_3	VT_4	VT_5	VT_6
正转	电动低速	$\gamma_0=0°$	$A\bar{B}$	$\bar{C}A$	$B\bar{C}$	$\bar{A}B$	$C\bar{A}$	$\bar{B}C$
	电动高速	$\gamma_0=60°$	$\bar{B}C$	$A\bar{B}$	$\bar{C}A$	$B\bar{C}$	$\bar{A}B$	$C\bar{A}$
	高速制动	$\gamma_0=120°$	$C\bar{A}$	$\bar{B}C$	$A\bar{B}$	$\bar{C}A$	$B\bar{C}$	$\bar{A}B$
	低速制动	$\gamma_0=180°$	$\bar{A}B$	$C\bar{A}$	$\bar{B}C$	$A\bar{B}$	$\bar{C}A$	$B\bar{C}$
反转	电动低速	$\gamma'_0=0°$	$\bar{A}B$	$C\bar{A}$	$\bar{B}C$	$A\bar{B}$	$\bar{C}A$	$B\bar{C}$
	电动高速	$\gamma'_0=60°$	$C\bar{A}$	$\bar{B}C$	$A\bar{B}$	$\bar{C}A$	$B\bar{C}$	$\bar{A}B$
	高速制动	$\gamma'_0=120°$	$\bar{B}C$	$A\bar{B}$	$\bar{C}A$	$B\bar{C}$	$\bar{A}B$	$C\bar{A}$
	低速制动	$\gamma'_0=180°$	$A\bar{B}$	$\bar{C}A$	$B\bar{C}$	$\bar{A}B$	$C\bar{A}$	$\bar{B}C$

在反转情况下，各位置检测组件所产生的信号顺序变了，由正转时的 U、V、W，变成反转时的 W、V、U。且圆盘缺口的工作前沿也变了，正转时，圆盘缺口的边沿 1 是工作前沿，位置检测组件遇到缺口边沿 1 时开始出现信号，而遇到缺口边沿 2 时信号消失。在反转时，缺口的边沿 2 成了工作前沿，位置检测组件遇到边沿 1 时信号消失。所以，反转时空载换流超前角应为 $\gamma'_0=180°-\gamma_0$，位置检测系统的输出信号如图 7-17(b)所示。可见，在开始瞬间出现的触发信号是 $C\bar{A}$。这个信号应该用来触发晶闸管 VT_5，以后根据反转时的相序 Z、U、Y、W、X、V，依次把相差 60°电角度信号 $C\bar{A}$、$\bar{A}B$、$B\bar{C}$、$\bar{C}A$、$A\bar{B}$、$C\bar{B}$ 分别触发相应的晶闸管（如表 7-3 所示的 $\gamma'_0=0°$ 时信号分配关系。表中也列出反转时，$\gamma'_0=60°$，120°和 180°时各晶闸管所对应的触发脉冲信号）。

四象限运行状态时整流桥与逆变桥的控制角和换流超前角的选取关系如图 7-18（以晶闸管 VT_1 的触发为例表示）和图 7-19 所示。

从表 7-3 还可以看出，$\gamma_0=0°$ 与 $\gamma'_0=180°$、$\gamma_0=60°$ 与 $\gamma'_0=120°$、$\gamma_0=120°$ 与 $\gamma'_0=60°$、$\gamma_0=180°$ 与 $\gamma'_0=0°$ 的晶闸管触发信号是相同的。所以实际加到各晶闸管上不同的触发信号

只有四种，由图 7-19 所示的四象限运行时 α 与 γ_0 的配合关系可知。只要求 γ_0 为 0°、60°、120°、180°即可满足要求。

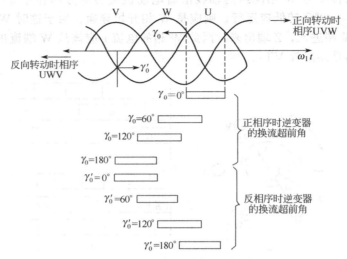

图 7-18 正、反相序时换流超前角 γ_0 与 γ'_0 的关系

以上触发信号的切换可以通过一组简单的逻辑线路，即所谓脉冲分配器，根据由高低速鉴别器和由电机转矩极性鉴别器控制的逻辑单元的指令自动地完成。例如电动机作四象限运行时，晶闸管 VT_1 接受的触发信号分别为：

低速正向电动或低速反向制动时为 $A\overline{B}$；低速正向制动或低速反向电动时为 $\overline{AB}$；

高速正向电动或高速反向电动时为 $\overline{BC}$；高速正向制动或高速反向电动时为 $C\overline{A}$。

根据以上要求，晶闸管 VT_1 的触发脉冲可由图 7-20 所示 γ 分配器逻辑控制电路实现。图中 R 是反向信号控制端，F 是正向信号控制端。

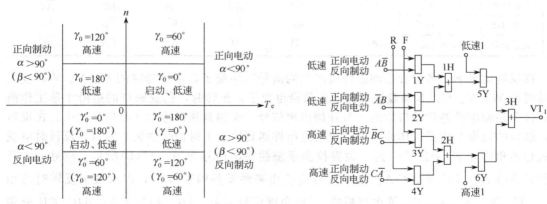

图 7-19 电机四象限运行时 α 与 γ_0 的配合关系

图 7-20 γ 分配器逻辑控制电路原理图

3. 断流控制单元

位置检测器除提供各晶闸管的触发信号外，每当导电的晶闸管需要切换时，它还产生一个逆变桥晶闸管换流时刻的检出信号，作为断流指令加到断流控制单元。

断流控制单元由三个与非门和一个非门组成，如图 7-21 所示。其中断流控制信号由端点 A 输入，端点 B 为电动机高低速鉴别信号。在低速时，B 端为"1"，高速时 B 端为"0"，它通过与非门 1Y 的作用，使得断流信号只在电动机低速时发生作用。C 端输入零电流检测信号。当电动机主回路中有电流通过时，C 点的电位为"1"，而电动机断流时，C 点的电位为"0"。

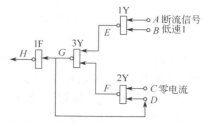

图 7-21　断流控制单元的逻辑线路图

每当逆变器中晶闸管需要换流时，出现换流时刻检出信号，A 端变成高电位，与非门 1Y 输出 E 点的电位为"0"，于是与非门 3Y 输出 G 点电位为"1"。它通过非门 1F 产生一个低电位信号去封锁整流桥的触发电路（即封锁电源），并触发反并联在平波电抗器两端的晶闸管，使电动机的输入电流迅速衰减，直至断流，以解决电动机在启动和低速运行时晶闸管的换流问题。只要电动机回路中的电流还没有降到零，零电流检测器的输出使 C 点始终是"1"，由于 G 点高电位反馈连接到与非门 2Y 的输入端 D，所以与非门 2Y 输出 F 点始终为"0"，H 点的低电位也不会变化，对电源的封锁也不会解除。只有当电动机中电流为零，实现了断流，零电流检测器输出使 C 点为"0"以后，F 点才变"1"，与非门 3Y 打开，G 点和 H 点的电位才能随 E 点而翻转，解除对电源的封锁，以此来保证电流断续法换流的可靠性。

4. 高低速检测信号的产生

由于位置检测器在单位时间内所产生的脉冲数与电动机转速成正比，因此，通过频率电压变换器 F/V，可以把它变成速度信号，作为电动机转速指示和供高低速检测之用。利用它自动地根据电动机的转速不同，实行 γ_0 角逻辑控制，使启动和低速运行时 $\gamma_0 = 0°$，而在高速运行时取 $\gamma_0 = 60°$。同时，将这个高低速鉴别信号输入到断流控制系统的输入端 B，以便在电动机高速运行时对断流系统进行封锁。

（三）无换向器电动机调速系统的四象限运行

无换向器电动机在任何速度下都可以平滑地实现电动、再生发电制动以及可逆运转方式的无触点自动切换。通过控制 α 角调速；通过控制 γ_0 实现正、反转；通过协调控制 α、γ_0 可以实现再生制动运行。

无换向器电动机四象限运行状态如图 7-22 所示。其中Ⅰ、Ⅲ象限分别对应于电动机的正反转电动运行状态，其共同点是 $\alpha < 90°$，$E_d > U_d$，相电流 I 与电势 E 方向相反（吸收电

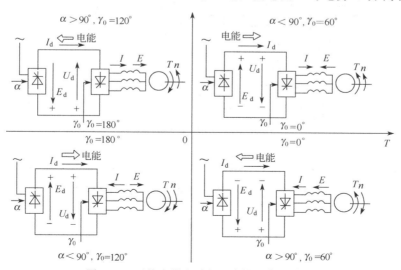

图 7-22　无换向器电动机四象限运行状态图

能），转矩 T 与转速 n 方向一致（输出机械能）；不同点是正转时 $\gamma_0 = 0°$（低速运行）或 $\gamma_0 = 60°$（高速运行），而反转时 $\gamma_0 = 180°$（低速）或 $\gamma_0 = 120°$（高速）。Ⅱ、Ⅳ象限则分别对应于电动机的正反转回馈制动运行状态，共同点是 $\alpha > 90°$，$E_d < U_d$，I 与 E 方向相同（输出电能），T 与 n 方向相反（吸收机械能）；不同点是正转制动时 $\gamma_0 = 180°$（低速）或 $\gamma_0 = 120°$（高速），而反转制动时 $\gamma_0 = 0°$（低速）或 $\gamma_0 = 60°$（高速）。

二、交-交无换向器电动机调速系统

交流无换向器电动机有交-交电流型和交-交电压型两种形式。图 7-23 是交-交电流型无换向器电动机调速系统的原理图。

系统由交-交变频器、无换向器电动机、转子磁极位置检测器 PS、控制电路等部分组成。转子磁极位置检测器相当于一个触发脉冲分配器，它与电机同轴连接。控制部分包括有电流调节器、转速调节器、电机四象限运行状态的逻辑运算电路、晶闸管移相触发电路以及系统的保护电路。系统的工作原理可概括为：系统一旦接通电源，转子磁极位置检测器立即发出 γ 的控制信号，自动保证变频器晶闸管组有正确的导通顺序，按转速给定产生的 α 角控制各晶闸管组中各个晶闸管元件的导通顺序，从而使电动机电枢产生一个跳跃式的旋转磁势 F_a，它和转子磁势 F_0 有正确的相位关系，并始终保持在一定的范围内稳定运行。若调节转速给定电压，便可在变频器的输出端得到频率及幅值连续可调的三相交流电源。根据指令要求，由控制电路实现正转、反转、电动、再生制动等状态的无触点逻辑切换，无换向器电动机自身构成一个频率闭环控制。在变频器输出周波的六分之一周期中（即 60°电角度），有一组三相桥电路和相应的两相电枢绕组连接。

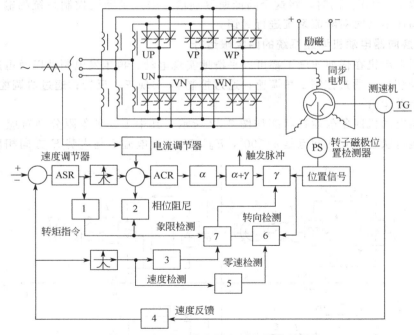

图 7-23 交-交无换向器电动机的控制系统

本 章 小 结

同步电动机与异步电动机比较，前者具有效率高、功率因数可调等优点，特别是大容量低转速时更为突出。在采用变频调速后，原来启动麻烦、重载时易振荡失步等缺点已经不存在，因此而得到广泛的应用。

同步电动机变频调速可分为两类：一类是他控变频式，其原理和方法与异步电动机变频大体相同，并有其自身的特点，标量控制也采用恒压频比 U/f 并带电压提升，转子励磁可以独立调节以提高功率因数。也可以采用矢量变换控制。另一类是自控变频式，又称无换向器电动机，它由磁极位置检测器、同步电动机和半导体逆变器共同组成电机系统。

无换向器电动机的本质相当于只有三个换向片的直流电动机，只不过换向工作是由晶闸管来完成的。它的转速由加在电枢上的电压进行控制，由位置检测器输出的信号控制逆变器工作。根据无换向器电动机所用的变流器型式不同，又可分为直流无换向器电动机系统（即交-直-交系统）和交流无换向器电动机系统（即交-交系统）两种。

位置检测器是无换向器电动机的特有元件，它是检测转子磁极和定子（电枢）旋转磁场间相对位置、并向逆变器发出控制信号的装置。随着电动机的转动，位置检测器发出检测信号，把欲导通的晶闸管触发导通，而把原来已导通的晶闸管关断的过程称作无换向器电动机的换流。

反电动势自然换流法是利用电动机绕组在运转过程中产生的反电动势来实现自然换流的。换流超前角大于零是换流的必要条件，反电动势足够大是换流的充分条件。

电流断续换流法是交-直-交系统在启动或低速时采用的换流法。每当晶闸管需要换流时，设法使逆变器的输入电流降至零，使所有晶闸管暂时关断，然后给应该导通的晶闸管加触发脉冲使其导通。采用电流断续换流法会使电动机的转矩脉动增大，转矩减小，为了增大转矩，一般取 $\gamma_0 = 0°$。而电源换流法是交-交系统在低频工作时，解决电动机启动和低速运行下换流的方法。

无换向器电动机的换流问题限制了它的过载能力。这是因为随着负载的增大，同步电动机的功角 θ 增大，换向重叠角 μ 也增大，它们将导致换流剩余角 δ 减小，当换流剩余角 δ 减小到零时，无换向器电动机达到了理论负载极限。

无换向器电动机可以很方便地实现四象限运行，它通过控制 α 角调速，通过控制 γ_0 实现正、反转，通过协调控制 α 角和 γ_0 角，可以实现回馈制动。

习题与思考题

7-1　无换向器电动机的调速系统有几类？各有何优点？

7-2　无换向器电动机为何不会产生失步问题，试从其工作原理上加以说明。

7-3　为了提高无换向器电动机的过载能力，可以从哪些方面采取措施？

7-4　试就所需晶闸管组件数量、晶闸管耐压要求、换流方式、变换效率与输出频率等方面，对交-直-交电流源和交-交电流源无换向器电动机作一比较。

7-5　无换向器电动机的用途之一是用作变频电源，因而可实现多台异步电动机转速的同步协调运行，或代替变频机组用作电机试验站的变频电源。试画出无换向器电动机和异步电动机之间的连接图，并说明如何改变变频电源的频率和电压。

7-6　试说明无换向器电动机在下列各种运行状态下换流超前角 γ_0 的变化范围：

① 正向低速电动状态→正向高速电动状态；

② 正向高速电动状态→正向高速制动状态→正向高速电动状态；

③ 正向高速电动状态→正向高速制动状态→反向高速电动状态→反向高速电动状态；

④ 反向高速电动状态→反向高速制动状态→反向低速电动状态。

7-7　在交流无换向器电动机中，有六组晶闸管组，它们采用什么换流方式？组间换流采用什么方式？组内换流采用什么换流方式？如何调速？

第三篇

交直流调速系统实验与课程设计

第八章　交直流调速系统实验和仿真实验

第一节　交直流调速系统实验概述

交直流调速系统是一门实践性很强的课程，在学习了交直流调速系统的理论知识后，必须通过一定数量的实验和不断实践，才能更清楚地掌握控制系统的组成和本质。在实验中一定会遇到许多具体问题，运用所学理论去分析它解决它，就会使认识得到升华，理论得到深化，并使理论与实践融为一体。本课程将实验内容单独设立一章，其目的在于突出培养学生掌握基本的实验方法和操作技能，特别着重于能力的培养，包括自学能力、实践能力、数据分析和处理能力、进行理论分析并解决实际问题的能力等。实验是本课程必不可少的重要环节，没有实验是不可能真正掌握这门课程的。

本章共列出了六个交直流调速实验，可根据条件选做五个，为 20 计划实验学时。实验设备是以某公司生产的 DKSZ-1 型变流技术及自控系统实验装置为模式，并引用了其实验指导书内容。

另外，本章还运用 MATLAB 图形化仿真技术对本书典型的交直流调速系统进行了仿真实验，学生可在课后，仿真该内容自己在计算机进行训练，进一步加深对相关调速系统的理解。

交直流调速系统实验是综合性很强的大型实验，涉及的知识面广，实验环节多，须多人协同进行。为了提高工作效率，取得实验效果，建议按如下方式进行。

一、预习

实验之前做好预习，是保证实验顺利进行的必要步骤，也是培养学生独立工作能力，提高实验质量与效率的重要环节。要求做到：

① 实验前应复习有关课程的章节，熟悉有关理论知识；

② 认真阅读本章内容及有关实验装置的介绍，了解实验目的、内容、要求、方法和系统的工作原理，明确实验过程中应注意的问题，有些内容可到实验室对照实物预习（如熟悉所用仪器设备，抄录被试机组的铭牌参数，选择设备、仪器、仪表）。

③ 画出实验线路图，明确接线方式，拟出实验步骤，列出实验时所需记录的各项数据表格，算出要求事先计算的数据。

④ 实验分组进行，每组 2～3 人，每个人都必须预习。实验前每人或每组写一份预习报告，各小组在实验前应认真讨论一次，确定组长，合理分工，预测实验结果及大致趋势，做到心中有数。

二、实验过程

每个人在实验过程中必须严肃认真，集中精力，准时完成实验。

1. 预习检查，严格把关

实验开始前，由指导教师检查预习质量（包括对本次实验的理解、认识、预习报告）。必须确认已做好了实验前的准备工作方可开始实验。如发现未预习者，应拒绝其参加实验。

2. 分工配合，协调工作

每次实验以小组为单位进行。组长负责实验的安排，可分工进行系统接线、启动操作、调节负载、测量转速及其他物理量、数据记录等工作。在实验过程中务求人人动手，个个主动，分工配合，协调操作，做到实验内容完整、数据记录正确。

3. 按图接线，力求简明

根据拟定的实验线路及选用的仪表、设备，按图接线，力求简单明了。接线原则是先串联后并联，首先由电源开始，先接主要的串联电路，例如单相或直流电路，从一极出发，经过主要线路的各仪表、设备，最后返回到另一极。串联电路接好后再把并联支路逐渐并上。主回路与控制回路应分清，根据电流大小，主回路选用粗线连接，控制回路选用细线连接，导线的长短要合适，不宜过长或过短，每个接线柱上的接线尽量不超过三根。接线要牢，不能松动，这样可以减少实验时的故障。

4. 确保安全，检查无误

为了确保安全，线路接好后应互相校对或请指导教师检查，确认无误，征得实验指导教师同意后，方可合闸通电。

5. 按照计划，操作测试

按实验步骤由简到繁逐步进行操作测试。实验中要严格遵守操作规程和注意事项，仔细观察实验中的现象，认真做好数据测试工作，并将理论分析与预测结果相比较，以判断数据的合理性。

6. 认真负责，完成实验

实验完毕，应将记录数据交指导教师审阅，经指导教师认可后才允许拆线，整理现场，并将导线分类整理，仪表工具物归原处。

三、实验报告

实验报告是实验工作的总结及成果，通过书写实验报告，可以进一步培养学生的分析问题和解决问题的能力。因此实验报告必须独立书写，每人一份，应对实验数据及实验中观察和发现的问题进行整理并进行分析研究，得出结论，写出心得体会，以便积累一定的实践经验。

编写实验报告应持严肃认真的科学态度，要求简明扼要，条理清楚，字迹端正，图表整洁，分析认真，结论明确。

实验报告应包括以下几方面内容：

① 实验名称、专业班级、组别、姓名、同组同学姓名、实验日期；

② 实验用机组，主要仪器仪表设备的型号、规格；

③ 实验目的要求；

④ 实验所用线路图；

⑤ 实验项目、调试步骤、调试结果；

⑥ 整理实验数据，注明试验条件；

⑦ 画出实验所得曲线或记录波形；

⑧ 分析实验中遇到的问题，总结实验心得体会。

四、实验注意事项

为了按时、顺利完成实验，确保实验时人身及设备安全，养成良好的用电习惯，应严格遵守实验室的安全操作规程并注意下列事项。

① 人体不可接触带电线路。

② 电源必须经过开关接入设备；接线或拆线均需在切断电源情况下进行。合闸上电时应招呼同组同学注意，如发现问题应立即切断电源，保留现场，协同指导教师查清原因后，方能继续进行实验。

③ 使用电流互感器时，二次侧不得开路，以免产生高压而损坏设备、仪器及危及人身安全。

④ 确保各类反馈极性的正确。

⑤ 使用仪器仪表时，要注意看清量程和范围，以防损坏仪器仪表，保证测量数据的正确。

⑥ 不要乱动实验室中与本实验无关的设备、仪器。

第二节　交直流调速系统实验内容

本节介绍交直流调速系统的实验内容，主要包括晶闸管直流调速系统参数和环节特性的测定、单闭环晶闸管直流调速系统、双闭环晶闸管不可逆直流调速系统、双闭环三相异步电机调压调速系统、双闭环三相异步电机串级调速系统、串联二极管式电流型逆变器——异步电机变频调速系统等实验。

实验一　晶闸管直流调速系统参数和环节特性的测定实验

一、实验目的

① 了解 DKSZ-1 型电机调速控制系统实验装置的结构及布线情况；

② 熟悉晶闸管直流调速系统的组成及基本结构；

③ 掌握晶闸管直流调速系统参数及反馈环节测定方法。

二、实验线路及原理

晶闸管直流调速系统由整流变压器、晶闸管整流调速装置、平波电抗器、电动机-发电机组等组成。实验系统组成原理图如图 8-1 所示。

在本实验中，整流装置的主电路为三相桥式电路，控制电路可直接由给定电压 U_g 作为触发器的移相控制电压 U_{ct}，改变 U_g 的大小即可改变控制角 α，从而获得可调的直流电压和转速，以满足实验要求。

三、实验内容

① 测定晶闸管直流调速系统主电路总电阻值 R；

② 测定晶闸管直流调速系统主电路总电感值 L；

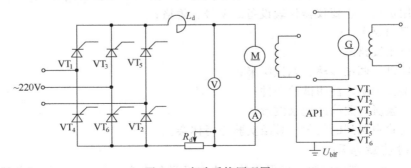

图 8-1　实验系统原理图

③ 测定直流电动机-直流发电机-测速发电机组的飞轮惯量 GD^2；

④ 测定晶闸管直流调速系统主电路电磁时间常数 T_L；

⑤ 测定直流电动机电势常数 C_e 和转矩常数 C_m；

⑥ 测定晶闸管直流调速系统机电时间常数 T_m；

⑦ 测定晶闸管触发及整流装置特性 $U_d = f(U_{ct})$；

⑧ 测定测速发电机特性 $U_{TG} = f(n)$。

四、实验设备

①DSKZ-1 型实验装置主控制屏；　　②直流电动机-直流发电机-测速发电机组；

③DK02 组件挂箱；　　　　　　　　④直流电压表、直流电流表；

⑤光线示波器或记忆示波器；　　　⑥双臂滑线电阻器；　　⑦万用表。

五、预习要求

学习本教材中有关晶闸管直流调速系统各参数的测定方法。

六、实验方法

1. 电枢回路总电阻 R 的测定

电枢回路的总电阻 R 包括电机的电枢电阻 R_a、平波电抗器的直流电阻 R_L 及整流装置的内阻 R_n，即：$R = R_a + R_L + R_n$。

为测出晶闸管整流装置的电源内阻，可采用伏安比较法来测定电阻，其实验线路如图 8-2 所示。

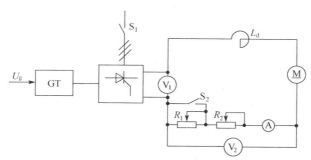

图 8-2　伏安比较法实验线路图

将变阻器 R_1、R_2 接入被测系统的主电路，测试时电动机不加励磁，并使电机堵转。合上开关 S_1、S_2，调节 U_g 使 U_d 在（30% ~ 70%）U_{ed} 范围内，然后调整 R_2 使电枢电流在（80% ~ 90%）I_{ed} 范围内，读取电流表 A 和电压表 V_2 的数值为 I_1、U_1，则此时整流装置的理想空载电压为：$U_{d0} = I_1 R + U_1$

调节 R_1 使之与 R_2 的电阻值相近，拉开开关 S_2 在 $U_d = U_{d0}$ 的条件下读取电流表 A、电压表 V_2 的数值 I_2、U_2，则：$U_{d0} = I_2 R + U_2$

求解上两式，可得电枢回路总电阻：$R = (U_2 - U_1)/(I_1 - I_2)$

如把电机电枢两端短接，<u>重复上述实验</u>，可得：$R_L + R_n = (U_2' - U_1')/(I_1' - I_2')$

则电机的电枢电阻为 $R_a = R - (R_L + R_n)$

同样，短接电抗器两端，也可测得电抗器直流电阻 R_L。

2. 电枢回路电感 L 的测定

电枢回路总电感包括电机的电枢电感 L_a、平波电抗器电感 L_d 和整流变压器漏感 L_B，由于 L_B 数值很小，可以忽略，故电枢回路的等效总电感为：$L = L_a + L_d$

电感的数值可用交流伏安法测定。实验时应给电动机加额定励磁，并使电机堵转，实验线路如图 8-3 所示。

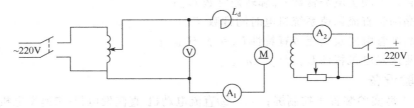

图 8-3　测量电枢回路电感的实验线路图

实验时交流电压的有效值应小于电机直流电压的额定值，用电压表和电流表分别测出通入交流电压后电枢两端和电抗器上的电压值 U_a 和 U_L 及电流 I，从而可得到交流阻抗 Z_a 和 Z_L，计算出电感值 L_a 和 L_d，计算公式如下：

$$Z_a = \frac{U_a}{I} \qquad\qquad Z_L = \frac{U_L}{I}$$

$$L_a = \frac{\sqrt{Z_a^2 - R_a^2}}{2\pi f} \qquad\qquad L_d = \frac{\sqrt{Z_L^2 - R_L^2}}{2\pi f}$$

3. 直流电动机-发电机-测速发电机组的飞轮惯量 GD^2 的测定

电力拖动系统的运动方程式为

$$T - T_L = (GD^2/375)\,\mathrm{d}n/\mathrm{d}t$$

式中，T 为电动机的电磁转矩，N·m；T_L 为负载转矩，空载时即为空载转矩 T_0，N·m；n 为电机转速，r/min。

电机空载自由停车时，$T=0$，$T_L=T_0$，则运动方程式为：$T_0 = -(GD^2/375)\,\mathrm{d}n/\mathrm{d}t$ 从而有 $GD^2 = 375T_0 / |\mathrm{d}n/\mathrm{d}t|$，式中，$GD^2$ 的单位为 N·m²。

T_0 可由空载功率 P_0（单位为 W）求出：

$$P_0 = U_a I_0 - I_0^2 R$$
$$T_0 = 9.55 P_0 / n$$

$\mathrm{d}n/\mathrm{d}t$ 可以从自由停车时所得的曲线 $n = f(t)$ 求得，实验线路如图 8-4 所示。

电动机 M 加额定励磁，将电机空载启动至稳定转速后，测取电枢电压 U_d 和电流 I_0，然后断开 U_g，用记忆示波器记录 $n = f(t)$ 曲线，即可求取某一转速时的 T_0 和 $\mathrm{d}n/\mathrm{d}t$，由于空载转矩不是常数，可以转速 n 为基准选择若干个点，测出相应的 T_0 和 $\mathrm{d}n/\mathrm{d}t$，以求得 GD^2 的平均值。由于本实验装置的电机容量比较小，应用此法测 GD^2 时会有一定的误差。

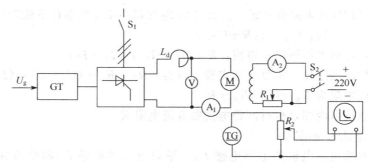

图 8-4　测定 GD^2 时的实验线路图

4. 主电路电磁时间常数 T_d 的测定

采用电流波形法测定电枢回路电磁时间常数 T_d，电枢回路突加给定电压时，电流 i_d 按指数规律上升：

$$i_d = I_d(1 - e^{-t/T_d})$$

其电流变化曲线如图 8-5 所示。当 $t = T_d$ 时，有 $i_d = I_d(1 - e^{-1}) = 0.632I_d$。

实验线路如图 8-6 所示。电机不加励磁，调节 U_g 使电机电枢电流在 $50\%I_{ed} \sim 90\%I_{ed}$ 范围内。然后保持 U_g 不变，突然合上主电路开关 S，用记忆示波器记录 $i = f(t)$ 的波形，在波形图上测量出当电流上升至稳定值的 63.2% 时的时间，即为电枢回路的电磁时间常数 T_d。

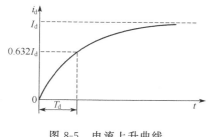

图 8-5　电流上升曲线

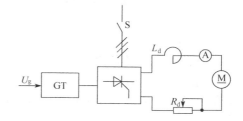

图 8-6　测定 T_d 的实验线路图

5. 电动机电势常数 C_e 和转矩常数 C_m 的测定

将电动机加额定励磁，使其空载运行，改变电枢电压 U_d，测得相应的 n，即可由下式算出 C_e：

$$C_e = K_e\Phi = (U_{d2} - U_{d1})/(n_2 - n_1)$$

式中，C_e 的单位为 $V/(r/min)$。

转矩常数（额定磁通）C_m 的单位为 $N \cdot m/A$；C_m 可由 C_e 求出：

$$C_m = 9.55C_e$$

6. 系统机电时间常数 T_m 的测定

系统的机电时间常数可由下式计算

$$T_m = (GD^2R)/(375C_eC_m\Phi^2)$$

由于 $T_m \gg T_d$，也可以近似地把系统看成是一阶惯性环节，即：

$$n = KU_d/(1 + T_ms)$$

当电枢突加给定电压时，转速 n 将按指数规律上升，当 n 到达稳态值的 63.2% 时，所经过的时间即为拖动系统的机电时间常数。

测试时电枢回路中附加电阻应全部切除，突然给电枢加电压，用记忆示波器记录过渡过程曲线 $n = f(t)$，即可由此确定机电时间常数。

7. 晶闸管触发及整流装置特性 $U_d = f(U_g)$ 和测速发电机特性 $U_{TG} = f(n)$ 的测定

实验线路如图 8-4 所示，可不接示波器。电动机加额定励磁，逐渐增加触发电路的控制电压 U_g，分别读取对应的 U_g、U_{TG}、U_d、n 的数值若干组，即可描绘出特性曲线 $U_d = f(U_g)$ 特性和 $U_{TG} = f(n)$。

由 $U_d = f(U_g)$ 曲线可求得晶闸管整流装置的放大倍数曲线 $K_s = f(U_g)$。

七、实验报告

① 作出实验所得各种曲线，计算有关参数；

② 由 $K_s = f(U_g)$ 特性，分析晶闸管装置的非线性现象。

八、注意事项

① 由于实验装置处于开环状态，电流和电压可能有波动，可取平均读数；

② 为防止电枢过大电流冲击，每次增加 U_g 须缓慢，且每次启动电动机前给定电位器应调回零位，以防过流；

③ 当电机堵转时，大电流测量的时间要短，以防电机过热。

实验二　单闭环晶闸管直流调速系统实验

一、实验目的

① 熟悉 DKSZ-1 型电机调速控制系统实验装置主控制屏 DK01 的结构及调试法；

② 了解闭环直流调速系统的原理、组成及主要单元部件的原理；

③ 掌握晶闸管直流调速系统的一般调试过程；

④ 认识闭环反馈控制系统的基本特性。

二、实验线路及原理

为了提高直流调速系统的动、静态性能指标，可以采用闭环系统。图 8-7 所示的是单闭环直流调速系统。在转速反馈的单闭环直流调速系统中，将反映转速变化情况的测速发电机电压信号接至速度调节器的输入端，与负的给定电压相比较，转速调节器的输出用来控制整流桥的触发装置，从而构成闭环系统。而将电流互感器检测出的电压信号作为反馈信号的系统称为电流反馈的单闭环直流调速系统。

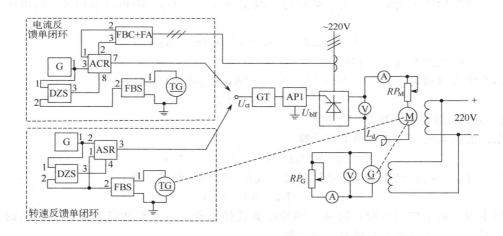

图 8-7　单闭环直流调速系统原理图

G—给定器；DZS—零速封锁器；ASR—速度调节器；ACR—电流调节器；GT—触发装置；
FBS—速度变换器；FA—过流保护器；FBC—电流变换器；AP1—1 组脉冲放大器

三、实验内容

① 主控制屏 DK01 的调试；

② 基本控制单元调试；

③ U_{ct} 不变时的直流电动机开环特性的测定；

④ U_d 不变时的直流电动机开环特性的测定；

⑤ 转速反馈的单闭环直流调速系统；

⑥ 电流反馈的单闭环直流调速系统。

四、实验设备

① 主控制屏 DK01；②直流电动机-直流发电机-测速发电机组；③DK02、DK03 组件挂箱，DK05 电容挂箱；④双臂滑线电阻器；⑤双踪慢扫描示波器；⑥万用表。

五、预习要求

① 阅读《交直流调速系统》教材中有关晶闸管直流调速系统、闭环反馈控制系统的内容；

② 掌握调节器的工作原理；

③ 根据图 8-7，能画出实验系统的详细接线图，并理解各控制单元在调速系统中的作用。

六、思考题

① P 调节器和 PI 调节器在直流调速系统中的作用有什么不同？

② 实验中，如何确定转速反馈的极性并把转速反馈正确接入系统中？调节什么元件能改变转速反馈的强度？

③ 实验时，如何能使电动机的负载从空载（接近空载）连续地调至额定负载？

七、实验方法

1. 主控制屏调试及开关设置

① 打开总电源开关，观察各指示灯与电压表指示是否正常。

② 将主控制屏电源板（右侧面板）上的"调速电源选择开关"拨至"直流调速"挡。"触发电路脉冲指示"应显示"窄"；"Ⅱ桥工作状态指示"应显示"其它"，如不满足这个要求，则可打开主控制屏的后盖，拨动触发装置板 GT 及 Ⅱ组脉冲放大器板 AP2 上的钮子开关，使之符合上述要求。

③ 触发电路的调试方法可用示波器观察触发电路单脉冲、双脉冲是否正常，观察三相的锯齿波并调整 U、V、W 三相的锯齿波斜率调节电位器，使三相锯齿波斜率尽可能一致；观察 6 个触发脉冲，应使其间隔均匀，相互间隔 60°。

④ 将转速给定电位器的输出 U_g 直接接至触发电路控制电压 U_{ct} 处，调节偏移电压 U_b，使 $U_{ct}=0$ 时，$\alpha=90°$。

⑤ 将面板上的 U_{blf} 端接地，将Ⅰ组触发脉冲的 6 个开关拨至"接通"，观察正桥 $VT_1 \sim VT_6$，晶闸管的触发脉冲是否正常。

2. U_{ct} 不变时的直流电机开环特性的测定

① 控制电压 U_{ct} 由转速给定电位器的输出 U_g 直接接入，直流发电机接负载电阻 R_G。

② 逐渐增加给定电压 U_g，使电机启动、升速；调节 U_g 和 R_G，使电动机电流 $I_d=I_{ed}$，转速 $n=n_{ed}$。

③ 改变负载电阻 R_G 即可测出 U_{ct} 不变时的直流电机开环外特性 $n=f(I_d)$，记录于下表中。

$n/(\text{r/min})$						
I_d/A						

3. U_d 不变时的直流电机开环特性的测定

① 控制电压 U_{ct} 由转速给定电位器的输出 U_g 直接接入，直流发电机接负载电阻 R_G。

② 逐渐增加给定电压 U_g 使电机启动、升速；调节 U_g 和 R_G，使电动机电流 $I_d=I_{ed}$，转速 $n=n_{ed}$。

③ 改变负载电阻 R_G，同时保持 U_d 不变（可通过调节 U_{ct} 来实现），测出 U_d 不变时的直流电机开环外特性 $n = f(I_d)$，记录于下表中。

$n/(\text{r/min})$							
I_d/A							

4. 基本单元部件调试

（1）移相控制电压 U_{ct} 的调节范围确定

直接将给定电压 U_g 接入移相控制电压 U_{ct} 的输入端，整流桥接电阻负载，用示波器观察 u_d 的波形。当 U_{ct} 由零调大时，随 U_{ct} 的增大而增大，当 U_{ct} 超过某一数值 U_{ct}' 时，u_d 出现缺少波头的现象，这时 U_d 反而随 U_{ct} 的增大而减少。一般可确定移相控制电压的最大允许值 $U_{ct.max} = 0.9 U_{ct}'$，即 U_{ct} 的允许调节范围为 $0 \sim U_{ct.max}$。

（2）调节器的调整

① 调节器的调零。将调节器输入端接地，将串联反馈网络中的电容短接，使调节器成为比例调节器。将零速封锁器（DZS）上的钮子开关拨向"解除"位置，把 DZS 的"3"端接至 ACR 的"8"端（或 ASR 的"4"端），使调节器解除封锁而正常工作，调节面板上的调零电位器 RP_4，用万用表的 mV 挡测量，使调节器的输出电压为零。

② 正、负限幅值的调整。将调节器的输入端接地线和反馈电路短接线去掉，使调节器成为比例积分（PI）调节器，然后将转速给定电位器的输出"1"端接到调节器的输入端，当加正给定时，调整负限幅电位器 RP_2，使之输出电压为零（调至最小即可）；当调节器输入端加负给定时，调整正限幅电位器 RP_1，使正限幅值符合实验要求。在本实验中，电流调节器和速度调节器的输出正限幅均为 $U_{ct.max}$，输出负限幅均调至零。

5. 转速反馈的单闭环直流调速系统

按图 8-7 接线，在本实验中，给定电压 U_g 为负给定，转速反馈电压为正电压，速度调节器接成比例（P）调节器。

调节给定电压 U_g 和直流发电机负载电阻 R_G，使直流电动机运行在额定点，固定 U_g 由轻载至满载调节直流发电机的负载，记录电动机的转速 n 和电枢电流 I_d 于下表中。

$n/(\text{r/min})$							
I_d/A							

6. 电流反馈的单闭环直流调速系统

按图 8-7 接线，在本实验中，给定电压 U_g 为负给定，电流反馈电压为正电压，电流调节器接成比例（P）调节器。

调节给定电压 U_g 和直流发电机负载电阻 R_G 使直流电动机运行在额定点，固定 U_g 由轻载至满载调节直流发电机的负载，记录电动机的转速 n 和电枢电流 I_d 于下表中。

$n/(\text{r/min})$							
I_d/A							

八、实验报告

① 根据实验数据，画出 U_{ct} 不变时的直流电动机开环机械特性；

② 根据实验数据，画出 U_d 不变时的直流电动机开环机械特性；

③ 根据实验数据，画出转速反馈的单闭环直流调速系统的机械特性；

④ 根据实验数据，画出电流反馈的单闭环直流调速系统的机械特性；

⑤ 比较以上各种机械特性，并作出解释。

九、注意事项

① 双踪慢扫描示波器的两个探头的地线通过示波器外壳接地，故在使用时，必须使两探头的地线同电位（只用一根地线即可），以免造成短路事故；

② 系统开环运行时，不能突加给定电压而启动电机，应由零逐渐增加给定电压，避免电流冲击；

③ 通电实验时，可先用电阻作为整流桥的负载，待电路正常后，再换接电动机负载；

④ 在连接反馈信号时，给定信号的极性必须与反馈信号的极性相反，以实现负反馈。

实验三　双闭环晶闸管不可逆直流调速系统实验

一、实验目的

① 了解闭环不可逆直流调速系统的原理、组成及各主要单元部件的原理；

② 掌握双闭环不可逆直流调速系统的调试步骤、方法及参数的整定；

③ 研究调节器参数对系统动态特性的影响。

二、实验线路及原理

双闭环晶闸管不可逆直流调速系统由电流和转速两个调节器综合调节。由于调速系统的主要参量为转速，故转速环作为主环放在外面，电流环作为副环放在里面，这样可抑制电网电压扰动等对转速的影响，实验系统的组成如图 8-8 所示。

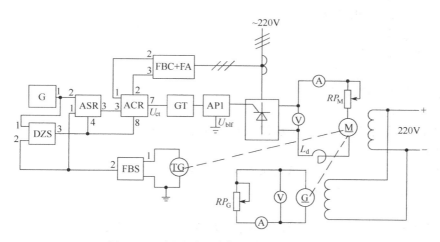

图 8-8　双闭环不可逆直流调速系统原理图

G—给定器；DZS—零速封锁器；ASR—速度调节器；ACR—电流调节器；GT—触发装置；
FBS—速度变换器；FA—过流保护器；FBC—电流变换器；AP1—1 组脉冲放大器

系统工作时，先给电动机加励磁，改变给定电压 U_g 的大小即可方便地改变电机的转速。ASR、ACR 输出均设有限幅环节，ASR 的输出作为 ACR 的给定，利用 ASR 的输出限幅可达到限制启动电流的目的；ACR 的输出作为移相触发电路 GT 的控制电压，利用 ACR 的输出限幅可达到限制 $\alpha_{\min}$ 的目的。

启动时，当加入给定电压 U_g 后，ASR 即饱和输出，使电动机以限定的最大启动电流加速启动，直到电机转速达到给定转速（即转速反馈电压 U_{fn} 等于给定电压 U_g），并在出现超调后，ASR 退出饱和，最后稳定运行在略低于给定转速的数值上。

三、实验内容

① 各控制单元调试；

② 测定电流反馈系数 β、转速反馈系数 α；

③ 测定开环机械特性及高、低速时完整的系统闭环静态特性 $n = f(I_d)$；

④ 闭环控制特性 $n = f(U_g)$ 的测定；

⑤ 观察、记录系统动态波形。

四、实验设备

① 主控制屏；②直流电动机-直流发电机-测速发电机组；

③ 组件挂箱，电容挂箱；④双臂滑线电阻器；⑤双踪慢扫描示波器；

⑥ 记忆示波器；⑦万用表。

五、预习要求

① 阅读交直流调速系统教材中有关双闭环直流调速系统的内容，掌握双闭环直流调速系统的工作原理；

② 理解 PI 调节器在双闭环直流调速系统中的作用，掌握调节器参数的选择方法；

③ 了解调节器参数、反馈系数、滤波环节参数的变化对系统动、静态特性的影响趋势。

六、思考题

① 为什么双闭环直流调速系统中使用的调节器均为 PI 调节器？

② 转速负反馈的极性如果接反，会产生什么现象？

③ 双闭环直流调速系统中哪些参数的变化会引起电动机转速的改变？哪些参数的变化会引起电动机最大电流的变化？

七、实验方法

1. 主控制屏调试及开关设置

与实验二中的方法相同。

2. 双闭环调速系统调试原则

① 先单元、后系统，即先将单元的特性调好，然后才能组成系统；

② 先开环、后闭环，即先使系统能正常开环运行，然后在确定电流和转速均为负反馈时组成闭环系统；

③ 先内环、后外环，即先调试电流内环，然后调试外环；

④ 先调稳态精度，后调动态指标。

3. 开环外特性的测定

① 控制电压 U_{ct} 由转速给定电位器的输出 U_g 直接接入，直流发电机接负载电阻 R_G；

② 逐渐增加给定电压 U_g，使电机启动，升速；调节 U_g 和 R_G，使电动机电流 $I_d = I_{ed}$ 转速 $n = n_{ed}$；

③ 改变负载电阻 R_G，即可测出系统的开环外特性 $n = f(I_d)$，记录于下表中。

$n/(\text{r/min})$							
I_d/A							

4. 单元部件调试

(1) 调节器的调零　与实验二中的方法相同。

(2) 调节器正、负限幅值的调整　按实验二中的方法确定移相控制电压 U_{ct} 的允许调节

范围为 $0 \sim U_{\text{ct.max}}$。

电流调节器和速度调节器的调整方法与实验二中的方法相同。在本实验中，电流调节器的负限幅为 0，正限幅为 $U_{\text{ct.max}}$；速度调节器的负限幅为 6V，正限幅为 0。

（3）电流反馈系数的整定　直接将给定电压 U_g 接入移相控制电压 U_{ct} 的输入端，整流桥接电阻负载，测量负载电流值和电流反馈电压，调节电流变换器（FBC）上的电流反馈电位器 RP_1，使得负载电流 $I_d = 1A$ 时的电流反馈电压 $U_{\text{fi}} = 6V$，这时的电流反馈系数 $\beta = U_{\text{fi}} / I_d = 6V/A$。

（4）转速反馈系数的整定　直接将给定电压 U_g 接入移相控制电压 U_{ct} 的输入端，整流电路接直流电动机负载，测量直流电动机的转速值和转速反馈电压值，调节速度变换器（FBS）上转速反馈电位器 RP_1，使得 $n = 1500\text{r/min}$ 时的转速反馈电压 $U_{\text{fn}} = 6V$，这时的转速反馈系数 $\alpha = U_{\text{fn}} / n = 0.004\text{V}/(\text{r/min})$。

5. 系统特性测试

将 ASR、ACR 均接成 P 调节器后接入系统，形成双闭环不可逆系统，使得系统能基本运行，确认整个系统的接线正确无误后将 ASR、ACR 均恢复成 PI 调节器，构成实验系统。

（1）机械特性 $n = f(I_d)$ 的测定

① 发电机先空载，调节转速给定电压 U_g 使电动机转速接近额定值 $n = 1500\text{r/min}$，然后接入发电机负载电阻 R_G，逐渐改变负载电阻，直至 $I_d \leqslant I_{\text{ed}}$ 即可测出系统静态特性曲线 $n = f(I_d)$，并记录于下表中。

② 降低 U_g 使 $I_d = I_{\text{ed}}$ 再测试 $n = 800\text{r/min}$ 时的静态特性曲线并记录于下表中。

$n/(\text{r/min})$	1400						
I_d/A							
$n/(\text{r/min})$	800						
I_d/A							

（2）闭环控制系统 $n = f(U_g)$ 的测定　调节 U_g 及 R_G 使 $I_d = I_{\text{ed}}$、$n = n_{\text{ed}}$，逐渐降低 U_g 记录 U_g 和 n，即可测出闭环控制特性 $n = f(U_g)$。

$n/(\text{r/min})$						
U_g/V						

6. 系统动态特性的观察

用双踪慢扫描示波器观察动态波形。在不同的系统参数下（速度调节器的增益、速度调节器的积分电容、电流调节器的增益、电流调节器的积分电容、速度反馈的滤波电容、电流反馈的滤波电容），用记忆示波器观察、记录下列动态波形：

① 突加给定 U_g 启动时电动机电枢电流 I_d（电流变换器"2"端）波形和转速 n（速度变换器"2"端）波形；

② 突加额定负载（$20\%I_{\text{ed}} \rightarrow 100\%I_{\text{ed}}$）时电动机电枢电流波形和转速波形；

③ 突降负载（$100\%I_{\text{ed}} \rightarrow 20\%I_{\text{ed}}$）时电动机电枢电流波形和转速波形。

八、实验报告

① 根据实验数据，画出闭环控制特性曲线 $n = f(U_g)$；

② 根据实验数据，画出两种转速时的闭环机械特性 $n = f(I_d)$；

③ 根据实验数据，画出系统开环机械特性 $n = f(I_d)$，计算静差率，并与闭环机械特性

进行比较；

④ 分析系统动态波形，讨论系统参数对系统动、静态性能的影响趋势。

九、注意事项

① 系统开环运行时，不能突加给定电压而启动电动机，应由零逐渐增加给定电压，避免电流冲击；

② 记录动态波形时，可先用双踪慢扫描示波器观察波形，以便找出系统动态特性为理想的调节器参数，再用光线示波器或记忆示波器记录动态波形。

实验四　双闭环三相异步电动机调压调速系统实验

一、实验目的

① 了解并熟悉双闭环三相异步电动机调压调速系统的原理及组成；

② 了解转子串电阻的绕线式异步电动机在调节定子电压调速时的机械特性；

③ 通过测定系统的静态特性和动态特性进一步理解交流调压系统中电流环和转速环的作用。

二、实验线路及原理

双闭环三相异步电动机调压调速系统的主电路为三相晶闸管交流调压器及三相绕线式异步电动机（转子回路串电阻从而使电机成为高滑差电机）。控制系统由电流调节器（ACR）、电流变换器（FBC）、速度变换器（FBS）、触发装置（GT）、1 组脉冲放大器（AP1）等组成，其系统原理如图 8-9 所示。

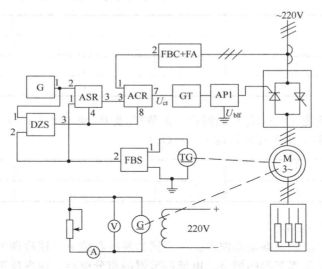

图 8-9　双闭环三相异步电动机调压调速系统原理图

G—给定器；DZS—零速封锁器；ASR—速度调节器；ACR—电流调节器；GT—触发装置；

FBS—速度变换器；FA—过流保护器；FBC—电流变换器；AP1—1 组脉冲放大器

整个调速系统采用了速度、电流两个反馈控制环。这里的速度环作用基本上与直流调速系统相同，而电流环的作用则有所不同。在稳定运行情况下，电流环对电网扰动仍有较大的抗扰作用，但在启动过程中电流环仅起限制最大电流的作用，不会出现最佳启动的恒流特性，也不可能是恒转矩启动。

异步电动机调压调速系统结构简单，采用双闭环系统静差率较小，且比较容易实现正、反转，反接和能耗制动。但在恒转矩负载下不能长时间低速运行，因低速运行时转差功率

$P_s = sP_m$ 全部消耗在转子电阻中，使转子过热。

三、实验内容

① 测定三相绕线式异步电动机转子串电阻时的人为机械特性；

② 测定双闭环交流调压调速系统的静态特性；

③ 测定双闭环交流调压调速系统的动态特性。

四、实验设备

① 主控制屏；②三相绕式异步电动机-直流发电机-测速发电机组；③组件挂箱，电容挂箱；④双臂电阻滑线电阻器；⑤双踪慢扫描示波器；⑥记忆示波器；⑦万用表。

五、预习要求

① 复习电力电子技术、交直流调速系统教材中有关三相晶闸管调压电路和异步电动机晶闸管调压调速系统的内容，掌握调压调速系统的工作原理；

② 学习本教材中有关三相晶闸管触发电路的内容，了解三相交流调压电路对触发电路的要求。

六、思考题

① 在本实验中，三相绕线式异步电动机转子回路串接电阻的目的是什么？不串电阻能否正常运行？

② 为什么交流调压调速系统不宜用于长期处于低速运行的生产机械和大功率设备上？

七、实验方法

1. 主控制屏调试及开关设置

① 开关设置。调速电源选择开关："交流调速"；触发电路脉冲指示："宽"；Ⅱ桥工作状态指示："任意"（U_{blr}悬空）。

② 用示波器观察触发电路"双脉冲"观察孔，此时的触发脉冲应是后沿固定，前沿可调的宽脉冲。

③ 将 G 输出 U_g 直接接至 U_{ct}，调节偏移电压 U_b 使 $U_{ct}=0$ 时 α 接近 $180°$。

④ 将面板上的 U_{blf} 端接地，将正组触发脉冲的 6 个开关拨至"接通"，观察正桥 $VT_1 \sim VT_6$ 晶闸管的触发脉冲是否正常。

2. 控制单元调试

调试方法与实验二相同。

3. 人为机械特性 $n=f(T)$ 测定

① 系统开环，将 G 输出直接接至 U_{ct}，电机转子回路接入每相为 3Ω 左右的三相电阻。

② 增大 U_g，使电机端电压为额定电压 U_e，改变直流发电机的负载，测定机械特性 $n=f(T)$。转矩可按下式计算：

$$T = 9.55(I_G U_G + I_G^2 R_s + P_0)/n$$

式中，T 为三相异步电动机电磁转矩；I_G 为直流发电机电流；U_G 为直流发电机电压；R_s 为直流发电机电枢电阻；P_0 为机组空载损耗。

③ 调节 U_g，降低电机端电压，在 $1/3U_e$ 及 $2/3U_e$ 时重复上述实验，以取得一组人为机械特性。

$n/(\text{r/min})$							
U_G/V							
I_G/A							
$T/(\text{N}\cdot\text{m})$							

4. 系统调试

① 调压器输出接三相电阻负载，观察输出电压波形是否正常；

② 按实验三的调试方法确定 ASR、ACR 的限幅值和电流、转速反馈的极性及反馈系数；

③ 将系统接成双闭环调压调速系统，电机转子回路仍串每组 3Ω 左右的电阻，逐渐加给定 U_g，观察电机运行是否正常；

④ 调节 ASR、ACR 的外接电容及放大倍数电位器，用双踪慢扫描示波器观察突加给定的动态波形，确定较佳的调节器参数。

5. 系统闭环特性的测定

① 调节 U_g 使转速至 $n = 1400\text{r/min}$，从轻载按一定间隔加到额定负载，测出闭环静态特性 $n = f(T)$；

② 测出 $n = 800\text{r/min}$ 时的系统闭环静态特性，T 可由式 $T = 9.55(I_G U_G + I_G^2 R_s + P_0)/n$ 计算。

$n/(\text{r/min})$	1400						
U_G/V							
I_G/A							
$T/(\text{N·m})$							
$n/(\text{r/min})$	800						
U_G/V							
I_G/A							
$T/(\text{N·m})$							

6. 系统动态特性的观察

用慢扫描示波器观察并用记忆示波器记录：

① 突加给定启动电机时的转速 n（速度变换器"2"端）及电流 i（电流变换器"2"端）及 ASR 输出 u_{gi} 的动态波形；

② 电机稳态运行，突加、突减负载（$20\%I_e \rightarrow 80\%I_e$）时的动态波形。

八、实验报告

① 根据实验数据，画出开环时电机人为机械特性 $n = f(T)$；

② 根据实验数据画出闭环系统静态特性 $n = f(T)$，并与开环特性进行比较；

③ 根据记录下的动态波形分析系统的动态过程。

九、注意事项

① 在做实验时，应保证触发器输出的是后沿固定、前沿可调的宽脉冲；

② 在做低速实验时，实验时间应尽量短，以免电阻器过热引起串接电阻数值的变化；

③ 转子串接电阻为 3Ω 左右，可根据需要进行调节，以使系统有较好的性能；

④ 计算转矩 T 时用到的机组空载损耗值 P_0 由实验室提供。

实验五　双闭环三相异步电动机串级调速系统实验

一、实验目的

① 熟悉双闭环三相异步电机串级调速系统的组成及工作原理；

② 掌握串级调速系统的调试步骤及方法；
③ 了解串级调速系统的静态与动态特性。

二、实验线路及原理

绕线式异步电动机串级调速，即在转子回路中引入附加电动势进行调速。通常使用的方法是将转子三相电动势经二极管三相桥式不控整流得到一个直流电压，由晶闸管有源逆变电路代替电动势，从而方便地实现调速，并将能量回馈至电网，这是一种比较经济的调速方法。

本系统为晶闸管次同步双闭环串级调速系统，控制系统由速度调节器（ASR）、电流调节器（ACR）、触发装置（GT）、1 组脉冲放大器（AP1）、速度变换器（FBS）、电流变换器（FBC）等组成。其系统原理图如图 8-10 所示。

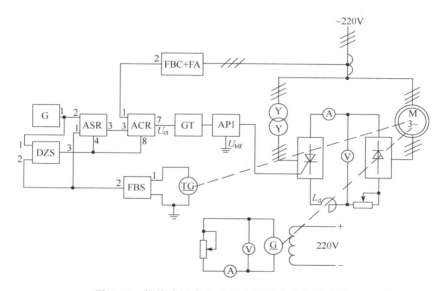

图 8-10　绕线式异步电动机串级调速系统原理图
G—给定器；DZS—零速封锁器；ASR—速度调节器；ACR—电流调节器；GT—触发装置；
FBS—速度变换器；FA—过流保护器；FBC—电流变换器；AP1—1 组脉冲放大器

三、实验内容

① 控制单元及系统调试；
② 测定开环串级调速系统的静态特性；
③ 测定双闭环串级调速系统的静态特性；
④ 测定双闭环串级调速系统的动态特性。

四、实验设备

① 主控制屏 DK01；②三相绕线式异步电动机-直流发电机-测速发电机组；③ DK02、DK03 组件挂箱，DK15 可调电容挂箱；④DK14 三相组式变压器挂箱；⑤双臂滑线电阻器；⑥双踪慢扫描示波器；⑦光线示波器或记忆示波器；⑧万用表。

五、预习要求

复习交直流调速系统教材中有关异步电动机晶闸管串级调速系统的内容，掌握串级调速系统的工作原理；

掌握串级调速系统中逆变变压器副边绕组额定相电压的计算方法。

六、思考题

① 如果逆变装置的控制角 $\beta > 90°$ 或 $\beta < 30°$，则主电路会出现什么现象？为什么要对逆变角 β 的调节范围作一定的要求？

② 串级调速系统的开环机械特性为什么比电动机本身的固有特性软？

七、实验方法

1. 主控制屏调试及开关设置

开关设置　调速电源选择开关："交流调速"；触发电路脉冲指示："窄"；Ⅱ桥工作状态指示："任意"（U_{blr} 悬空）。

用示波器观察触发电路"双脉冲"观察孔，此时的触发脉冲应为相隔 60° 的双窄脉冲。

将 G 输出 U_g 直接接至 U_{ct} 调节偏移电压 U_b 使 $U_{ct} = 0$ 时，$\beta = 30°$。

将面板上的 U_{blf} 端接地，将正组触发脉冲的 6 个开关拨至"接通"，观察正桥 $VT_1 \sim VT_6$ 晶闸管的触发脉冲是否正常。

2. 控制单元调试

电流调节器（ACR）的整定 ACR 调零后，将 G 输出 U_g 与 ACR 的输入端"3"端相连，ACR 的输出端与 GT 板的"U_{ct}"端相连。加正给定，调节 ACR 负限幅电位器，使 ACR 输出为 0V，调整 U_b 使 $\beta = 30°$；加负给定，调节 ACR 正限幅电位器，使脉冲停在 $\beta = 90°$ 的位置。

速度调节器（ASR）的整定与实验三中双闭环直流调速系统实验相同。

3. 开环静态特性的测定

① 将系统接成开环串级调速系统，直流回路电抗器 L_d 接 700mH、将二极管 $VD_1 \sim VD_6$ 连成三相不控整流桥，逆变变压器采用 DK14 三相组式变压器，其次级电压 U_2 可按下式进行选择：

$$U_2 = (S_{min} / \cos\beta_{min}) \times E_{20}$$

式中，S_{min} 为调速系统要求的最低速度时的转差率；β_{min} 为逆变电路的最小逆变角，一般取 30°；E_{20} 为异步电动机转子回路开路线电压的有效值。

② 测定开环系统的静态特性 $n = f(T)$，T 可按交流调压调速系统的同样方法来计算。

$n/(r/min)$								
U_G/V								
I_G/A								
$T/(N \cdot m)$								

4. 系统调试

① 按实验三的调试方式确定 ASR、ACR 的转速、电流反馈的极性及反馈系数；

② 将系统接成双闭环串级调速系统，逐渐加给定 U_g，观察电机运行是否正常，β 应在 30°～90° 之间移相；

③ 调节 ASR、ACR 的外接电容及放大倍数电位器，用慢扫描示波器观察突加给定的动态波形，确定较佳的调节器参数。

5. 双闭环串级调速系统静态特性的测定

测定 n 分别为 1400、800r/min 时的系统静态特性 $n = f(T)$。

$n/(\text{r/min})$	1400							
U_G/V								
I_G/A								
$T/(\text{N·m})$								
$n/(\text{r/min})$	800							
U_G/V								
I_G/A								
$T/(\text{N·m})$								

6. 系统动态特性的测定

用双踪慢扫描示波器观察并用记忆示波器记录：

① 突加给定启动电机时的转速 n（速度变换器"2"端）和电机定子电流 i（电流变换器"2"端）的动态波形；

② 电机稳定运行时，突加、突减负载（$20\% I_e \sim 100\% I_e$）时的 n、i 动态波形。

八、实验报告

① 根据实验数据画出开环、闭环系统静态特性 $n = f(T)$，并进行比较；

② 根据动态波形，分析系统的动态过程。

九、注意事项

① 在实验过程中应确保 β 在 $30° \sim 90°$ 的范围变化，不得超过此范围；

② 逆变变压器为三相组式变压器，其副边三相电压应对称；

③ 应保证有源逆变桥与不控整流桥间直流电压极性的正确性，严防顺串短路。

实验六 串联二极管式电流型逆变器-异步电动机变频调速系统实验

一、实验目的

① 掌握串联二极管式电流型逆变器变频调速系统的原理及组成；

② 掌握各控制单元的原理、作用和调试方法；

③ 掌握该系统的调试步骤及方法。

二、实验线路及原理

串联二极管式电流型逆变器-异步电动机变频调速系统的主电路为交-直-交变频器，由三相桥式整流电路将三相交流电整流成直流，再由逆变器将此直流电变换成频率可调的三相交流电，以此来驱动三相异步电动机。逆变器为串联二极管式 $120°$ 导电电流源型逆变器，其输出端加整流型阻容吸收回路以抑制换流尖峰电压。

控制系统由给定器（G）、给定积分器（GI）、绝对值放大器（GAB）、函数发生器（GF）、电压调节器（AVR）、电流调节器（ACR）、电流变换器（FBC）、触发装置（GT）、整流桥脉冲放大器（AP1）、逆变桥脉冲放大器（AP2）、反号器（AR）、调制波发生器（GM-1）、电压-频率变换器（GVF）、环形分配器（DRC）、转向控制显示器（DR）、电压变换器（FBV）等组成，其原理如图 8-11 所示。当系统不稳定时，可选择使用微分调节器（ADR）来抑制振荡。频率显示器（DF）由 8031 单片机构成，频率显示直观、稳定、响应快。

在此系统中，主电路直流环节串入了大电感，使直流环节类似于高内阻性质的电流源。由 G 输出的给定信号经 GI 后分成两路，分别控制整流桥的输出电压和逆变桥的输出频率，

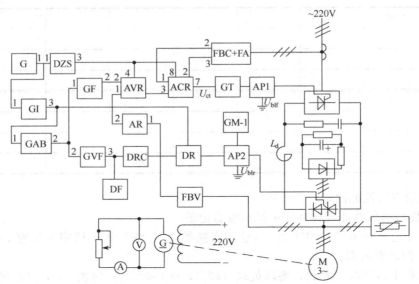

图 8-11　串联二极管式电流型逆变器-异步电动机变频调速系统原理图

G—给定器；DZS—零速封锁器；GI—给定积分器；GAB—绝对值放大器；GF—函数发生器；

AVR—电压调节器；ACR—电流调节器；GT—触发装置；AP1—整流桥脉冲放大器；

AR—反号器；AP2—逆变桥脉冲放大器；GM-1—调制波发生器；GVF—电压-频

率变换器；DRC—环形分配器；DR—转向控制显示器；DF—频率显示器；

FBV—电压变换器；FA—过流保护器；FBC—电流变换器

以保证控制过程中 U/f 值不变。

　　整流桥侧的控制信号经 GF 后接到 AVR 的输入端，AVR 输出接至 ACR 的输入端，使 ACR 输出控制整流桥的输出电压，以满足电压/频率比恒定关系的要求。逆变桥的信号经 GVF 变换器转换成频率信号，经 DRC、DR 及脉冲放大后接至逆变桥晶闸管，使逆变桥的输出频率能满足要求。

三、实验内容

① 控制单元调试；

② 系统调试；

③ 电动机机械特性的测定；

④ 系统各主要参量的静态、动态波形观察。

四、实验设备

① 主控制屏 DK01；

② 三相异步电动机-直流发电机-测速发电机组；

③ DK02、DK03、DK06、DK07、DK08、DK15 组件挂箱；

④ 双臂滑线电阻器；

⑤ 双踪慢扫描示波器；

⑥ 光线示波器或记忆示波器；

⑦万用表。

五、预习要求

① 学习交直流调速系统教材中有关串联二极管式电流型逆变器变频调速系统的内容，掌握其工作原理；

② 阅读有关实验系统各控制单元的内容，了解其工作原理，熟悉实验系统的组成；

③ 熟悉串联二极管式电流型逆变器的主电路，画出逆变器主电路实验接线图。

六、思考题

① 实验系统按 U/f 为常数进行控制，系统在低频空载时可能会发生什么现象？有何解决方法？

② 串联二极管式电流型逆变器的输出电压为何会出现尖峰电压？实验系统中采用什么方法抑制？

七、实验方法

1. 主控制屏及开关设置

① 开关设置。调速电源选择开关："交流调速"；触发电路脉冲指示："窄"；Ⅱ桥工作状态指示："变频"。

② 观察整流桥触发脉冲是否正常，并调节 U_b 使 $U_{ct}=0$ 时，$\alpha=90°$，即整流桥输出电压为零。

2. 控制单元调试

① 按实验二的同样方法调试 AVR、ACR，其中 AVR 的正限幅为 0，负限幅为 $-6V$，ACR 的负限幅为 0，正限幅值应保证 $\alpha_{min}=20°$。

② 函数发生器的调试。将 G 输出 U_g 接至 GF 的输入端，当 $U_g=0$ 时，调节电位器 RP_1 使 GF 输出为 $-2.5V$ 左右；当 $U_g=-5V$ 时，GF 输出为 5V 左右，并调节电位器 RP_4，将 GF 输出限幅在 5V。在系统调试时，可根据需要对 GF 再作调整。

③ GVF 变换器的调试。将 G 的负载给定电压直接送入 GVF 输入端，调节电位器 RP_1，使 $U_g=-5V$ 时，频率显示器（DF）显示的频率为 50Hz 左右。

3. 系统调试

① 按实验三的实验方法确定 ACR 的反馈极性和反馈系数，ACR 的输出限幅要考虑限制 α_{min}，一般 α_{min} 取 20°左右，应避免触发脉冲移出 α 区。

② AVR 的整定方法与转速闭环系统中的 ASR 相似，应保证其反馈极性为负反馈，输出限幅应能限制过渡过程时的最大电流，并尽可能不影响系统的快速性。

③ 按系统原理图连线，逆变桥输出可先接三相电阻负载，换流电容选取 $1\mu F$ 左右。

④ 接通控制电源，渐增 U_g，用示波器观察整流桥脉冲的移相，观察 DF 上的频率变化情况。接通主电路，观察逆变桥输出电压波形是否正常。

⑤ 等逆变桥工作正常后，可将负载换接成三相异步电动机。渐加给定，电机应能在 5Hz 内启动；如不能启动，可微调 GF 中的电位器 RP_1。

⑥ 增加给定，使 DF 显示为 50Hz，微调 GF 中的电位器 RP_3，使 GF 的输出正好限幅。调节电压变换器（FBV）的反馈强度电位器 RP_1，使此时异步电动机的端电压（线电压）为 230V 左右，可配合微调电压-频率变换器（GVF）的输入衰减电位器 RP_1 来满足要求。

⑦ 在整个调速范围内（$5\sim50Hz$），U/f 应成一定的比率关系（230V/50Hz），即满足电压/频率比恒定要求。在低频时稍有补偿（U/f 略大于 230V/50Hz），频率大于 50Hz 时，输出电压应限幅于 230V，可微调 GF 曲线及电压反馈强度来达到上述要求。

⑧ 将 G 从正给定拨至负给定，重复上述⑤～⑦的调试过程，使电机能正常正、反转。

4. 机械特性 $n=f(T)$ 的测定

分别测定正、反转 $f=50Hz$、$30Hz$、$10Hz$ 时的电机机械特性 $n=f(T)$，T 的计算与实验四的方法相同。

项目	f/Hz	I_G/A	U_G/V	$n/(\text{r/min})$	$T/(\text{N}\cdot\text{m})$
	10				
正转	30				
	50				
	10				
反转	30				
	50				

5. 系统 $U=f(f)$ 特性的测定

电机空载，渐加给定，使频率从 $5\,\text{Hz}$ 增至 $60\,\text{Hz}$。在此过程中，记录电机端线电压 U 和频率 f 的数据多组并记录于下表中。

f/Hz						
U/V						

6. 系统稳态波形观察

用示波器观察不同频率时逆变器输出线电压波形、晶闸管两端电压波形、隔离二极管两端电压波形及换流电容两端电压波形。

7. 系统动态波形的观察

用双踪慢扫描示波器观察并用记忆示波器记录：

① 突加给定启动时，转速 n （速度调节器 "2" 端）及电流 i （电流调节器 "2" 端）的动态波形；

② 突加、突减负载时 （$20\%I_e\sim100\%I_e$），转速 n 及电流 i 的动态波形。

八、实验报告

① 根据实验数据分别画出正、反转 $f=50\,\text{Hz}$、$30\,\text{Hz}$、$10\,\text{Hz}$ 时的电机机械特性；

② 根据实验数据画出 $U=f(f)$ 特性曲线，并分析是否符合 U/f 为常数的要求。

③ 分析系统的动态过程。

九、注意事项

① 接通主电路前，应确定逆变器的 6 个触发脉冲工作是否正常；

② 换流电容的数值可根据需要选择；

③ 系统出现振荡时，可加微分调节器 （ADR）来消除，也可通过调节 ACR、AVR 的参数及电流、电压反馈系数来消除振荡。

第三节 交直流调速系统图形化仿真实验内容

应用计算机仿真技术对交直流调速系统进行仿真分析，可以加深学生对所学理论的理解，提高其实践动手能力。计算机仿真还是一种低成本的实验手段，近年来获得了广泛应用。

目前，使用 MATLAB 对控制系统进行计算机仿真的主要方法是：以控制系统的传递函数为基础，使用 MATLAB 的 Simulink 工具箱对其进行计算机仿真研究。本章提出一种面向控制系统电气原理结构图、使用 SimPower System 工具箱进行调速系统仿真的新方法。

在 MATLAB5.2 以上的版本中，新增了一个电力系统 （SimPower System）工具箱 [本教材使用 MATLAB7.6 （R2008a 版本）]，该工具箱与控制系统工具箱有所不同，用户不需编程且不需推导系统的动态数学模型，只要从工具箱的元件库中复制所需的电气元件，按电气系统的结构进行连接，系统的建模过程接近实物实验系统的搭建过程，且元件库中的电气元件能较全面地反映相应实际元件的电气特性，仿真结果的可信度很高。

本节以交直流调速系统为研究对象，采用面向电气原理结构图的仿真方法，对典型的直流调速系统进行仿真实验分析。

面向电气原理结构图的仿真方法如下：首先以调速系统的电气原理结构图为基础，弄清楚系统的构成，从 SimPower System 和 Simulink 模块库中找出对应的模块，按系统的结构进行建模；然后对系统中的各个组成环节进行元件参数设置，在完成各环节的参数设置后，进行系统仿真参数的设置；最后对系统进行仿真实验，并进行仿真结果分析。为了使系统得到好的性能，通常要根据仿真结果来对系统的各个环节进行参数的优化调整。

按照这一步骤，下面对第一章所介绍的直流调速系统进行建模与仿真。

一、开环和单闭环直流调速系统的 MATLAB 仿真

（一）开环调速系统的建模与仿真

由于面向电气原理结构图的仿真方法是以调速系统的电气原理结构图为基础，按照系统的构成，从 SimPower System 和 Simulink 模块库中找出对应的模块，按系统的结构进行连接。为了方便建模，将开环直流调速系统的电气原理结构图重新绘于图 8-12（其他的系统也如此）。从结构图可知，该系统由给定环节、脉冲触发器、晶闸管整流桥、平波电抗器、直流电动机等部分组成。图 8-13 是采用面向电气原理结构图方法构作的开环直流调速系统的仿真模型。下面介绍各部分建模与参数设置过程。

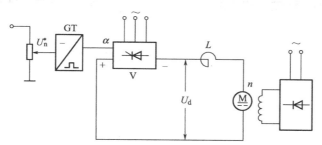

图 8-12 开环直流调速系统的电气原理结构图

1. 系统的建模和模型参数设置

系统的建模包括主电路的建模和控制电路的建模两部分。

（1）主电路的建模和参数设置

开环直流调速系统的主电路由三相对称交流电压源、晶闸管整流桥、平波电抗器、直流电动机等部分组成。由于同步脉冲触发器与晶闸管整流桥是不可分割的两个环节，通常作为一个组合体来讨论，所以将触发器归到主电路进行建模。

① 三相对称交流电压源的建模和参数设置。首先按 SimPowerSystems/Electrical sources/AC Voltage Source 路径从电源模块组中选取 1 个 "AC Voltage Source" 模块，再用复制的方法得到三相电源的另 2 个电压源模块，并用模块标题名称修改方法将模块标签分别改为 A 相、B 相、C 相；然后按 SimPowerSystems/Elements/Ground 路径从元件模块组中选取 "Ground" 元件进行连接。

为了得到三相对称交流电压源，其参数设置方法及参数设置如下：

双击 A 相交流电压源图标（这是打开模块参数设置对话框的方法，后面不再赘述），打开电压源参数设置对话框，A 相交流电源参数设置如图 8-14 所示。幅值取 220V、初相位设

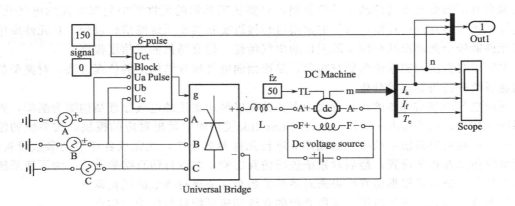

图 8-13 开环直流调速系统的仿真模型

置成 0°、频率为 50 Hz、其他为默认值；B、C 相交流电源参数设置方法与 A 相相同，除了将初相位设置成互差 120°外，其他参数与 A 相相同。由此可得到三相对称交流电源，本模型的相序是 A-C-B。

② 晶闸管整流桥的建模和参数设置。首先按 SimPowerSystems/Power Electronics/ Universal Bridge 路径从电力电子模块组中选取"Universal Bridge"模块，然后双击该模块图标打开"Universal Bridge"参数设置对话框，参数设置如图 8-15 所示。

图 8-14 A 相交流电源参数设置

图 8-15 Universal Bridge 参数设置

当采用三相整流桥时，桥臂数取 3；电力电子元件选择晶闸管。参数设置的原则是：如果是针对某个具体的变流装置进行参数设置，对话框中的 R_s、C_s、R_{on}、L_{on}、V_f 应取该装置中晶闸管元件的实际值；如果是一般情况，这些参数可先取默认值进行仿真，若仿真结果理想，就认可这些设置的参数；若仿真结果不理想，则通过仿真实验，不断进行参数优化，最后确定其参数。这一参数设置原则对其他环节的参数设置也是适用的。

③ 平波电抗器的建模和参数设置。首先按 SimPowerSystems/Elements/Series RLC Branch 路径从元件模块组中选取"Series RLC Branch"模块，然后打开参数设置对话框，参数设置如图 8-16，类型直接选为电感就可以得到电抗器了。具体参数如图 8-16 所示，平波电抗器的电感值是通过仿真实验比较后得到的优化参数。

④ 直流电动机的建模和参数设置。首先按 SimPowerSystems/Machines/DC Machine 路径从电机系统模块组中选取"DC Machine"模块；直流电动机的励磁绕组"F＋—F－"接

直流恒定励磁电源，励磁电源可从按路径 SimPowerSystems/Electrical sources/DC Voltage Source 从电源模块组中选取 "DC Voltage Source" 模块，并将电压参数设置为 220V；电枢绕组 "A＋—A—" 经平波电抗器接晶闸管整流桥的输出；电动机经 TL 端口接恒转矩负载，直流电动机的输出参数有转速 n、电枢电流 I_a、激磁电流 I_f、电磁转矩 T_e，分别通过 "示波器" 模块观察仿真输出和用 "Out1" 模块将仿真输出信息返回到 MATLAB 命令窗口，再用绘图命令 plot（tout，yout）在 MATLAB 命令窗口里绘制出输出图形。

图 8-16　平波电抗器参数设置　　　　图 8-17　直流电动机的参数设置

电动机的参数设置可按下述步骤进行：双击直流电动机图标，打开直流电动机的参数设置对话框，直流电动机的参数设置如图 8-17 所示。参数设置的原则与晶闸管整流桥相同。

⑤ 脉冲触发器的建模和参数设置。通常，工程上将触发器和晶闸管整流桥作为一个整体来研究。同步脉冲触发器包括同步电源和 6 脉冲触发器两部分。6 脉冲触发器可按路径 SimPowerSystems/Extra Library/Control Blocks/Synchronized 6-Pulse Generator 从控制子模块组获得，6 脉冲触发器需用三相线电压同步，所以同步电源的任务是将三相交流电源的相电压转换成线电压。同步电源与 6 脉冲触发器及封装后的子系统符号如图 8-18（a）、（b）所示。

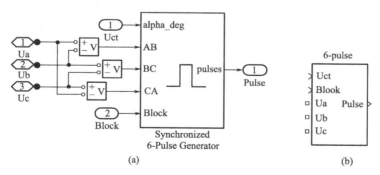

图 8-18　同步脉冲触发器和封装后的子系统符号

至此，根据图 8-12 主电路的连接关系，可建立起主电路的仿真模型。如图 8-13 前半部分，图中触发器开关信号 Block 为 "0" 时，开放触发器；为 "1" 时，封锁触发器。

（2）控制电路的建模和参数设置

开环直流调速系统的控制电路只有一个给定环节，它可按路径 Simulink/Sources/Constant 选取 "Constant" 模块，并将模块标签改为 "Signal"；然后双击该模块图标，打开参数设置对话框，将参数设置为某个值，此处设为 150 弧度/秒。实际调速时，给定信号是在一定范围内变化的，读者可通过仿真实验，确定给定信号允许的变化范围。此处给定信号的允许变化范围为 [207，110]。

将主电路和控制电路的仿真模型按照开环直流调速系统电气原理图的连接关系进行模型连接，即可得到图 8-13 所示的开环直流调速系统仿真模型。

2. 系统的仿真参数设置

在 MATLAB 的模型窗口打开"Simulation"菜单，进行"Simulation parameters"设置，如图 8-19 所示。

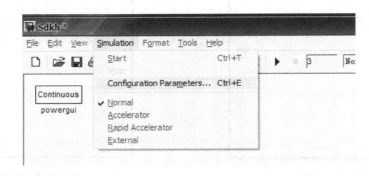

图 8-19 仿真参数设置

点击"Configuration parameters..."菜单后，得到仿真参数设置对话框，参数设置如图 8-20 所示：仿真中所选择的算法为 ode23S。由于实际系统的多样性，不同的系统需要采用不同的仿真算法，到底采用哪一种算法，可通过仿真实践进行比较选择；仿真 Start time 一般设为 0；Stop time 根据实际需要而定，一般只要能够仿真出完整的波形就可以了。

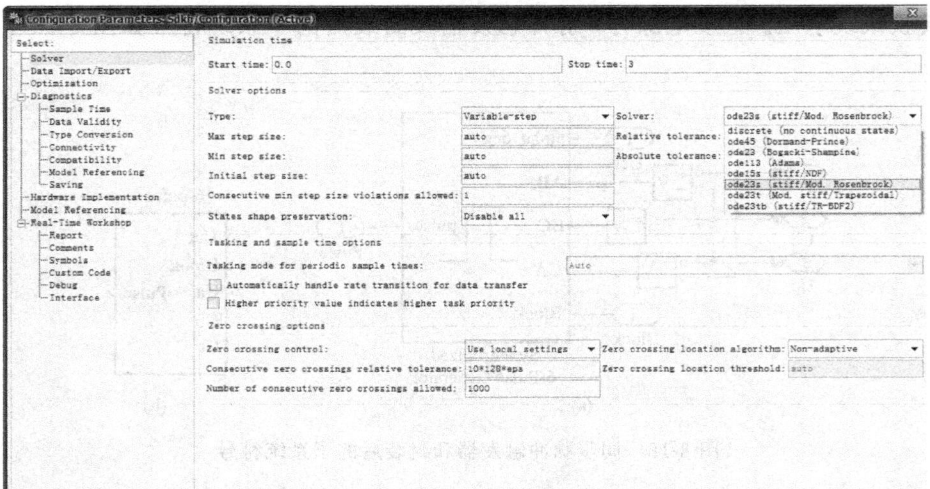

图 8-20 仿真参数设置对话框及参数设置

如果用"Out1"模块将仿真输出信息返回到 MATLAB 命令窗口，再用绘图命令 plot

（tout，yout）在 MATLAB 命令窗口里绘制图形，观察仿真输出，则图 8-21 中的 Limit data points to last 的值要设大一点，否则 Figure 输出的图形会不完整。

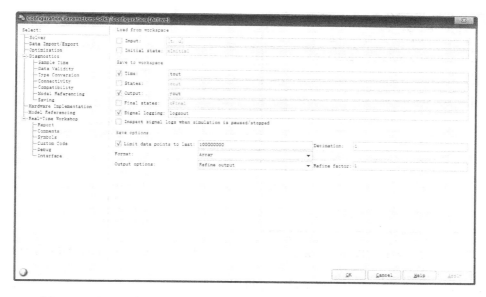

图 8-21 采用"Out1"模块输出仿真结果时的 Limit data points to last 的设置

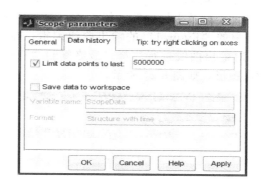

图 8-22 采用"示波器"模块输出仿真
结果时的 Limit data points to last 的设置

如果通过"示波器"模块观察仿真输出，同样图 8-22 中的 Limit data points to last 值也要设大一点。

3. 系统的仿真、仿真结果的输出及结果分析

当建模和参数设置完成后，即可开始进行仿真。

在 MATLAB 的模型窗口打开"Simulation"菜单，点击"Start"命令后，系统开始进行仿真，仿真结束后可输出仿真结果。

根据图 8-13 的模型，系统有两种输出方式。当采用"示波器"模块观察仿真输出结果时，只要在系统模型图上双击"示波器"图标即可；当采用"out1"模块观察仿真输出结果时，可在 MATLAB 的命令窗口，输入绘图命令 plot（tout，yout），即可得到未经编辑的"Figure 1"输出的图形，如图 8-23 所示。对"Figure1"图形可按下列方法进行编辑：

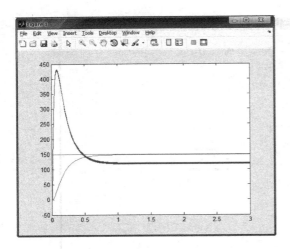

图 8-23　未经编辑的"Figure1"图形

图 8-24　"Figure 1" Edit 菜单的下拉菜单

点击"Figure1"的"Edit"菜单后，可得图 8-24 的"Edit"下拉菜单，再点击"Axes Properties..."命令，可得图 8-25 的"Property Editor-Axes"对话框，在"标题"的空白框中可输入图名，在"网格"处可选择给"Figure 1"曲线打格线、在"X 轴"的空白框中可编辑"Figure1"输出曲线的横坐标及坐标标签，如图 8-25 所示；同理，可对纵坐标进行编辑。点击输出曲线可对被选中的"Figure1"的输出曲线编辑；在工具栏中选择"Legend"按钮（如图 8-26 所示），可对输出曲线进行注释。最终复制"Figure1"输出曲线，可得经过编辑后的"Figure1"输出图形，如图 8-27 所示。

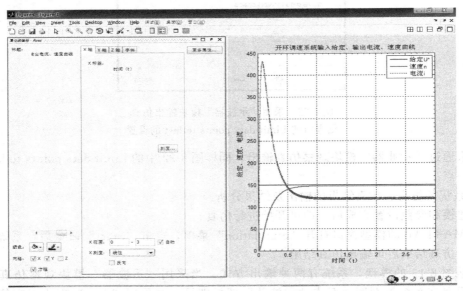

图 8-25　"Property Editor-Axes"对话框

图 8-27 显示的分别是开环直流调速系统的给定信号、电流和转速曲线。可以看出，这个结果和实际电机运行的结果相似，系统的建模与仿真是成功的。

图 8-26　"Legend" 按钮的选择

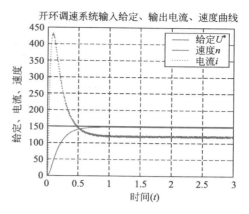

图 8-27　经编辑后的 "Figure 1" 输出图形

在开环直流调速系统的建模与仿真结束之际，将建模与参数设置的一些原则和方法归纳如下：

① 系统建模时，将其分成主电路和控制电路两部分分别进行；

② 在进行参数设置时，像晶闸管整流桥、平波电抗器、直流电动机等装置（固有环节）的参数设置原则是：如果针对某个具体的装置进行参数设置，则对话框中的有关参数应取该装置的实际值；如果是不针对某个具体装置的一般情况，可先取这些装置的参数默认值进行仿真，若仿真结果理想，即认可这些设置的参数；若仿真结果不理想，则通过仿真实验，不断进行参数优化，最后确定其参数；

③ 像给定信号的变化范围、调节器的参数和反馈检测环节的反馈系数（闭环系统中使用）等可调参数的设置，其一般方法是通过仿真实验，不断进行参数优化。具体方法是分别设置这些参数的一个较大和较小值进行仿真，弄清它们对系统性能影响的趋势，据此逐步将参数进行优化；

④ 仿真时间根据实际需要而定，以能够仿真出完整的波形为前提；

⑤ 由于实际系统的多样性，没有一种仿真算法是万能的。不同的系统需要采用不同的仿真算法，到底采用哪一种算法更好，这需要通过仿真实践，从仿真能否进行、仿真的速度、仿真的精度等方面进行比较选择；

⑥ 系统仿真前应先进行开环调试，找出 U_{ct} 的单调变化范围。

上述内容具有一般指导意义，在讨论后面各种系统时，遇到类似问题就不再细说原因了。

（二）单闭环有静差转速负反馈调速系统的建模与仿真

单闭环有静差转速负反馈调速系统的电气原理结构图如图 8-28 所示。

该系统由给定、速度调节器、同步脉冲触发器、晶闸管整流桥、平波电抗器、直流电动机、速度反馈环节等部分组成。图 8-29 是采用面向电气原理结构图方法构成的单闭环有静差速度负反馈调速系统的仿真模型。

与图 8-12 的开环直流调速系统相比较，二者的主电路是基本相同的（本章所有的单闭环调速系统的主电路都有这个特点），系统的差别主要在控制电路上。为此，在后面介绍主电路的建模与参数设置时，主要介绍其不同之处。

1. 系统的建模和模型参数设置

（1）主电路的建模和参数设置

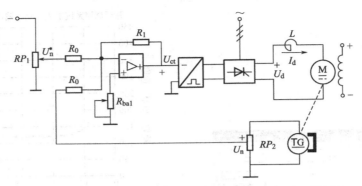

图 8-28　单闭环有静差转速负反馈调速系统的电气原理结构图

由图 8-29 的仿真模型知，主电路与开环调速系统相同。为了避免重复，此处只介绍控制部分的建模与参数设置。

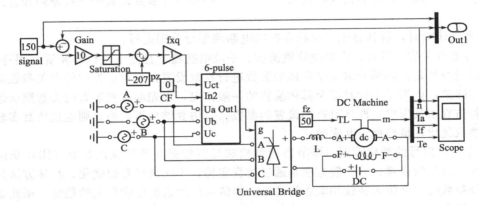

图 8-29　单闭环有静差速度负反馈调速系统的仿真模型

（2）控制电路的建模和参数设置

单闭环有静差转速负反馈调速系统的控制电路由给定信号、速度调节器、速度反馈等环节组成。仿真模型中根据需要，另增加了限幅器、偏置、反向器等模块。

"给定信号"模块的建模和参数设置方法与开环调速系统相同，此处参数设置为 150 弧度/秒。有静差调速系统的速度调节器采用比例调节器，系数选择为 10，它是通过仿真优化而得。

通过对"给定信号"U_{signal} 参数变化范围仿真实验的探索而知，当 U_{ct} 在 110～207 范围内变化时，同步脉冲触发器能够正常工作；当 U_{ct} 为 110 时，对应的整流桥输出电压最大；而 207 对应的输出电压最小，接近于零，它们是单调下降的函数关系。为此，将限幅器的上、下限幅值设置为 [97，0]，用加法器加上偏置"−207"后调整为 [−110，−207]，再经反向器转换为 [110，207]。这样，在单闭环有静差系统中通过限幅器、偏置、反向器等模块的应用，就可将速度调节器的输出限制在使同步脉冲触发器能够正常工作的范围之内了。并且 U_{signal} 与速度成单调上升的函数关系，符合人们的习惯。

此处给定信号 U_{signal} 可在 0～180 弧度/秒内连续可调。

速度调节器、限幅器、偏置、反向器等模块的建模与参数设置都比较简单，只要分别按路径 Simulink/Commonly Used Blocks/Gain 选择"Gain"模块；按 Simulink/Commonly

Used Blocks/Saturation 路径选择 "Saturation" 模块；按路径 Simulink/Sources/Constant 选取 "Constant" 模块……。找到相应的模块后，按要求设置好参数即可。

将主电路和控制电路的仿真模型按照单闭环转速负反馈调速系统电气原理图的连接关系进行模型连接，即可得到图 8-29 所示的系统仿真模型。

2. 系统的仿真参数设置

系统仿真参数的设置方法与开环系统相同。仿真中所选择的算法为 ode23t；仿真 Start time 设为 0，Stop time 设为 3，其他与开环系统相同。

3. 系统的仿真、仿真结果的输出及结果分析

当建模和参数设置完成后，即可开始进行仿真。

图 8-30 是单闭环有静差转速负反馈调速系统的电流曲线和转速曲线。

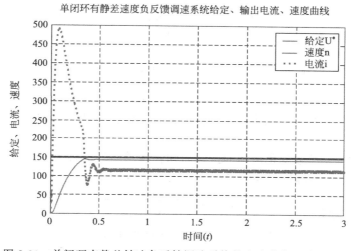

图 8-30 单闭环有静差转速负反馈调速系统的电流曲线和转速曲线

可以看出，转速仿真曲线与给定信号相比是有差系统。

（三）单闭环无静差转速负反馈调速系统的建模与仿真

1. 系统的建模和模型参数设置

单闭环无静差转速负反馈调速系统的电气原理结构图见图 8-31 所示。

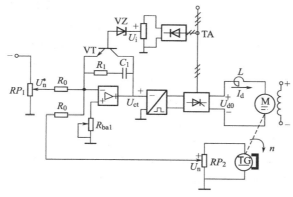

图 8-31 单闭环无静差转速负反馈调速系统的电气原理结构图

该系统由给定、速度调节器、同步脉冲触发器、晶闸管整流桥、平波电抗器、直流电动

机、速度反馈环节、限流环节等部分组成。建模时暂不考虑限流环节，图 8-32 是无静差速度负反馈调速系统的仿真模型。

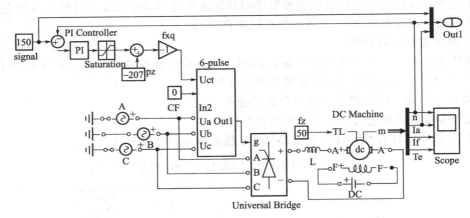

图 8-32　无静差速度负反馈调速系统的仿真模型

比较图 8-29 和图 8-32 发现，在不考虑限流环节的情况下，这两个仿真模型非常相似，主电路完全一样，只是控制电路中单闭环无静差直流调速系统的速度调节器采用的是 PI 调节器。

同样，通过对 U_{ct} 参数变化范围的探索而知：在单闭环无静差系统中，当 U_{ct} 在 $110\sim207$ 范围内变化时，同步脉冲触发器能够正常工作；当 U_{ct} 为 110 时，对应的整流桥输出电压最大；而 207 对应的输出电压最小。为此，将限幅器的上、下限幅值设置为 $[97,0]$，用加法器加上偏置 "-207" 后调整为 $[-110,-207]$，再经反向器转换为 $[110,207]$。这样通过限幅器、偏置、反向器等模块的应用，就可将速度调节器的输出限制在使同步脉冲触发器能够正常工作的范围之内了。

系统的给定信号设置为 150 弧度/秒，$K_{pn}=2$，$K_{in}=40$，平波电抗器电感 5e-3H，其它的参数和上一系统的参数一样。

2. 系统的仿真参数设置

仿真中所选择的算法为 ode23s；仿真 Start time 设为 0，Stop time 设为 3，其它与上一系统相同。

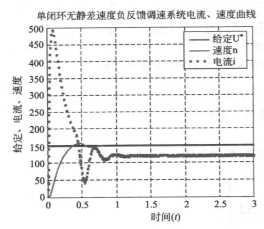

图 8-33　单闭环无静差转速负反馈
调速系统的电流和转速曲线

3. 系统的仿真、仿真结果的输出及结果分析

当建模和参数设置完成后，即可开始进行仿真。

图 8-33 是单闭环无静差转速负反馈调速系统的电流和转速曲线。

观察无静差系统的仿真结果，可以看出结果还是能够满足要求的。电流开始有一个突变，不过随着转速的增加电流在逐渐减小，转速经过 PI 调节器进行调节，在 $1\sim2$ 个周期之后基本实现了无静差。

通过对给定信号参数变化范围的探索，得出给定信号可在 $0\sim170$ 弧度/秒内连续可调，且能够实现无静差调速。

（四）电流截止负反馈调速系统的建模与仿真

1. 系统的建模和模型参数设置

带电流截止负反馈的无静差转速负反馈调速系统的电气原理结构图见图 8-31 所示。

该系统由给定、速度调节器、同步脉冲触发器、晶闸管整流桥、平波电抗器、直流电动机、速度反馈环节、限流环节等部分组成。图 8-34 是电流截止负反馈调速系统的仿真模型。

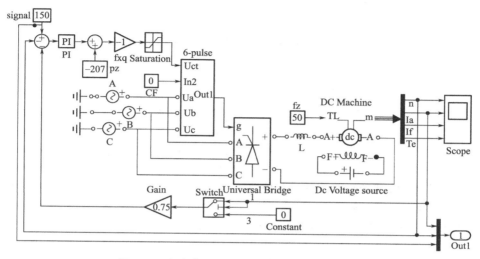

图 8-34　电流截止负反馈调速系统的仿真模型

比较图 8-32 和图 8-34 可以看出，两个系统的主电路完全一样；在控制电路中，后者比前者多了图 8-35 这样一个电流截止反馈环节。

图 8-35 是一个选择开关元件，在 MATLAB 环境下双击这个元件，可以看到一个可设参数的窗口。假设这个参数在这里叫设定值，那么当这个开关元件的输入口 2 所输入的值大于等于设定值时，元件输出"输入口 1"的输入量，否则输出"输入口 3"的输入量。

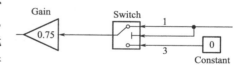

图 8-35　电流截止反馈环节

这样，不难得到：当电流小于设定值时，电流截止环节不起作用；而当电流大于这个设定值时，电流截止环节立刻进入工作状态，参与对系统的调节。此处设定值是 200，当设置不同值时，图 8-25 中截止电流的值也不一样。系统中其他参数设置情况如下：

给定设为 150 弧度/秒；PI 调节器的设定为：$K_{pn}=2$，$K_{in}=40$，上下限为 $[97,0]$，其他为默认值；开关元件的设定值为 200。其他参数则和上一系统的参数完全一样。给定信号可在 0～170 弧度/秒内连续可调。

2. 系统的仿真参数设置

仿真中所选择的算法为 ode23s；仿真 Start time 设为 0，Stop time 设为 2，其他与上一系统相同。

3. 系统的仿真、仿真结果的输出及结果分析

当建模和参数设置完成后，即可开始进行仿真。

图 8-36 是带电流截止负反馈的无静差转速负反馈调速系统的电流曲线和转速曲线。从图 8-36 可以看出：刚启动时，电流值短时超过了截止电流一点，随着调节的进一步深入，电枢电流被控制在了 200。当系统电流值小于 200 时，电流截止环不参与调节，这时的系统

就是一个转速负反馈系统了，这个阶段在图上也可看出。

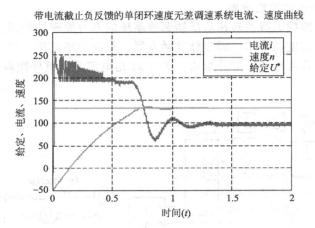

图 8-36　电流截止负反馈调速系统的电流曲线和转速曲线

（五）电压负反馈调速系统的建模与仿真

1. 系统的建模和模型参数设置

电压负反馈调速系统的电气原理结构图如图 8-37 所示。

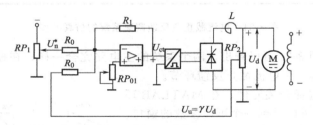

图 8-37　电压负反馈调速系统的电气原理结构图

该系统由给定、电压调节器、同步脉冲触发器、晶闸管整流桥、平波电抗器、直流电动机、电压反馈环节等部分组成。图 8-38 是电压负反馈调速系统的仿真模型。

比较图 8-38 和图 8-32 可以看出，前者主电路与无静差调速系统一样，控制电路的差别主要是反馈信号取法不一样。电压反馈是从电动机的两端取出电压后，经过一定的处理，进入 PI 调节器中的。

系统中参数设置如下：

给定设为 15；PI 调节器的参数设为：$K_{pu} = 12$，$K_{iu} = 400$，上下限为 [97，0]；电压反馈系数为 0.05；其他参数则和上一系统的参数完全一样。在这个系统中，为了减弱电枢两端电压中的交流成分，电感的值被增大为 9e-2H。这些参数都是通过仿真实践优化而得的。给定信号在 0～15 弧度/秒内连续可调。

2. 系统的仿真参数设置

仿真中所选择的算法为 ode23s；仿真 Start time 设为 0，Stop time 设为 3，其他与上一系统相同。

3. 系统的仿真、仿真结果的输出及结果分析

当建模和参数设置完成后，即可开始进行仿真。

图 8-39 是电压负反馈调速系统的电流和速度输出曲线。

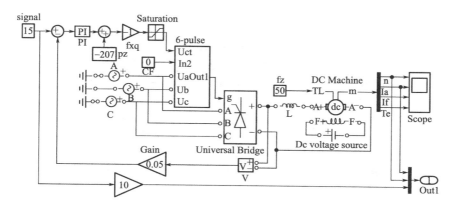

图 8-38 电压负反馈调速系统的仿真模型

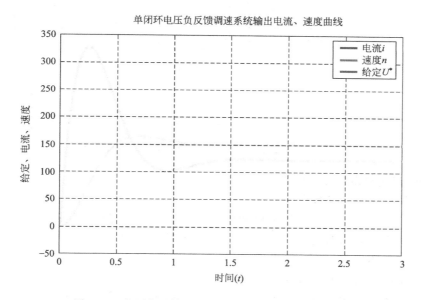

图 8-39 电压负反馈调速系统的电流和速度输出曲线

电压负反馈调速系统实质上是一个恒压调节系统，通过电压负反馈调节使电压基本恒定，间接使速度恒定。通常，电压中的交流分量较大，使用电感能消除一部分交流分量。但电感也不能太大，否则会给系统的启动带来困难。由于电机转动惯量的作用，转速的波动一般不大，这在图中可以清楚地看出来。

二、晶闸管转速电流双闭环直流调速系统的 MATLAB 仿真

在上一节中，采用面向电气原理结构图的仿真方法，对开环系统和典型的单闭环直流调速系统进行了建模与仿真分析。下面对转速电流双闭环系统进行建模和仿真。

双闭环直流调速系统与开环、单闭环直流调速系统的主电路模型是一样的，主电路仍然是由交流电源、同步脉冲触发器、晶闸管整流桥、平波电抗器、直流电动机等部分组成。差别反映在控制电路上，双环调速系统的控制电路更复杂。

转速电流双闭环直流调速系统的电气原理结构图如图 8-40 所示。

图 8-41 是采用面向电气原理结构图方法构作的双闭环系统仿真模型。

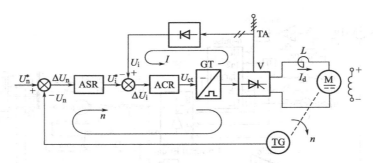

图 8-40 转速电流双闭环直流调速系统的电气原理结构图

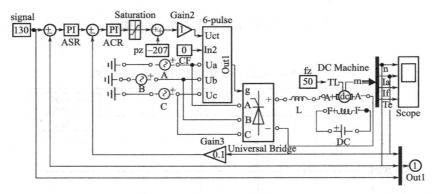

图 8-41 转速电流双闭环直流调速系统的仿真模型

1. 系统的建模和模型参数设置

（1）主电路的建模和参数设置

转速电流双闭环系统主电路的建模和模型参数设置与单闭环直流调速系统绝大部分相同，只是通过仿真实验的探索，将平波电抗器的电感值修改为 9e-3H。下面介绍控制电路的建模与参数设置过程。

（2）控制电路的建模和参数设置

转速电流双闭环系统的控制电路包括：给定环节、速度调节器 ASR、电流调节器 ACR、限幅器、偏置电路、反向器、电流反馈环节、速度反馈环节等。限幅器、偏置电路、反向器的作用、建模和参数设置与上一节相同。

给定环节的参数设置为 130 弧度/秒（同学们可自行探索给定信号的允许变化范围）；电流反馈系数设为 0.1；速度反馈系数设为 1。

双闭环系统有两个 PI 调节器——ACR 和 ASR。这两个调节器的参数设置分别是：

ACR：$K_{pi}=10$、$K_{ii}=100$、上下限幅值为 [130，−130]；ASR：$K_{pn}=1.2$、$K_{in}=10$；上下限幅值为 [25，−25]；电流调节器后面的限幅器限幅值为 [97，0]。其他没作说明的为系统默认参数。

2. 系统的仿真参数设置

通过对仿真算法的比较实践，本系统选择的仿真算法为 ode23s；仿真 Start time 设为 0，Stop time 设为 1.5，其他与上一节的系统相同。

3. 系统的仿真、仿真结果的输出及结果分析

当建模和参数设置完成后，即可开始进行仿真。

图 8-42 是转速、电流双闭环调速系统的
电流曲线和转速曲线。

从仿真结果可以看出，它非常接近于理
论分析的波形。下面分析一下仿真的结果。

启动过程的第一阶段是电流上升阶段。
突加给定电压，ASR 的输入很大，其输出很
快达到限幅值，电流也很快上升，接近其最
大值。第二阶段，ASR 饱和，转速环相当于
开环状态，系统表现为恒值电流给定作用下
的电流调节系统，电流基本上保持不变，拖
动系统恒加速，转速线性增长。第三阶段，
当转速达到给定值后。转速调节器的给定与
反馈电压平衡，输入偏差为零，但是由于积
分的作用，其输出还很大，所以出现超调。
转速超调之后，ASR 输入端出现负偏差电
压，使它退出饱和状态，进入线性调节阶
段，使速度保持恒定。实际仿真结果基本上反映了这一点。

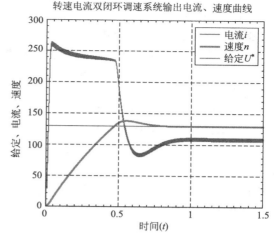

图 8-42　转速、电流双闭环调速系统
的电流曲线和转速曲线

三、晶闸管直流可逆调速系统的 MATLAB 仿真

通过上面对典型单闭环和双闭环直流调速系统的仿真分析可以看到，这些系统的主电路
模型是相同的，控制电路有差别。而本节所要讨论的直流可逆调速系统的建模与前面所述的
系统相比较，控制电路和主电路都有区别，其建模有一定的特点。

（一）逻辑无环流直流可逆调速系统的建模与仿真

逻辑无环流直流可逆调速系统是一个典型的可逆调速系统，系统的电气原理结构图见图
8-43 所示。下面介绍各部分的建模与参数设置过程。

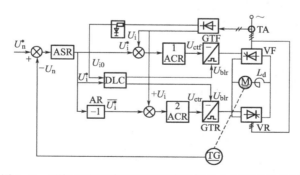

图 8-43　逻辑无环流直流可逆调速系统的电气原理结构图

1. 系统的建模和模型参数设置

（1）主电路的建模和参数设置

由图 8-43 可见，主电路由三相对称交流电压源、反并联的晶闸管整流桥、平波电抗器、
直流电动机等部分组成。在逻辑无环流可逆系统中，逻辑切换装置 DLC 是一个核心装置，
它的作用是控制同步脉冲触发器，而同步脉冲触发器是归在主电路讨论的，所以我们将逻辑
切换装置 DLC 也归到主电路进行建模。

三相交流电源、平波电抗器、直流电动机、同步脉冲触发器的建模和参数设置在前面已

经作过讨论，此处着重讨论逻辑切换装置 DLC、反并联的晶闸管整流桥及其子系统的建模和参数设置问题。

逻辑切换装置 DLC 的建模

在逻辑无环流可逆系统中，DLC 是一个核心装置，其任务是：在正组晶闸管桥 Bridge 工作时开放正组脉冲，封锁反组脉冲；在反组晶闸管桥 Bridge1 工作时开放反组脉冲，封锁正组脉冲。

对 DLC 的工作要求在相关章节已有说明，根据其要求，DLC 应由电平检测、逻辑判断、延时电路和联锁保护 4 部分组成。

① 电平检测器的建模。电平检测的功能是将模拟量转换成数字量供后续电路使用，它包括转矩极性鉴别器和零电流鉴别器，它将转矩极性信号 U_i^* 和零电流检测信号 U_{i0} 转换成数字量供逻辑电路使用，在实际系统中是用工作在继电状态的运算放大器构成，而用 MAT-LAB 建模时，可按路径 Simulink/Discontinuities/Relay 选择 "Relay" 模块来实现。

② 逻辑判断电路的建模。逻辑判断电路根据可逆系统正反向运行要求，经逻辑运算后发出逻辑切换指令，封锁原工作组，开放另一组。其逻辑控制要求如下：

$$U_F = \overline{U}_R + U_T \cdot U_Z$$
$$U_R = \overline{U}_F + \overline{U}_T \cdot U_Z$$

有关符号含义如图 8-44 所示，利用路径 Simulink/Logic and Bit Operations/Logical Operator 选择 "Logical Operator" 模块可实现上述功能。

③ 延时电路的建模。在逻辑判断电路发出切换指令后，必须经过封锁延时 $t_{d1} = 3\text{ms}$ 才能封锁原导通组脉冲，再经开放延时 $t_{d2} = 7\text{ms}$ 后才能开放另一组脉冲。在数字逻辑电路的 DLC 装置中是在与非门前加二极管及电容来实现延时，它利用了集成芯片内部电路的特性。计算机仿真是基于数值计算，不可能通过加二极管和电容来实现延时。通过对数字逻辑电路的 DLC 装置功能分析发现：当逻辑电路的输出 U_f（U_r）由 "0" 变 "1" 时，延时电路应产生延时；当由 "1" 变 "0" 或状态不变时，不产生延时。根据这一特点，利用 Simulink 工具箱中 Discrete 模块组中的单位延迟（Unit Delay）模块，按功能要求连接即可得到满足系统延时要求的仿真模型。如图 8-44 中有关部分。

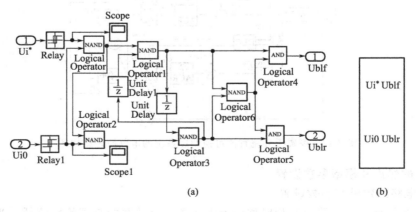

图 8-44　DLC 仿真模型及模块符号

④ 联锁保护电路建模。DLC 装置的最后部分为逻辑联锁保护环节。正常时，逻辑电路输出状态 U_{blf} 和 U_{blr} 总是相反的。一旦 DLC 发生故障，使 U_{blf} 和 U_{blr} 同时为 "1"，将造成两个晶闸管桥同时开放，必须避免此情况。利用 Simulink 工具箱的 Logic and Bit Operations 模

块组中的逻辑运算（Logical Operator）模块可实现多"1"保护功能。

图 8-44(a) 是 DLC 仿真模型，封装后的 DLC 模块符号如图 8-44(b) 所示。

为了检验 DLC 仿真模型的正确性，对其进行了测试。图 8-45(a)、(b) 是测试用输入信号波形；图 8-45(c)、(d) 是 DLC 输出信号波形。

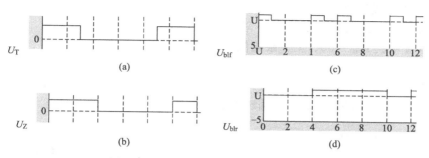

图 8-45　测试 DLC 的输入输出信号波形

测试表明：其功能完全符合系统所要求的各量间的逻辑关系。DLC 由于延时为毫秒级，波形上反映延时不明显。

主电路子系统的建模与封装

将除平波电抗器、直流电动机外的部分主电路按电气原理结构图的关系进行了连接，得到图 8-46(a) 所示的部分主电路子系统，封装后的子系统模块符号如图 8-46(b) 所示。为方便作图，将同步脉冲触发器的输入端子顺序稍作调整，其中"Uct"为脉冲控制端，"In2"为触发器开关信号控制端。

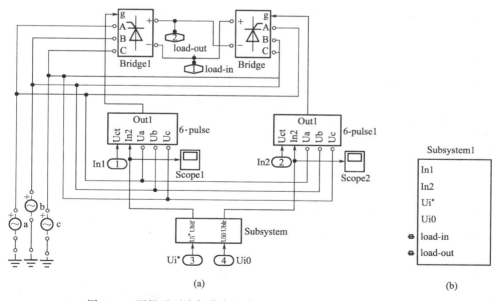

图 8-46　逻辑无环流部分主电路子系统的建模子系统模块符号

（2）控制电路的建模和参数设置

逻辑无环流直流可逆调速系统的控制电路包括：给定环节、1 个速度调节器 ASR、2 个电流调节器 ACR、限幅器、偏置电路、反向器、电流反馈环节、速度反馈环节等。控制电路的连接方式与电气原理结构图 8-43 非常接近。限幅器、偏置电路、反向器的作用、建模和参数设置与前几节也基本相同，就不多讨论了。要说明的是：为了得到比较复杂的给定信号，这里采用了将简单信号源组合的方法。

控制电路的有关参数设置如下：

电流反馈系数设为 0.1；速度反馈系数设为 1；

调节器的参数设置分别是：

ASR：$K_{pn}=1.2$；$K_{in}=0.3$；上下限幅值为 $[25，-25]$；

ACR：$K_{pi}=2$、$K_{ii}=50$、上下限幅值为 $[90，-90]$；

ACR1：$K_{pi1}=2$、$K_{ii1}=50$、上下限幅值为 $[90，-90]$；

限幅器限幅值 $[97\ 0]$；负载设置为 0 是为了使正、反向电流对称。其他没作说明的为系统默认参数。逻辑无环流直流可逆调速系统的仿真模型，见图 8-47。

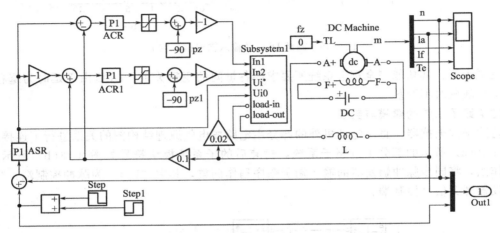

图 8-47　逻辑无环流直流可逆调速系统的仿真模型

2. 系统的仿真参数设置

仿真中所选择的算法为 ode23t；仿真 Start time 设为 0，Stop time 设为 9，其他与上述系统相同。

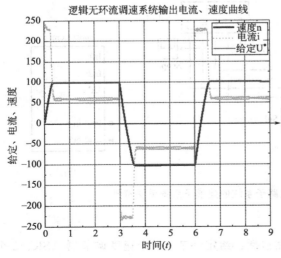

图 8-48　逻辑无环流直流可逆调速
系统的电流曲线和转速曲线

3. 系统的仿真、仿真结果的输出及结果分析

当建模和参数设置完成后，即可开始进行仿真。

图 8-48 是逻辑无环流直流可逆调速系统的电流曲线和转速曲线。

从仿真结果可以看出：仿真系统实现了速度和电流的可逆，而且具有快速切换的特性。

（二）错位控制无环流直流可逆调速系统的建模与仿真

错位控制的无环流可逆调速系统简称为"错位无环流系统"。

（1）错位无环流系统的定义

系统中设置两组晶闸管变流装置，当

一组晶闸管整流时，另一组处于待逆变状态，但两组触发脉冲的相位错开较远（＞150°），使待逆变组触发脉冲到来时，它的晶闸管元件却处于反向阻断状态，不能导通，从而也不可能产生环流。这就是错位控制的无环流可逆系统。

（2）与逻辑无环流系统的区别

逻辑无环流系统采用 $\alpha=\beta$ 控制，两组脉冲的关系是 $\alpha_f+\alpha_r=180°$，初始相位整定在 $\alpha_{f0}=\alpha_{r0}=90°$，并要设置逻辑控制器进行切换才能实现无环流。

错位无环流系统也采用 $\alpha=\beta$ 控制，但两组脉冲关系是 $\alpha_f+\alpha_r=300°$ 或 360°，初始相位整定在 $\alpha_{f0}=\alpha_{r0}=150°$ 或 180°。

错位无环流系统两组控制角的配合特性如图 8-49 所示。图中阴影区以内为有环流区，以外为无环流区。由图可见，无环流的临界状况是 CO_2D 线。此时零位在 O_2 点，相当于 $\alpha_{f0}=\alpha_{r0}=150°$；配合特性 CO_2D 线的方程式为 $\alpha_f+\alpha_r=300°$；这种临界状态不可靠，万一参数变化，使控制角减小，就会在某些范围内又出现环流。为安全起见，实际系统常将零位整定在 $\alpha_{f0}=\alpha_{r0}=180°$（即 O_3 点）。这时 EO_3F 直线的方程是 $\alpha_f+\alpha_r=360°$。这种整定方法，不仅安全可靠，而且调整也很方便。

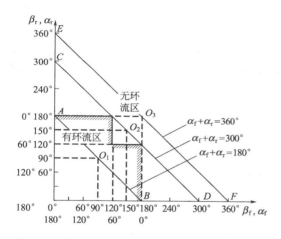

图 8-49　错位无环流系统两组控制角的配合特性

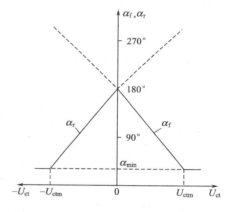

图 8-50　错位无环流系统移相控制特性

错位控制的零位整定在 180° 时，触发装置的移相控制特性如图 8-50 所示。这时，如果一组脉冲控制角小于 180°，另一组脉冲控制角一定大于 180°。而大于 180° 的脉冲对系统是无用的，因此常常只让它停留在 180° 处，或使大于 180° 后停发脉冲。图中控制角超过 180° 的部分用虚线表示。

（3）带电压内环的错位无环流系统

如上所述，零位整定在 180°（或 150°）后，触发脉冲从 180° 移到 90° 的这段时间内，整流器没有电压输出，形成一个 90° 的死区。在死区内，α 角变化并不引起输出量 U_d 变化。为了压缩死区，可以在错位无环流可逆系统中增加一个电压环。带电压内环的错位无环流可逆系统原理结构图如图 8-51 所示。与其他可逆系统不同的地方是不用逻辑装置，另外增加了一个由电压变换器 TVD 和电压调节器 AVR 组成的电压环。

错位无环流系统的零位整定在 180° 时，两组的移相控制特性恰好分在纵轴的左右两侧，因而两组晶闸管的工作范围可按 U_{ct} 的极性来划分，U_{ct} 为正时正组工作，U_{ct} 为负时反组工作。通过对 U_{ct} 的极性进行鉴别后，再通过电子开关选择触发正组还是反组，从而构成了错位选触无环流系统。

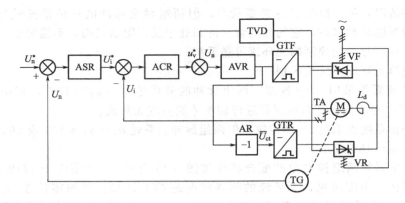

图 8-51　带电压内环的错位无环流可逆系统原理结构图

1. 系统的建模和模型参数设置

（1）主电路的建模和参数设置

由图 8-51 可见，主电路由三相对称交流电压源、反并联的晶闸管整流桥、平波电抗器、直流电动机等部分组成。

错位控制的无环流可逆调速系统的主电路建模和参数设置基本上与逻辑无环流可逆系统相同。主电路模型见图 8-52，本模型按照错位控制选触无环流可逆系统原理构建。经过试验，平波电抗器的电感值取 9e-2H。

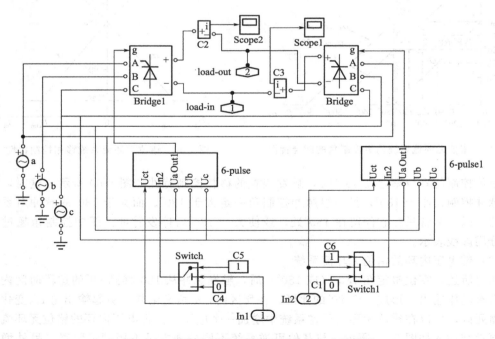

图 8-52　错位选触无环流调速系统的主电路模型

采用上述模型下半部分的选择开关即可实现错位选触无环流控制。选择开关的第二输入端接输入控制角 α，参数 Threshold 设置为 180。当控制角 $\alpha \geqslant 180°$ 时，通过给 6-脉冲触发器的 Block 端置"1"关闭触发器，达到使整流器不工作的目的；当控制角 $\alpha < 180°$ 时，通过给 6-脉冲触发器的 Block 端置"0"开通触发器，使整流器工作。

根据图 8-51 带电压内环的错位无环流可逆系统结构，下面给出错位选触控制无环流可逆调速系统的仿真模型，见图 8-53。

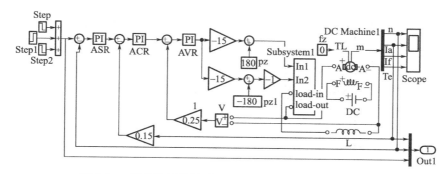

图 8-53　错位选触控制无环流可逆调速系统的仿真模型

（2）控制电路的建模和参数设置

错位选触无环流可逆调速的控制电路包括：给定环节、1 个速度调节器 ASR、1 个电流调节器 ACR 和 1 个电压调节器 AVR、2 个偏置电路、3 个反向器、电压反馈环节、电流反馈环节、速度反馈环节等，给定信号由简单信号源组合而成。

电压调节器 AVR 与 Subsystem1 之间的环节是根据图 8-50 的错位控制无环流调速系统移相控制特性而得来的，分析过程如下：

根据图 8-50 的移相控制特性，可以得到：

① $\alpha_f = 180° + \dfrac{180° - \alpha_{fmin}}{-U_{ctm}} U_{ct}$ 。此处取 $\alpha_{fmin} = 30°$，$U_{ctm} = 10V$，则 $\alpha_f = 180° - 15U_{ct}$；

② $\alpha_r = 180° + \dfrac{180° - \alpha_{rmin}}{U_{ctm}} U_{ct}$ 。此处取 $\alpha_{rmin} = 30°$，$U_{ctm} = 10V$，则 $\alpha_r = 180° + 15U_{ct}$。

控制电路的有关参数设置如下：

电压反馈系数设为 0.25；电流反馈系数设为 0.15；速度反馈系数设为 1。

调节器的参数设置分别是：

ASR：$K_{pn} = 1.2$；$K_{in} = 0.3$；上下限幅值为 [25，-25]；

ACR：$K_{pi} = 0.4$、$K_{ii} = 30$、上下限幅值为 [90，-90]；

AVR：$K_{pv} = 1.2$、$K_{iv} = 0.6$、上下限幅值为 [90，-90]；

其他没作说明的为系统默认参数。

2. 系统的仿真参数设置

仿真所选择的算法为 ode23t；仿真 Start time 设为 0，Stop time 设为 16，其他与上述系统相同。

3. 系统的仿真、仿真结果的输出及结果分析

当建模和参数设置完成后，即可开始进行仿真。

图 8-54 是错位选触控制无环流可逆调速系统的电流曲线和转速曲线。

（三）$\alpha = \beta$ 配合控制的有环流直流可逆调速系统的建模与仿真

$\alpha = \beta$ 配合控制的有环流调速系统也是一个典型的直流可逆调速系统，系统的电气原理结构图如图 8-55 所示。下面介绍各部分的建模与参数设置过程。

1. 系统的建模和模型参数设置

（1）主电路的建模和参数设置

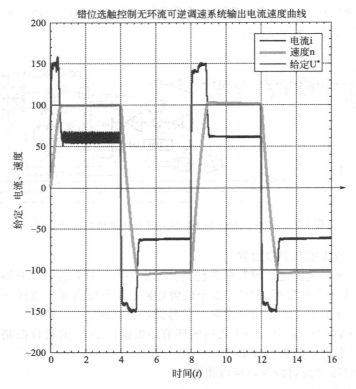

图 8-54　错位选触控制无环流可逆调速系统的电流曲线和转速曲线

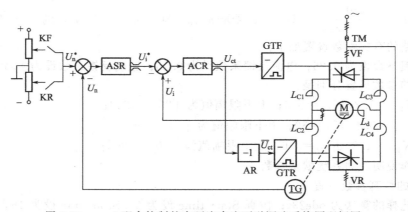

图 8-55　$\alpha = \beta$ 配合控制的有环流直流可逆调速系统原理框图

由图 8-55 可见，主电路由三相对称交流电压源、反并联的晶闸管整流桥、平波电抗器、直流电动机等部分组成。在有环流可逆系统中，一个明显的特征是反并联的晶闸管整流桥回路中串接了 4 个均衡电抗器 $L_{C1} \sim L_{C4}$，它们的作用是抑制脉动环流。

$\alpha = \beta$ 配合控制的有环流调速系统的主电路建模和参数设置大部分与逻辑无环流可逆系统相同，不同的地方是在反并联的晶闸管整流桥回路中串接了 4 个均衡电抗器 $L_{C1} \sim L_{C4}$。主电路模型如图 8-56，均衡电抗器为 L1～L4。经过试验，均衡电抗器的电感值取 4e-2H。

下面给出 $\alpha = \beta$ 配合控制的有环流可逆调速系统的仿真模型，如图 8-57。

（2）控制电路的建模和参数设置

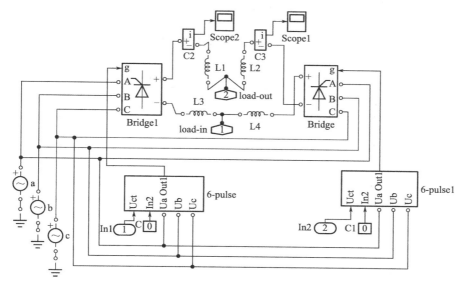

图 8-56　$\alpha = \beta$ 配合控制的有环流调速系统的主电路模型

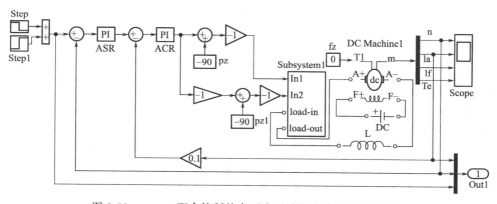

图 8-57　$\alpha = \beta$ 配合控制的有环流可逆调速系统的仿真模型

$\alpha = \beta$ 配合控制的有环流可逆调速系统的控制电路包括：给定环节、1 个速度调节器 ASR、1 个电流调节器 ACR、2 个偏置电路、3 个反向器、电流反馈环节、速度反馈环节等。控制电路的连接方式与电气原理结构图 9-53 非常接近。ACR 和第 1 个反向器为 $\alpha = \beta$ 配合控制电路。给定信号由简单信号源组合而成。

控制电路的有关参数设置如下：

电流反馈系数设为 0.1；速度反馈系数设为 1；

调节器的参数设置分别是：

ASR：$K_{pn} = 1.2$；$K_{in} = 0.3$；上下限幅值为 [25，−25]；

ACR：$K_{pi} = 2$、$K_{ii} = 50$、上下限幅值为 [90，−90]；平波电抗器的电感值取 9e-3H。其他没作说明的为系统默认参数。

2. 系统的仿真参数设置

仿真所选择的算法为 ode23t；仿真 Start time 设为 0，Stop time 设为 12，其他与上述系统相同。

3. 系统的仿真、仿真结果的输出及结果分析

当建模和参数设置完成后，即可开始进行仿真。

图 8-58 是 $\alpha = \beta$ 配合控制的有环流可逆调速系统的电流曲线和转速曲线。

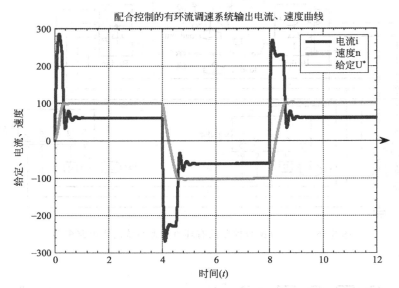

图 8-58　$\alpha = \beta$ 配合控制的有环流可逆调速系统的电流曲线和转速曲线

从仿真结果可以看出：仿真系统实现了速度和电流的可逆。

四、典型交流调速系统的 MATLAB 仿真

前面采用面向电气原理结构图的仿真方法，对典型的直流调速系统进行了仿真实验分析，这些系统的执行机构是直流电动机。而下面所要讨论的交流调速系统采用的是交流电动机，与前述系统相比较，主电路有区别。而控制电路采用的是转速单闭环和转速电流双闭环控制方式，控制电路的建模与直流调速系统中的单、双闭环控制方式没有什么区别，所以本节重点讨论主电路的建模与参数设置。

（一）交流异步电动机交流调压调速系统的建模与仿真

交流调压调速系统的电气原理结构图如图 8-59 所示。

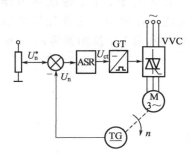

图 8-59　交流调压调速系统的电气原理结构图

图 8-60 是采用面向电气原理结构图方法构作的交流调压调速系统的仿真模型。下面介绍各部分的建模与参数设置过程。

1. 系统的建模和模型参数设置

（1）主电路的建模和参数设置

由图 8-60 可见，主电路由三相对称交流电压源、晶闸管三相交流调压器、交流异步电动机、电机信号分配器等部分组成。

三相交流电源的建模和参数设置前面已经作过讨论（本模型三相电源的相序是 A-B-C），此处着重讨论晶闸管三相交流调压器、交流异步电动机、电机测试信号分配器的建模和参数设置问题。

① 晶闸管三相交流调压器的建模和参数设置。晶闸管三相交流调压器通常是采用三对

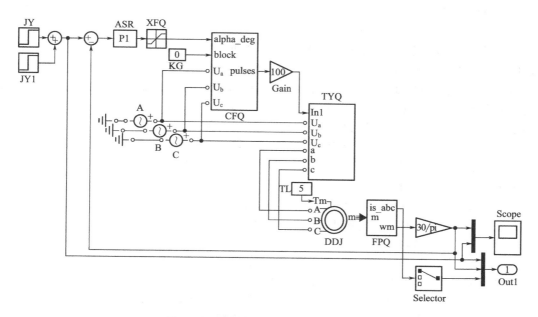

图 8-60　交流调压调速系统的仿真模型

反并联的晶闸管元件组成，单个晶闸管元件采用"相位控制"方式，利用电网自然换流。图 8-61 是晶闸管三相交流调压器的仿真模型。图 8-62 是三相交流调压器中晶闸管元件的参数设置情况。

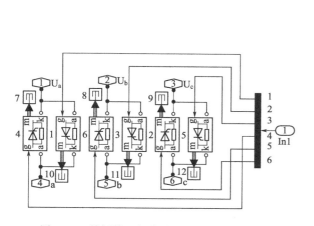

图 8-61　晶闸管三相交流调压器的仿真模型

图 8-62　三相交流调压器中晶闸管元件的参数设置

在图 8-61 中，是用单个晶闸管元件按三相交流调压器的接线要求搭建成仿真模型的，单个晶闸管元件的参数设置仍然遵循晶闸管整流桥的参数设置原则。

② 交流异步电动机、电机测试信号分配器的建模和参数设置。在 SimPower System 工具箱中有一个电机模块库，它包含了直流电机、异步电机、同步电机及其它各种电机模块。其中，模块库中有两个异步电动机模型，一个是标幺值单位制（PU unit）下的异步电动机模型，另一个是国际单位制（SI unit）下的异步电动机模型，本节采用后者。

国际单位制下的异步电动机模型符号如图 8-63(a) 所示，电机测试信号分配器模块符号如图 8-63(b) 所示。

描述异步电动机模块性能的状态方程包括电气和机械两个部分，电气部分有 5 个状态方程，机械部分有 2 个状态方程；该模块有 4 个输入端子，4 个输出端子。前 3 个输入端子（A，B，C）为电机的定子电压输入，第 4 输入端一般接负载，为加到电机轴上的机械负载，该端子可直接接 Simulink 信号。模块的前 3 个输出端子（a，b，c）为转子电压输出，一般短接在一起，或连接其他附加电路中，当异步电动机为笼式电机时，电机模块符号将不显示输出端子（a，b，c）。第 4 输出端为 m 端子，它返回一系列电机内部信号（共 21 路），供给电机测试信号分路器模块的输入 m 端子，该模块的 21 路输出信号构成如下：

- 第 1 到第 3 路：转子电流 i_{ra}、i_{rb}、i_{rc}；
- 第 4 到第 9 路：同步 d-q 坐标系下的转子信号，依次为 q 轴电流 i_{qr}，d 轴电流 i_{dr}；q 轴磁通 ψ_{qr}，d 轴磁通 ψ_{dr}；q 轴电压 V_{qr}，d 轴电压 V_{dr}；
- 第 10 到第 12 路：定子电流 i_{sa}、i_{sb}、i_{sc}；
- 第 13 到第 18 路：同步 d-q 坐标系下的定子信号，依次为 q 轴电流 i_{qs}，d 轴电流 i_{ds}；q 轴磁通 ψ_{qs}，d 轴磁通 ψ_{ds}；q 轴电压 V_{qs}，d 轴电压 V_{ds}；
- 第 19 到第 21 路：电机转速 ω_m，机械转矩 T_e，电机转子角位移 θ_m。

具体要输出哪些信号，可根据实际问题，通过电机测试信号分配器模块的设置对话框来选择，需要输出哪个物理量只要在其前面的复选框内打个"√"。详细选择见图 8-64 的电机测试信号分配器参数设置对话框及参数选择。

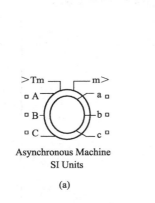
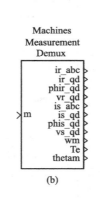

图 8-63　异步电动机模块符号和
电机测试信号分配器模块符号

图 8-64　电机测试信号分配器
参数设置对话框及参数选择

异步电动机的参数可通过电动机模块的参数对话框来输入，如图 8-65 所示。有关参数设置如下。

- 绕组类型（Rotor type）列表框：分绕线式（Wound）和笼式（Squirrel-cage）两种，此处选后者。
- 参考坐标系（Reference frame）列表框：有静止坐标系（Stationary），转子坐标系（Rotor）和同步旋转坐标系（Synchronous），此处选同步旋转坐标系。
- 额定参数：额定功率 P_n（单位：kW），线电压 V_n（单位：V），频率 f（单位：Hz）；

图 8-65 异步电动机参数设置对话框及参数设置

- 定子电阻 R_s（Stator）（单位：Ohms）和漏感（L_{1s}）（单位：H）；
- 转子电阻 R_r（Rotor）（单位：Ohms）和漏感（L_{1r}）（单位：H）；
- 互感（Mutual inductance）L_m（单位：H）；
- 转动惯量（Inertia）J（单位：kg·m²）；极对数 P。

（2）控制电路的建模和参数设置

交流调压调速系统的控制电路包括：给定环节、速度调节器 ASR、限幅器、速度反馈环节等。与单闭环直流调速系统没有什么区别，同步脉冲触发器也一样。故不再讨论了。

要说明的是：为了得到比较复杂的给定信号，这里仍采用了将简单信号源组合的方法。

控制电路的有关参数设置如下：

速度反馈系数设为 30/pi；调节器的参数设置分别是：ASR $K_{pn} = -30$；$\tau_n = 300$；上下限幅值为 [180，-180]；限幅器限幅值 [180，30]。

其他没作说明的为系统默认参数。

2. 系统的仿真参数设置

仿真所选择的算法为 ode23tb；仿真 Start time 设为 0，Stop time 设为 4.2。

3. 系统的仿真、仿真结果的输出及结果分析

当建模和参数设置完成后，即可开始进行仿真。

图 8-66 是交流调压调速系统的 U 相电流、给定转速和实际转速曲线。

从仿真结果可以看出：在稳态时，仿真系统的实际速度能实现对给定速度的良好跟踪；在过渡过程时，仿真系统

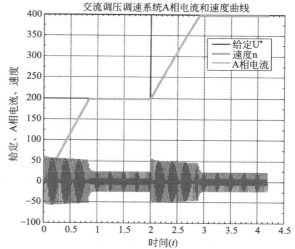

图 8-66 交流调压调速系统的 U 相电流、给定转速和实际转速曲线

的实际速度对阶跃给定信号的跟踪有一定的偏差，从上图还可以预见，实际速度对斜坡给定信号的跟踪应该是比较不错的。

（二）晶闸管串级调速系统的建模与仿真

晶闸管串级调速系统的电气原理结构图如图 8-67 所示。

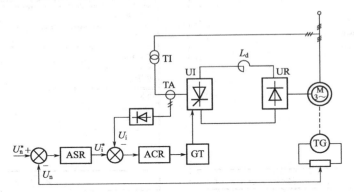

图 8-67　晶闸管串级调速系统的电气原理结构图

下面介绍各部分的建模与参数设置过程。

1. 系统的建模和模型参数设置

（1）主电路的建模和参数设置

晶闸管串级调速系统的主电路由三相对称交流电压源、绕线式交流异步电动机、二极管转子整流器、平波电抗器、晶闸管逆变器、逆变变压器、电机测试信号分配器等部分组成。图 8-68 是晶闸管串级调速系统除三相对称交流电压源、电机测试信号分配器之外的主电路子系统仿真模型，脉冲触发电路 Subsystem1 也归在主电路中。图 8-69 是串级调速系统主电路子系统接上三相对称交流电压源、电机测试信号分配器和其他测量装置等模块后的仿真模型。

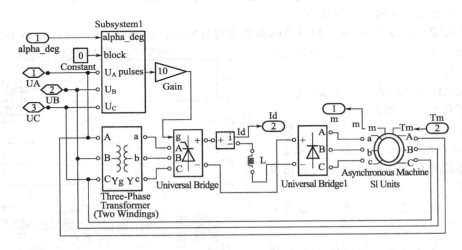

图 8-68　晶闸管串级调速系统主电路子系统仿真模型

在图 8-68 和图 8-69 的仿真模型中，同步脉冲触发器、电机测试信号分配器、平波电抗器、交流异步电动机（此处选择绕线式）的建模和参数设置在前面已经做过讨论，此处主要讨论二极管转子整流器、晶闸管逆变器、逆变变压器的建模和参数设置问题。

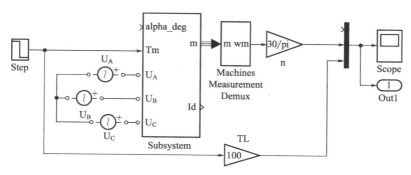

图 8-69　串级调速系统含有子系统的主电路仿真模型

① 二极管转子整流器的建模和参数设置。按 SimPowerSystems/Power Electronics/ Universal Bridge 路径，在电力电子模块组中找到通用变流器桥。电力电子元件类型选择二极管，其标签为"Universal Bridge1"。图 8-70 是转子整流器的参数设置情况。

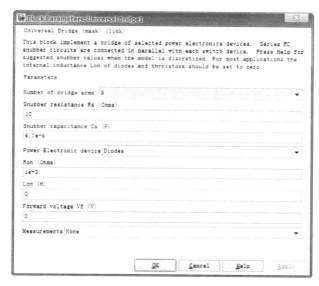

图 8-70　转子整流器的参数设置

② 晶闸管逆变器的建模和参数设置。同样在电力电子模块组中找到通用变流器桥。电力电子元件类型选择晶闸管，其标签为"Universal Bridge"。图 8-71 是晶闸管逆变器的参数设置情况。

③ 逆变变压器的建模和参数设置。按 SimPowerSystems/Elements/Three-Phase Transformer（Two-Windings）路径从元件模块组中选取"Three-Phase Transformer（Two-Windings）"模块，其标签为"Three-Phase Transformer（Two-Windings）"。图 8-72 是"逆变变压器"的参数设置情况。逆变变压器的参数设置是根据串级调速原理并结合电动机参数而设置的。

将各模块按电气原理结构图所示的关系连接，就可得到上述仿真模型。

根据图 8-67，采用面向电气原理结构图方法构作的晶闸管串级调速系统的仿真模型如图 8-73 所示。

（2）控制电路的建模和参数设置

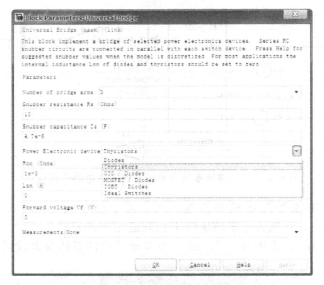

图 8-71 晶闸管逆变器的参数设置

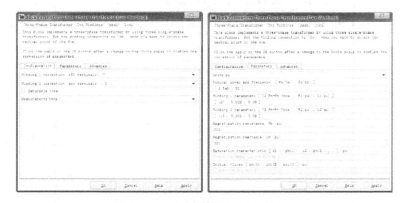

图 8-72 逆变变压器的参数设置

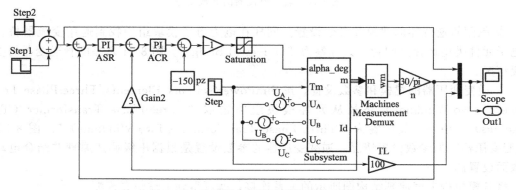

图 8-73 晶闸管串级调速系统的仿真模型

从图 8-73 可见，晶闸管串级调速系统的控制电路包括：给定环节、速度调节器 ASR、电流调节器 ACR、限幅器、速度和电流反馈环节等。这些与双闭环直流调速系统的控制电路仿真模型没有什么区别，同步脉冲触发器也一样。故不再讨论了。晶闸管串级调速系统比较复杂，为了得到较好的性能，在控制电路的参数设置时，需要进行多次试探加以摸索，进行参数优化。

闭环系统有两个 PI 调节器——ASR 和 ACR。这两个调节器的参数设置分别是

ASR：$K_{pn}=2$、$\tau_n=8$；上下限幅值为 [40，0]；

ACR：$K_{pi}=35$、$\tau_i=300$、上下限幅值为 [70，0]；

限幅器参数：上下限幅值为 [150，80]；

负载转矩在 5s 时刻由 10 下降到 5，再扩大 100 倍后去显示；

上述参数也是优化而来的，其他没作详尽说明的参数和双闭环系统一样。

2. 系统的仿真参数设置

经仿真实验比较后，所选择的算法为 ode15s；仿真 Start time 设为 0，Stop time 设为 10。

3. 系统的仿真、仿真结果的输出及结果分析

当建模和参数设置完成后，即可开始进行仿真。

图 8-74 是晶闸管串级调速系统的给定转速、实际转速和负载转矩曲线。

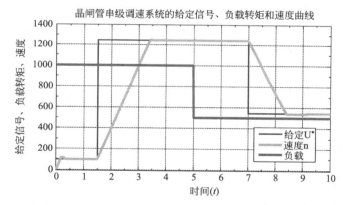

图 8-74　晶闸管串级调速系统的给定转速、实际转速和负载转矩曲线

从仿真结果可以看出：在稳态时，仿真系统的实际速度能实现对给定速度的良好跟踪；在过渡过程时，仿真系统的实际速度对阶跃给定信号的跟踪有一定的偏差，对斜坡给定信号的跟踪应该是比较不错的。另外，当负载转矩突降时，速度稍微有点速升。但经过系统自身的调节，很快得到恢复。

第九章 课程设计指导书

【内容提要】

本章主要包括课程设计大纲、课程设计任务和课程设计资料三个部分。

第一节 课程设计大纲

适用专业：电气自动化、电气技术

总学时：2周

一、课程设计的目的

课程设计是本课程教学中极为重要的实践性教学环节，它不但起着提高本课程教学质量、水平和检验学生对课程内容掌握程度的作用，而且还将起到从理论过渡到实践的桥梁作用。因此，必须认真组织，周密布置，积极实施，以期达到下述教学目的。

① 通过课程设计，使学生进一步巩固、深化和扩充在交直流调速及相关课程方面的基本知识、基本理论和基本技能，达到培养学生独立思考、分析和解决实际问题的能力。

② 通过课程设计，使学生养成严谨科学、严肃认真、一丝不苟和实事求是的工作作风，达到提高学生基本素质之目的。

③ 通过课程设计，让学生独立完成一项直流或交流调速系统课题的基本设计工作，达到培养学生综合应用所学知识和实际查阅相关设计资料能力的目的。

④ 通过课程设计，使学生熟悉设计过程，了解设计步骤，掌握设计内容，达到培养学生工程绘图和编写设计说明书能力的目的，为学生今后从事相关方面的实际工作打下良好基础。

二、课程设计的要求

① 根据设计课题的技术指标和给定条件，在教师指导下，能够独立而正确地进行方案论证和设计计算，要求概念清楚、方案合理、方法正确、步骤完整。

② 要求掌握交直流调速系统的设计内容、方法和步骤。

③ 要求会查阅有关参考资料和手册等。

④ 要求学会选择有关元件和参数。

⑤ 要求学会绘制有关电气系统图和编制元件明细表。

⑥ 要求学会编写设计说明书。

三、课程设计的选题原则

本课程设计的选题要坚持难易适度、繁简适量的原则，力避选题过于简易或过分繁难，以防学生无事可做或无力完成。

四、课程设计的程序和内容

① 学生分组、布置题目。首先将学生按学习成绩、工作能力和平时表现分成若干小组，每小组成员按优、中、差合理搭配，然后下达设计课题，原则上每小组一个题目。

② 熟悉题目、收集资料。设计开始，每个学生应按教师下达的具体题目，充分了解技术要求，明确设计任务，收集相关资料，包括参考书、手册和图表等，为设计工作做好准备。

③ 总体设计。正确选定系统方案，认真画出系统总体结构框图。

④ 主电路设计。按选定的系统方案，确定系统主电路形式，画出主电路及相关保护、操作电路原理草图，并完成主电路的元件计算和选择任务。

⑤ 控制电路设计。按规定的技术要求，确定系统闭环结构和调节器形式，画出系统控制电路原理草图，选定检测元件和反馈系数，计算调节器参数并选择相关元件。

⑥ 校核整个系统设计，编制元件明细表。

⑦ 绘制正规系统原理图，整理编写课程设计说明书。

五、课程设计说明书的内容

① 题目及技术要求；

② 系统方案和总体结构；

③ 系统工作原理简介；

④ 具体设计说明：包括主电路和控制电路等；

⑤ 设计评述；

⑥ 元件明细表；

⑦ 系统原理图：A0 或 A1 图纸一张。

六、课程设计的成绩考核

教师通过课程设计答辩、审阅课程设计说明书和学生平时课程设计的工作表现评定每个学生的课程设计成绩，一般可分为优秀、良好、中等、及格和不及格五等，也可采用百分制相应记分。

第二节　课程设计任务

为了便于教师组织课程设计，下面给出一个直流调速系统课程设计参考课题，各校也可根据实际情况自行选题。

课题：十机架连轧机分部传动直流调速系统的设计

一、连轧机原理

在冶金工业中，轧制过程是金属压力加工的一个主要工艺过程，而连轧则是一种可以提高劳动生产率和轧制质量的先进方法。其主要特点是被轧金属同时处于若干机架之中，并沿着同一方向进行轧制最终形成一定的断面形状。其轧制原理和过程如图 9-1 所示。

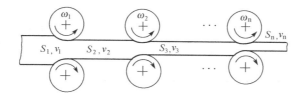

图 9-1　连轧机的轧制原理和过程

连续轧制的基本条件是物质流量的不变性，即 $S_1v_1 = S_2v_2 \cdots = S_nv_n =$ 常数，这里 $S_1 \cdots S_n$ 和 $v_1 \cdots v_n$ 分别为被轧金属的横断面积和线速度。而连轧机的电气传动则应在保证物质流量恒定的前提下承受咬钢和轧制时的冲击性负载，实现机架的各部分控制和协调控制。每个机架的上下轧辊共用一台电机实行集中拖动，不同机架采用不同电机实行部分传动，各机架轧辊之间的速度则按物质流量恒定原理用速度链实现协调控制。

物质流量不变的要求应在稳态和过渡过程中都得到满足，因此，必须对过渡过程时间和超调量都提出相应的限制。

连轧机的完整控制包括许多方面，本课题只考虑轧辊拖动的基本控制即调速问题，并以十机架轧机为例，至于张力卷取问题等将不涉及。

二、原始条件

考虑到课程设计的时间有限，本课题直接给出各部分电动机的额定参数作为设计条件，并作出若干假设，不再提及诸如轧制力、轧制转矩、轧辊直径等概念和参数，以便简化设计计算。

1. 电动机参数

以十个机架为准，每个机架对应一台电动机，由此形成 10 个部分，各部分电动机参数集中列于表 9-1 中，其中 P_n 为额定功率、U_n 为额定电压、I_n 为额定电流、n_n 为额定转速、R_a 为电机内阻、GD_a^2 为电动机飞轮力矩、P 为极对数、I_{fn} 为额定励磁电流。

表 9-1　各分部电动机额定参数

机架序号	电动机型号	P_n /kW	U_n /V	I_n /A	n_n /(r/min)	R_a /Ω	I_{fn} /A	GD_a^2 /N·m²	P /对
1	Z2-92	67	230	291	1450	0.2	4.98	68.60	1
2	Z2-91	48	230	209	1450	0.3	3.77	58.02	1
3	Z2-82	35	230	152	1450	0.4	2.67	31.36	1
4	Z2-81	26	230	113	1450	0.5	2.765	27.44	1
5	Z2-72	19	230	82.55	1450	0.7	3.05	11.76	1
6	Z2-71	14	230	61	1450	0.8	2.17	9.8	1
7	Z2-62	11	230	47.8	1450	0.9	0.956	6.39	1
8	Z2-61	8.5	230	37	1450	1.0	1.14	5.49	1
9	Z2-52	6	230	26.1	1450	1.1	1.11	3.92	1
10	Z2-51	4.2	230	18.25	1450	1.2	1.045	3.43	1

2. 若干假设

① 电枢回路总电阻取为 $R_\Sigma = 2R_a$，亦可按经验公式估算 $R_a = \left(\dfrac{1}{2} \sim \dfrac{2}{3}\right)\dfrac{U_n I_n - P_n}{I_n^2}$。

② 折合到电动机轴上的总飞轮力矩取为 $GD_\Sigma^2 = 2.5 GD_a^2$。

三、技术指标

① 稳态指标：无静差。

② 动态指标：电流超调量 $\sigma_i\% \leqslant 5\%$；启动到额定转速时的转速超调量 $\sigma_n\% \leqslant 5\%$（按退饱和方式计算）。

四、设计要求

① 要求以转速、电流双闭环形式作为系统的控制方案。

② 要求主电路采用三相全控桥整流形式。

③ 要求系统具有过流、过压、过载和缺相保护。

④ 要求触发脉冲有故障封锁能力。

⑤ 要求对 1 号机架拖动系统设置给定积分器，其他机架拖动系统设置给定速度链，以实现速度协调控制。

五、设计安排

由于整个系统多达 10 个部分，建议将每班学生分为 2～3 人一组，并给每组学生下达一个部分拖动系统的设计任务，以便能让学生在计划时间内按时完成。

第三节　课程设计资料

本部分分类辑录了直流调速系统课程设计可能用到的大部分相关资料，可供学生参考。主要包括常用计算公式、常用元器件。

一、常用计算公式

1. 整流变压器的计算与选择

在一般情况下，晶闸管装置所要求的交流供电电压与电网电压往往不一致；此外，为了尽量减小电网与晶闸管装置间的相互干扰，要求它们相互隔离，故通常均要配用整流变压器。

（1）整流变压器的电压　整流变压器的一次侧直接与电网相连，当一次侧绕组 Y 接时，一次侧相电压 U_1 等于电网相电压；当一次侧绕组△接时，一次侧相电压 U_1 等于电网线电压。

整流变压器的二次侧相电压 U_2 与整流电路形式、电动机额定电压 U_n、晶闸管装置压降、最小控制角 α_{min} 及电网电压波动系数 ε 有关，可按下式近似计算

$$U_2 = \frac{K_z U_n}{\varepsilon AB} \tag{9-1}$$

式中　K_z——安全系数，一般取为 1.05～1.10 左右。

（2）整流变压器的电流　整流变压器的二次侧相电流 I_2 和一次侧相电流 I_1 与整流电路的形式、负载性质和电动机额定电流 I_n 有关，可分别计算如下

$$I_2 = K_2 I_n \tag{9-2}$$

$$I_1 = \frac{K_1 U_2 I_n}{U_1} \tag{9-3}$$

（3）整流变压器的容量　整流变压器的二次侧容量 S_2、一次侧容量 S_1 和平均计算容量 S 可分别计算如下

$$S_2 = m_2 U_2 I_2 \tag{9-4}$$

$$S_1 = m_1 U_1 I_1 \tag{9-5}$$

$$S = \frac{1}{2}(S_1 + S_2) \tag{9-6}$$

式中　m_1，m_2——一次侧与二次侧绕组的相数。

以上各式中未定系数均列于表 9-2 中。

表中 U_{d0}、U_d 分别为 $\alpha = 0$ 及 $\alpha = \alpha_{min}$ 时的整流电压平均值。根据以上计算得出整流变压器的额定参数后，可以选用成品整流变压器，或自行设计制造。

表 9-2　整流变压器的计算系数（电感负载）

计算系数	单相全控桥	三相可靠半波	三相全控桥	三相半控桥
$A = U_{d0}/U_2$	0.9	1.17	2.34	2.34
$B = U_d/U_{d0}$	$\cos\alpha_{min}$	$\cos\alpha_{min}$	$\cos\alpha_{min}$	$(1+\cos\alpha_{min})/2$
$K_2 = I_2/I_n$	1	0.577	0.816	0.816
$K_1 = I_1/I_n$	1	0.472	0.816	0.816

2. 整流元件的计算与选择

正确选择晶闸管和整流管，能够使晶闸管装置在保证可靠运行的前提下降低成本。选择整流元件主要是合理选择它的额定电压 U_{kn} 和额定电流（通态平均电流）I_T，它们与整流电路形式、负载性质、整流电压及整流电流平均值、控制角 α 的大小等因素有关。一般按 $\alpha = 0$ 计算，且同一装置中的晶闸管和整流管的额定参数算法相同。

（1）整流元件的额定电压 U_{kn}　整流元件的额定电压 U_{kn} 与元件实际承受的最大峰值电压 U_m 有关，即

$$U_{kn} = (2\sim3)U_m \tag{9-7}$$

式中，$(2\sim3)$ 为安全系数，要求可靠性高时取较大值。

（2）整流元件的额定电流 I_T　整流元件的额定电流 I_T 与最大负载电流 I_m 有关，即

$$I_T = (1.5\sim2.0)K_{fb}I_m \tag{9-8}$$

式中，K_{fb} 为计算系数，参见表 9-3；$(1.5\sim2.0)$ 为安全系数。

表 9-3　整流变压器的计算系数（电感负载）

计算系数	负载形式	单相桥式	三相半波	三相半控桥
$K_{fb}(\alpha=0)$	电阻负载	0.5	0.374	0.368
$K_{fb}(\alpha=0)$	电感负载	0.45	0.367	0.367

3. 电抗器的计算与选择

为了提高晶闸管装置对负载供电的性能及运行的安全可靠性，通常需在直流侧串联带有空气隙的铁芯电抗器，其主要参数为额定电流 I_n 和电感量 L_K。

（1）用于限制输出电流脉动的临界电感 L_m/mH

$$L_m = \frac{S_u U_2}{2\pi f_d S_i I_n} \times 10^3 \tag{9-9}$$

式中　S_i——电流脉动系数，取 $5\%\sim20\%$；

　　　S_u——电压脉动系数；

　　　f_d——输出脉动电流的基波频率，Hz。

S_u 与 f_d 与电路形式有关。

（2）用于保证输出电流连续的临界电感 L_1/mH

$$L_1 = \frac{K_1 U_2}{I_{min}} \tag{9-10}$$

式中　I_{min}——要求的最小负载电流平均值，A；

　　　K_1——计算系数。

（3）直流电动机的漏电感 L_a/mH

$$L_a = \frac{K_D U_n}{2n_p n_n I_n} \times 10^3 \tag{9-11}$$

式中，K_D 为计算系数，对于一般无补偿绕组电动机，$K_D = 8 \sim 12$；对于快速无补偿绕组电动机，$K_D = 5 \sim 6$。其余参数均为电机额定值。

（4）折合到整流变压器二次侧的每相漏电感 L_B/mH

$$L_B = \frac{K_B U_2 u_k}{100 I_n} \tag{9-12}$$

式中　u_k——变压器的短路比，一般取为 5%；

$\quad K_B$——计算系数。

（5）实际应串入的平波电抗器电感 L_K/mH

$$L_K = \max(L_m, L_1) - L_a - 2L_B \tag{9-13}$$

式中，max 表示取其中的最大值。

（6）电枢回路总电感 L_Σ

$$L_\Sigma = L_k + L_a + 2L_B \tag{9-14}$$

以上各式中未定系数均列于表 9-4 中。

表 9-4　计算电感时的有关参数

计算系数	单相全控桥	三相半波	三相全控桥
f_d/Hz	100	150	300
S_u	1.2	0.88	0.46
K_1	2.85	1.46	0.693
K_B	3.18	6.75	3.9

4. 电阻的计算

（1）电动机电枢电阻 R_a：见表 9-1。

（2）整流变压器折合到二次侧的每相电阻 R_B

$$R_B = \frac{2}{9}(1 - \eta_{\max})\frac{S}{I_2^2} \tag{9-15}$$

式中　$\eta_{\max}$——变压器的最大效率，一般取为 95%。

（3）整流变压器漏抗引起的换向重叠压降所对应的电阻 R_{hx}

对三相零式电路　　　　　　　$R_{hx} = 3X_B/2\pi$ 　　　　　　　$(9-16)$

对三相桥式电路　　　　　　　$R_{hx} = 3X_B/\pi$ 　　　　　　　$(9-17)$

式中　$X_B = 2\pi f L_B$。

（4）电枢回路总电阻 R_Σ

$$R_z = R_a + R_K + R_{hx} + 2R_B \tag{9-18}$$

式中，R_K 为平波电抗器的电阻，可从电抗器产品手册中查得或实测。

5. 时间常数的计算

（1）电磁时间常数 T_1

$$T_1 = L_\Sigma / R_\Sigma \tag{9-19}$$

（2）机电时间常数 T_m

$$T_m = \frac{GD_\Sigma^2 R_\Sigma}{375 C_e C_m} \tag{9-20}$$

6. 保护元件的计算与选择

（1）交流侧阻容过压保护

① 交流侧过压保护电容（单位为 μF）的计算公式是

$$C \geqslant \frac{2i_0 S}{U_2^2} \tag{9-21}$$

式中　　S——整流变压器的平均计算容量，$V \cdot A$；

　　　　i_0——变压器励磁电流百分数，对于 10~560kV·A 的三相变压器，一般取 $i_0 = 4\% \sim 10\%$。

电容 C（单位为 μF）的交流耐压应大于或等于 $1.5U_c$，U_c 是阻容两端正常工作时的交流电压有效值。

② 交流侧过压保护电阻的计算公式是

$$R \geqslant \frac{6.9U_2^2}{S} \sqrt{\frac{u_k}{i_0}} \tag{9-22}$$

电阻功率 P 可在下式范围内选取

$$(2 \sim 3)(2\pi f)^2 K_1(CR)CU_2^2 < P_R < (1 \sim 2)[(2\pi f)^2 K_1(CR) + K_2]CU_2^2 \tag{9-23}$$

式中　　　R 和 C——上述阻容计算值；

　　　　　f 和 U——电源频率（单位为 Hz）和变压器二次侧相电压（单位为 V）；

（2~3）和（1~2）——安全系数；

　　　　　K_1——计算系数，对于单相 $K_1 = 1$；对于三相 $K_1 = 3$；

　　　　　K_2——计算系数，对于单相 $K_2 = 200$；对于三相半波：阻容△接法 $K_2 = 450$；阻容 Y 接法 $K_2 = 150$；对于三相桥式：阻容△接法 $K_2 = 900$；阻容 Y 接法 $K_2 = 300$。

当 $CR < 0.2$ms 时，所选 P_R 值接近于上式之右方；

当 $CR > 5$ms 时，所选 P_R 值应接近于上式之左方。

③ 不同接法下阻容的实际取值：见表 9-5。

表中 C 和 R 为前述计算值。

表 9-5　变压器和阻容不同接法时电阻和电容的取值

变压器接法	单　　相	三相二次侧 Y 接		三相二次侧△接	
阻容装置接法	与变压器二次侧并联	Y 接	△接	Y 接	△接
电容	C	C	$C/3$	$3C$	C
电阻	R	R	$3R$	$R/3$	R

（2）交流侧压敏电阻过压保护

单相电路用一只压敏电阻；三相电路用三只压敏电阻，可接成 Y 形或 △ 形。

① 压敏电阻的额定电阻 U_{1mA}

$$U_{1mA} \geqslant \frac{\varepsilon U_m}{(0.8 \sim 0.9)} \tag{9-24}$$

式中　　U_m——压敏电阻承受的额定电压峰值，V；

　　　　ε——电网电压升高系数，取为 1.05~1.10；

（0.8~0.9）——安全系数。

② 压敏电阻的通流容量 I_y

$$I_y \geqslant (20 \sim 50)I_2 \tag{9-25}$$

③ 压敏电阻的残压（即限压值）U_y

$$U_y \geqslant K_y U_{1mA} \tag{9-26}$$

式中　K_y——残压比。当 $I_y \leqslant 100A$ 时，$K_y = (1.8 \sim 2)$；当 $I_y \geqslant 3kA$ 时，$K_y \leqslant 3$。压敏电
　　　　阻的残压 U_y 必须小于整流元件的耐压值。

（3）直流侧阻容和压敏电阻过压保护

可参照交流侧的计算方法进行计算。

（4）晶闸管元件过压保护

① 限制关断过电压的阻容 RC 的经验公式

$$C = (2 \sim 4) I_T \times 10^{-3} \qquad (9\text{-}27)$$
$$R = 10 \sim 30$$
$$P_R = \frac{0.45 U_m^2}{R} \qquad (9\text{-}28)$$

式中，C 的单位为 μF；R 的单位为 Ω；P_R 的单位为 W。

电容 C 的交流耐压大于或等于 1.5 倍的元件承受的最大电压 U_m。

② 阻容 RC 的经验数据：见表 9-6。

表 9-6　限制关断过电压的阻容元件的经验取值

晶闸管额定电流 I_T/A	10	20	50	100	200
C/μF	0.1	0.15	0.2	0.25	0.5
R/Ω	100	80	40	20	10

（5）晶闸管装置的过流保护

① 直流侧快速熔断器

熔体额定电流　　　　　　　　　　$I_{kRz} \leqslant 1.5 I_n$ 　　　　　　　　　（9-29）

② 交流侧快速熔断器

熔体额定电流　　　　　　　　　　$I_{kRj} \leqslant 1.5 I_2$ 　　　　　　　　　（9-30）

③ 晶闸管元件串联快速熔断器

熔体额定电流　　　　　　$I_k \leqslant I_{kR} \leqslant 1.57 I_T$ 　　　　　　　（9-31）

式中　I_k——晶闸管元件的实际工作电流，A。

④ 总电源快速熔断器

熔体额定电流　　　　　　　　　　$I_{KRD} \leqslant 1.5 I_1$ 　　　　　　　　　（9-32）

所有快速熔断器的额定电流均需大于其熔体额定电流；快速熔断器的额定电压均应大于
线路正常工作电压的有效值。

⑤ 直流侧过流继电器

动作电流小于或等于 $1.2 I_n$

⑥ 交流侧过流继电器

动作电流小于或等于 $(1.1 \sim 1.2) I_2$

交直流侧的过流继电器额定电流均应大于或等于其动作电流，额定电压 $\geqslant$ 正常工作
电压。

7. 控制元件的计算与选择

（1）总电源自动开关

动作电流小于或等于 $1.2 I_1$

（2）交流接触器

① 变压器一次侧用：额定电流大于或等于 $1.2 I_1$。

② 变压器二次侧用：额定电流大于或等于 $1.2 I_2$。

二、常用元器件

1. 电阻

（1）电阻的分类

碳膜电阻——表面一般涂有绿色保护漆，温度系数小，价格低。

金属膜电阻——表面一般涂有红色或棕红色保护漆，稳定性和精密度高，温度系数小，体积小，耐热性好，价格比碳膜电阻稍贵。

金属氧化膜电阻——具有金属膜电阻的特性，成本低，耐热性更好，适用于高温。

线绕电阻——稳定性高，耐热性好，可以制成功率更大的电阻。

（2）电阻标称值系列与容许误差等级　见表9-7。实际生产的电阻系列为表列值$\times 10^n$，n为整数。

表 9-7　电阻标称值系列与容许误差等级

容许误差（等级）	系列代号	系 列 值								
±5%（Ⅰ）	E24	1.0	1.1	1.2	1.3	1.5	1.6	1.8	2.0	2.2
		2.4	2.7	3.0	3.3	3.6	3.9	4.3	4.7	5.1
		5.6	6.2	6.8	7.5	8.2	9.1			
±10%（Ⅱ）	E12	1.0	1.2	1.5	1.8	2.2	2.7	3.3	3.9	4.7
		5.6	6.8	8.2						
±20%（Ⅲ）	E6	1.0	1.5	2.2	3.3	4.7	6.8			

（3）色环电阻标识　电阻色环所表示的数字和允许误差如表9-8所示。

表 9-8　色环表示的数字和允许误差

色环	棕	红	橙	黄	绿	蓝	紫	灰	白	黑	金	银	本色
数值和误差	1	2	3	4	5	6	7	8	9	0	±5%	±10%	±20%

如设某五环电阻的色环标定如图9-2所示。

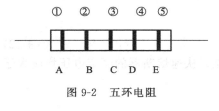

① ② ③ ④ ⑤

A　B　C　D　E

图 9-2　五环电阻

其阻值为$ABC \times 10^D \pm E$（单位为Ω）。其中：①②③环由表9-8中前九种颜色表示；④环由表9-8中前四种颜色及金（10^{-1}）、银（10^{-2}）、黑色（10^0）表示；⑤环对应误差范围为：棕—±1%、红—±2%、绿—±0.5%、蓝—±0.2%、紫—±0.1%、金—±5%、银—±10%、本色—±20%。

（4）电阻的额定功率系列　单位为W。

$$\frac{1}{16};\ \frac{1}{8};\ \frac{1}{4};\ \frac{1}{2};\ 1;\ 2;\ 4;\ 5;\ 8;\ 10;\ 16;\ 25;\ 40;\ 50;\ 75;\ 100;\ 150\cdots\cdots$$

（5）电阻选用说明　一般低压控制电路可选用金属膜电阻，其额定功率应取为实耗功率的两倍以上；阻容过压保护电路应选线绕电阻，既便于安装，又能得到相应的大功率。

2. 电容

（1）电容分类及标称容量系列　见表9-9。

（2）电容器的耐压（单位为V）　常用电容器的额定直流工作电压有（V）：1.6、6.3、10、16、25、32、40、50、63、100、160、250、300、400、450、500、630、1000等。

（3）电容器的选用说明　直流电源滤波多用有极性电解电容；控制电路多用无极性电容；阻容保护电路多用金属化纸介电容。

表 9-9　电容分类及标称容量系列

电容器类别	允许误差	容量范围/μF	标称容量系列					
（金属化)纸介电容、纸膜复合介质电容、低频(有极性)有机薄膜介质电容	±5%	10pF～1	1.0	1.5	2.2	3.3	4.7	6.8
	±10%	1～100	1	2	4	6	8	10	15
	±20%		20	30	50	60	80	100
高频(无极性)有机薄膜介质电容、瓷介质电容、玻璃轴电容、云母电容	±5%	1～10	1.0	1.1	1.2	1.3	1.5	1.6
			1.8	2.0	2.2	2.4	2.7	3.0
			3.3	3.6	3.9	4.3	4.7	5.1
			5.6	6.2	6.8	7.5	8.2	9.1
	±10%	1～10	1.0	1.2	1.5	1.8	2.2	2.7
			3.3	3.9	4.7	5.6	6.8	8.2
	±20%	1～10	1.0	1.5	2.2	3.3	4.7	6.8
铝、钽、铌、钛电解电容	±10%	1～10	1.0	1.5	2.2	3.3	4.7	6.8
	±20%							
	±30%							
	±40%							

3. 二极管

二极管是单向导电的半导体器件，必须依据使用场合和性能要求来正确选用，且应注意其最大反向电压和正向电流不能超过额定值。在直流拖动系统中，通常需用下列几类二极管。

（1）整流二极管　一般用于直流电源或单向电路，可选用国产二极管 2CZ52～2CZ57，或选用进口 IN4001～IN4007，其主要电参数列于表 9-10 中。

（2）稳压二极管　用于需要稳压的电路中，可选用 2CW50～2CW60，2CW100～2CW110，或进口 IN47×× 系列，其主要电参数列于表 9-11 中。

表 9-10　整流二极管的主要电参数

型　号	最高反压/V	整流电流/A	型　号	最高反压/V	整流电流/A
2CZ52(A、B、C)	25、50、100	0.10	IN4001	50	1.0
2CZ53(A、B、C)	25、50、100	0.30	IN4002	100	1.0
2CZ54(A、B、C)	25、50、100	0.50	IN4003	200	1.0
2CZ55(A、B、C)	25、50、100	1.0	IN4004	400	1.0
2CZ56(A、B、C)	25、50、100	3.0	IN4005	600	1.0
2CZ57(A、B、C)	25、50、100	5.0	IN4006	800	1.0
表中所有元件的正向压降均小于或等于 0.5V			IN4007	1000	1.0

表 9-11　稳压二极管的主要电参数

型　号	稳定电压/V	最大工作电流/mA	正向压降/V	最大功耗/W
2CW50(100)	1～2.8	83(330)	≤1.0	0.25(1.0)
2CW51(101)	2.5～3.5	71(280)	≤1.0	0.25(1.0)
2CW52(102)	3.2～4.5	55(220)	≤1.0	0.25(1.0)
2CW53(103)	4.0～5.8	41(165)	≤1.0	0.25(1.0)

续表

型　　号	稳定电压 /V	最大工作电流 /mA	正向压降 /V	最大功耗 /W
2CW54(104)	5.5～6.5	38(150)	≤1.0	0.25(1.0)
2CW55(105)	6.2～7.5	33(130)	≤1.0	0.25(1.0)
2CW56(106)	7.0～8.8	27(110)	≤1.0	0.25(1.0)
2CW57(107)	8.5～9.5	26(100)	≤1.0	0.25(1.0)
2CW58(108)	9.2～10.5	23(95)	≤1.0	0.25(1.0)
2CW59(109)	10～11.8	20(83)	≤1.0	0.25(1.0)
2CW60(110)	11.5～12.5	19(76)	≤1.0	0.25(1.0)

（3）开关二极管或快速二极管　一般用于脉冲电路和开关电路，可选用国产 2AK1～2AK20、2CK42～2CK86，或进口 FR103～FR107，其主要电参数列于表 9-12 中。

表 9-12　开关二极管的主要电参数

型　　号	正向压降 /V	正向电流 /mA	最高反向电压 /V
2CK70(A、B、C、D、E)	≤0.8	≥10	20、30、40、50、60
2CK72(A、B、C、D、E)	≤0.8	≥30	20、30、40、50、60
2CK73(A、B、C、D)	≤1.0	≥50	20、30、40、50
2CK74(A、B、C、D)	≤1.0	≥100	20、30、40、50
2CK75(A、B、C、D、E)	≤1.0	≥150	20、30、40、50
2CK78(A、B、C、D、E)	≤1.0	≥270	20、30、40、50
IN4148	≤1.0	≥10	20
FR103～FR107	≤1.0	1000	200、400、600、800、1000

4. 三极管

普通三极管是一种电流控制的半导体器件，依其用途可分为放大管和开关管；依其频率可分为低频管和高频管；依其结构和导电极性可分为 NPN 型管和 PNP 型管。三极管的主要参数包括电流放大倍数 h_{Fe} 和三个极限参数（即集电极最大允许电流 I_{cm}、集电极—发射极击穿电压 BV_{CEO}、集电极最大允许耗散功率 P_{CM}）等。选用时必须注意用途、频率和管型适当，并要保证放大倍数足够大且极限参数不被超出。

在直流调速系统中，主要用到中、低频放大管和开关管。若干常用三极管的主要电参数列于表 9-13 中供参考。

表 9-13　三极管的主要电参数

型　　号	极限电流 I_{CM}/mA	击穿电压 BV_{CEO}/V	最大功耗 P_{CM}/mW	放大倍数 h_{Fe}	管型	用　　途
3DG101、102、6	20	＞20	100	25～270	NPN	触发电路前级
3CG112、131、21	50	＞20	300	25～270	PNP	触发电路恒流源
3DK4(A～C)	800	＞20	700	20～150	NPN	
3DK9(A～J)	800	＞25	700	20～300	NPN	
3DK104(A～D)	400	＞45	700	25～180	NPN	触发电路末级和电子保护 （BU406 管用于大容量系统）
2SC1008	800	＞70	700	＞150	NPN	
BU406	7000	＞400	60W	＞20	NPN	

5. 场效应管

场效应管是一种电压控制的三极半导体器件，其主要参数包括夹断电压 V_p（耗尽型管）或开启电压 V_T（增强型管）、饱和漏电流 I_{DSS}、跨导 g_m 和漏源击穿电压 BV_{DS} 等。选用时应注意管子的额定参数不要超过，使用过程中栅源间电压极性不能接反。在直流调速系统中，使用场效应管是为了实现调节器的输出锁零。常用场效应管的主要电参数列于表 9-14 中。

表 9-14　场效应管的主要电参数

型　　号	最大功耗 P_{DM}/mW	夹断电压 V_p/V	跨导 $g_m/mA \cdot V^{-1}$	饱和漏电流 I_{DSS}/mA	击穿电压 BV_{DS}/V
3DJ6G、H	100	$<\mid -9 \mid$	>1000	15	20
3DJ7I、J	100	$<\mid -9 \mid$	>3000	10	20

6. 晶闸管

普通晶闸管是广泛用于中、大功率调速系统中的可控整流半导体器件，它有功率大、导电角度可控的特殊优点，也有过流过压容易损坏、性能比较脆弱的明显缺陷。因此，选用时必须对参数留有足够裕量，并在使用过程中加以充分保护。现将本课程设计可能用到的晶闸管元件的电参数列于表 9-15 中以供参考。

表 9-15　晶闸管元件的主要电参数

型　　号	额定电流 I_T/A	额定电压 /V	触发电流 /mA	触发电压 /V	峰值功耗 /W
KP(3CT)10,20	10,20	50～2000	5～100	3.5	5
KP(3CT)30,50	30,50	50～2000	8～150	3.0～3.5	5
KP(3CT)100	100	50～3000	8～250	3～3.5	5～10
KP(3CT)200,300	200,300	50～3000	10～250	4	5～10
KP(3CT)400,500	400,500	50～3000	10～350	4	5～10
KP(3CT)600,800,1000	600,800,1000	100～3000	30～450	4～5	15～20

表 9-16　压敏电阻的主要电参数

型　　号	标称电压/V	通流容量/kA	残压比	漏电流/μA
MYL1-1	47～1000	1	<3	<80
MYL1-2	47～1000	2	<3	<80
MYL1-3	47～1000	3	<3	<80
MYL1-5	47～1000	5	<3	<80
MYL1-10	56～820	10	<4	<10
MYL1-15	100～680	15	<4	<10
MYL1-20	330～660	20	<4	<10
MY21	100～820	0.5～10	<1.9	<30
MY23	100～1000	0.5～20	<1.9	<30

7. 压敏电阻

压敏电阻是一种过压保护元件，它有体积小、重量轻、安装简便和可恢复等优点，因此得到了广泛应用。其主要参数和选用方法已如前述，这里仅将几种常用国产压敏电阻列于表9-16中以供参考。

8. 运算放大器

运算放大器是调速系统中构成调节器的常用线性集成电路，运算放大器的性能好坏对调速系统的控制性能有着相当程度的影响。对高精度系统，必须选用高精度运算放大器。选择运算放大器时，首先必须考虑输入失调电压 V_{io} 和输入失调电流 I_{io} 要尽可能小，以提高系统的调节精度；其次，运放的输入电压峰—峰值 V_{ipp} 和输出电压峰—峰值 V_{opp} 范围必须满足控制电压的幅度要求；再次，运放的开环放大系数 A_0 与共模抑制比 K_{CMP} 要足够大，以提高灵敏度和抗扰能力；并且运放的输入电阻 R_i 要大，输出电阻 R_o 要小，以消除负载效应；此外，尽量选用无需外部补偿、接线简单的运放来构成调节器为好。总之，要根据系统的具体要求来选用合适的运算放大器。下面仅将几种常用运算放大器列于表9-17中以供设计参考。

表 9-17 几种运算放大器的主要电参数

型号	V_{ic}/mV	I_{io}/nA	V_{ipp}/V	V_{opp}/V	A_0	K_{CMR}/dB	R_i/MΩ	R_0/Ω
F741	1	7	±13	±13	25×10^3	90	2	75
F007	2	0.3	±12	±12	94dB	80	1	200
FC72	1	5	±12	±12	120dB	120	1.5	150
F747(双)	1	20	±13	±13	25×10^3	90	6	75
OP07	250μV	8	±13	±13	4×10^5	120	33	60
LM324(四)	2	5	±13	±13	100dB	100	2	100
F148(四)	1	7	±13	±13	25×10^3	90	2	75

附录　V-M 系统的数学模型及校正为典型 II 型系统的调节器类型

1.1　直流电动机各环节的数学模型

直流电动机各环节的数学模型和动态结构分别见附录表 1-1 和附录图 1-1。

附录表 1-1　直流电动机各环节的数学模型

序号	微分方程	拉氏变换氏	传递函数
1	$u_{d0} = Ri_d + L\dfrac{\mathrm{d}i_d}{\mathrm{d}t} + e$	$U_{d0}(s) - E(s) = (Ls + R)I_d(s)$	$\dfrac{I_d(s)}{U_{d0}(s) - E(s)} = \dfrac{1/R}{T_1 s + 1}$
2	$i_d - i_{dL} = \dfrac{T_m}{R}\dfrac{\mathrm{d}e}{\mathrm{d}t}$	$I_d(s) - I_{dL}(s) = \dfrac{T_m}{R}E(s)s$	$\dfrac{E(s)}{I_d(s) - I_{dL}(s)} = \dfrac{R}{T_m s}$
3	$e = C_e n$	$E(s) = C_e N(s)$	$\dfrac{N(s)}{E(s)} = \dfrac{1}{C_e}$

(a) 电压与电流间的动态结构图　　(b) 电流与电动势间的动态结构图

(c) 电动势与转速间的动态结构图

附录图 1-1　直流电动机各环节的动态结构图

1.2　晶闸管触发和整流装置近似处理的传递函数及动态结构图

用单位阶跃函数表示滞后，则晶闸管触发和整流装置的输入输出关系为

$$U_{d0}(t) = K_s U_{ct} 1(t - T_s) \tag{1}$$

式（1）清楚地表明了 $t > T_s$ 时，U_{ct} 才起作用，经拉氏变换后得

$$\frac{U_{d0}(s)}{U_{ct}(s)} = K_s e^{-T_s s} \tag{2}$$

由于上式中包含有指数项 $e^{-T_s s}$，它使系统成为非最小相位系统，分析和设计都比较麻烦。为了简化，先将 $e^{-T_s s}$ 按泰勒级数展开，则得

$$e^{-T_s s} = 1 / \left(1 + T_s s + \frac{T_s^2 s^2}{2!} + \frac{T_s^3 s^3}{3!} + \cdots \right)$$

由于 T_s 很小，忽略高次项，则可视为一阶惯性环节，即

$$\frac{U_{d0}(s)}{U_{ct}(s)} \approx \frac{K_s}{1 + T_s s}$$

晶闸管变流器的动态结构图如附录图 1-2。

$$U_{ct}(s) \longrightarrow \boxed{K_s e^{-T_s s}} \longrightarrow U_{do}(s) \qquad U_{ct}(s) \longrightarrow \boxed{\dfrac{K_s}{T_s s+1}} \longrightarrow U_{do}(s)$$

(a) 准确的　　　　　　　　　(b) 近似的

附录图 1-2　晶闸管变流器的动态结构图

1.3　校正成典型 Ⅱ 型系统的调节器类型

如附录表 1-2。

附录表 1-2　校正成典型 Ⅱ 型系统的调节器类型

对象	$\dfrac{K_{obj}}{s(Ts+1)}$	$\dfrac{K_{obj}}{(T_1 s+1)(T_2 s+1)}$ $T_1 \gg T_2$	$\dfrac{K_{obj}}{s(T_1 s+1)(T_2 s+1)}$ T_1、T_2 相近	$\dfrac{K_{obj}}{s(T_1 s+1)(T_2 s+1)}$ T_1、T_2 都较小	$\dfrac{K_{obj}}{(T_1 s+1)(T_2 s+1)(T_3 s+1)}$ $T_1 \gg T_2, T_3$
调节器	$K_{Pi} \dfrac{\tau s+1}{\tau s}$	$K_{Pi} \dfrac{\tau s+1}{\tau s}$	$\dfrac{(\tau_1 s+1)(\tau_2 s+1)}{\tau s}$	$K_{Pi} \dfrac{\tau s+1}{\tau s}$	$K_{Pi} \dfrac{\tau s+1}{\tau s}$
参数配合	$\tau = hT$	$\tau = hT_2$ $\dfrac{1}{T_1 s+1} \approx \dfrac{1}{T_1 s}$	$\tau = hT_2$（或 hT_1） $\tau_2 = T_2$（或 T_1）	$\tau = h(T_1+T_2)$	$\tau = h(T_3+T_2)$ $\dfrac{1}{T_1 s+1} \approx \dfrac{1}{T_1 s}$

参 考 文 献

[1] 陈伯时主编．电动拖动自动控制系统．第 3 版．北京：机械工业出版社，2003.
[2] 童福尧编著．电力拖动自动控制系统习题例题集．北京：机械工业出版社，1996.
[3] 陈伯时，陈敏逊编著．交流调速系统．北京：机械工业出版社，1999.
[4] 姜泓等编．交流调速系统．武汉：华中理工大学出版社，1990.
[5] 王耀德主编．交直流电力拖动控制系统．北京：机械工业出版社，1994.
[6] 唐永哲编著．电力传动自动控制系统．西安：西安电子科技大学出版社，1998.
[7] 刘竞成主编．交流调速系统．上海：上海交通大学出版社，1984.
[8] 张燕宾编著．SPWM 变频调速应用技术．北京：机械工业出版社，1997.
[9] 许大中编著．交流电机调速理论．杭州：浙江大学出版社，1991.
[10] 叶金虎等编著．无刷直流电机．北京：科学出版社，1982.
[11] 朱震莲主编．现代交流调速系统．西安：西北工业大学出版社，1994.
[12] 王离九主编．电力拖动自动控制系统．武汉：华中理工大学出版社，1991.
[13] 上山直彦编著．现代交流调速．吴铁坚译．北京：水利电力出版社，1989.
[14] 王鉴光主编．电机控制系统．北京：机械工业出版社，1994.
[15] 何冠英编著．电子逆变技术及交流电动机调速系统．北京：机械工业出版社，1985.
[16] 王占奎等编．交流变频调速技术应用例集．北京：科学出版社，1994.
[17] 刘祖润，胡俊达主编．毕业设计指导．北京：机械工业出版社，1996.
[18] 孔凡才编．自动控制原理与系统．第 2 版．北京：机械工业出版社，1999.
[19] 张东立主编．直流拖动控制系统．第 2 版．北京：机械工业出版社，1999.
[20] 宋书中主编．交流调速系统．北京：机械工业出版社，1999.
[21] 廖晓钟编著．电气传动与调速系统．北京：中国电力出版社，1998.
[22] 刘致顺主编．直流调速系统实验．北京：机械工业出版社，1994.
[23] 陈振翼主编．电气传动控制系统．北京：中国纺织出版社，1998.
[24] 易继锴等编著．电气传动自动控制原理与设计．北京：北京工业大学出版社，1997.
[25] 楼顺天，于卫编著．基于 MATLAB 的系统分析与设计——控制系统．西安：西安电子科技大学出版社，1998.
[26] 周渊深．PLC 在晶闸管串级调速系统电气改造中的应用．电气自动化，2000.（3）.
[27] 周渊深主编．交直流调速系统与 MATLAB 仿真．北京：中国电力出版社，2004.